国家社科基金
后期资助项目
GUOJIA SHEKE JIJIN HOUQI ZIZHU XIANGMU

中国现代美学关键词 "形式"研究

Research on the Keyword "Form" in Modern Chinese Aesthetics

赖勤芳 著

ZHEJIANG UNIVERSITY PRESS
浙江大学出版社
·杭州·

图书在版编目（CIP）数据

中国现代美学关键词"形式"研究 / 赖勤芳著. —
杭州 ：浙江大学出版社，2024.2
　　ISBN 978-7-308-24357-5

　　Ⅰ．①中… Ⅱ．⊖赖… Ⅲ．①美学－研究－中国－现
代 Ⅳ．①B83-092

　　中国国家版本馆CIP数据核字(2023)第210433号

中国现代美学关键词"形式"研究

赖勤芳　著

策划编辑　徐　婵　包灵灵
责任编辑　黄静芬
责任校对　张培洁
封面设计　周　灵
出版发行　浙江大学出版社
　　　　　　（杭州市天目山路148号　　邮政编码　310007）
　　　　　　（网址：http://www.zjupress.com）
排　　版　杭州林智广告有限公司
印　　刷　杭州高腾印务有限公司
开　　本　710mm×1000mm　1/16
印　　张　17.5
字　　数　305千
版 印 次　2024年2月第1版　2024年2月第1次印刷
书　　号　ISBN 978-7-308-24357-5
定　　价　88.00元

国家社科基金后期资助项目
出版说明

后期资助项目是国家社科基金设立的一类重要项目，旨在鼓励广大社科研究者潜心治学，支持基础研究多出优秀成果。它是经过严格评审，从接近完成的科研成果中遴选立项的。为扩大后期资助项目的影响，更好地推动学术发展，促进成果转化，全国哲学社会科学工作办公室按照"统一设计、统一标识、统一版式、形成系列"的总体要求，组织出版国家社科基金后期资助项目成果。

全国哲学社会科学工作办公室

目　录

导　论

美学以一特殊的角度象征了中国现代性在发展过程中的性质，在这一意义上，美学的进展成了中国现代学术和现代文化一种标本性缩影。①

"形式"概念是"舶来品"。……中国美学对于形式问题的研究同样古已有之，但是，严格地说，很难在中国美学中找到同西方美学中的"形式"完全对等的概念。②

本书研究中国现代美学关键词"形式"。这里所说的"中国现代美学"是指于19世纪末20世纪初发生，又经约半个世纪发展而形成的中国美学。它上承中国古典美学，下启中国当代美学，作为理论、思想、精神、传统而存在，继续影响着中国美学在当今的发展。中国现代美学关键词，则是在中国现代美学的发生、发展过程中形成，且能够起某种决定性作用的重要概念。梳理这些至今仍然具有典范意义的关键词，是研究中国现代美学乃至整个中国美学的必要任务。"形式"是一个外来的却又在中国现代性语境中得以重构的概念。它的引入对中国美学的现代生成产生了重要影响，使得一些重要范畴、问题等获得了新释、另解甚至异变。对这一富有意味的关键词，描述和分析它从异域到本土的过程及其在中国现代美学中的复杂境遇，便成为本书研究之重点。同时，这一概念涉及中国现代美学本体的重构，事关中国现代美学特色之美育的彰显等。为了更好地开展研究，以下首先就中国现代美学研究的趋向及相关的传统确立问题进行说明，以便突出研究中国现代美学关键词之必要，进而就本书的研究对象、写作思路、研究方法等方面进行详细论述。

---

① 张法：《美学与中国现代性历程》，《天津社会科学》2006年第2期。
② 赵宪章等：《西方形式美学——关于形式的美学研究》，南京，南京大学出版社，2008年，第9页。

一、中国现代美学研究的趋向

研究的趋向是基于研究的现状而觉察出的动向。只有全面梳理中国现代美学研究所取得的成绩，才能显明它的前进方向。作为中国美学的重要组成部分，中国现代美学长期以来被学界广泛议论。与中国古典美学研究、外国美学研究的状况一样，中国现代美学研究既是在当代美学语境中积极向前的，又是在对自身的批判性反思中不断推进的，其成绩不可被低估。

就中国现代美学之"史"而言，它体现在 20 世纪 80 年代中后期以来的写作中，并在 90 年代前后初现一次高潮。邓牛顿的《中国现代美学思想史》（1988 年）、聂振斌的《中国近代美学思想史》（1991 年）、卢善庆的《中国近代美学思想史》（1991 年）、陈伟的《中国现代美学思想史纲》（1993 年）等先后出版。这批著作涵盖了从 19 世纪中叶以来百余年的中国美学。邓著把中国现代美学的历史界限划定在从辛亥革命起到新中国成立之时，认为其思想起始于西方思想的介绍，然后发展到马克思主义的传播，最后才提出学科建设的民族化问题。聂著系统评述 1840～1949 年中国美学思想发展的历史过程，且把中国近代美学思想视作中国近代历史中的美学思想。卢著也是一部断代的中国美学思想史，书写了 1840～1919 年的美学发展概况。陈著联系中国近现代启蒙运动的历史，着重评述 20 世纪 20 年代、30 年代、40 年代的中国美学思想。四著所设定的历史范围不同，但都可以包括在广义的中国现代美学史当中。

临近 20 世纪末和进入新世纪以来，又出现一次高潮，一批标以"20 世纪""二十世纪""百年"的论著产生，"中国现代美学"往往被整合到"20 世纪中国美学"中。[①] 独著方面，有封孝伦的《二十世纪中国美学》（1997 年）、朱存明的《情感与启蒙——20 世纪中国美学精神》（2000 年）、章启群的《百年中国美学史略》（2005 年）等。封著是出版较早的一部。它把 20 世纪中国美学分为四个阶段、三条发展线，力图描述一个四维立体的美学史，以便更切合地把握、总结中国一百年来审美意识、审美思潮和美学理论的发展变化，并为中国现当代文学史、现当代艺术史的编撰提供一个新的思路或参照系，其中"审美场"作为一个理论问题的提出是一

---

① "中国现代美学""二十世纪中国美学"两个概念存在交叉，也有学者认为是一致的。如刘再复的观点："如果以中国美学与西方美学的互相联结作为我国现代美学史开始的标志，那么，这一历史，正好发端于十九世纪与二十世纪的交叉点上，因此，可以说，中国现代美学史也就是二十世纪的美学史。"（刘再复：《代前言：李泽厚与中国现代美的历程》，见《美学旧作集》，李泽厚著，天津，天津社会科学院出版社，2002 年，第 5 页）

个亮点。合著方面，有聂振斌等五人的《思辨的想象——20世纪中国美学主题史》（2003年）。该著以五章篇幅，分别评述百年中国美学的历史发展过程、理论建构，20世纪中国现代艺术的产生、发展和社会政治、道德、教育、文化的关系，以及中国现代美学理论建构与文化学，等等。丛书方面，有阎国忠主编的"二十世纪中国美学研究丛书"（6种，2001年）和汝信、王德胜主编的"20世纪中国美学史研究丛书"（7种，2006年）。前者分别从美学史、汉语语境、中国学人、文艺美学、技术美学、美育等不同的角度进行研究，视野较广，视角新颖。后者持以一种学术史研究的立场，就20世纪中国美学各种现象和问题、百年中国美学的意义进行审视，"以问题带史"是这套丛书在写作上的突出特点。汝胜、王德胜还是《美学的历史——20世纪中国美学学术进程》（2000年初版，2017年增订本）的主编。该著集中国美学界老、中、青三代学者之力，以开放的体例形式，纵览中国美学的现代演进路向，挖掘百年中国美学学术特性，充分展示了当今中国美学界对于历史的深刻省察意识与价值追问立场。不同的作者、不拘一格的论述方式，呈现出20世纪中国美学研究既深入又多样的别样风姿。总之，独著、合著、丛书等一系列成果的出版，体现出当今中国美学研究之盛况，其价值、意义、影响不容小觑。这批论著评议"20世纪"这百年的中国美学，普遍采用以史带论的写作方法。当然，就其中包括的每本著作而言，它们实际上都有自己的写作视角、关注对象和问题审视方式，故又不可一概而论。出版的众多著作，从不同维度审视中国现代美学、20世纪中国美学及其研究的历史经验，对进一步发展中国美学和推进中国美学研究具有参考意义。

两次高潮间隔时间并不长，它们之间既具有某种一致性，又各具研究特点。许多论著把"启蒙"作为中国现代美学的基调和主题，把中国现代的美学史当作思想史、启蒙史。如陈著指出，中国现代美学的主旋律就是启蒙。无论从发生还是成长来看，中国现代美学都是中国现代思想文化不可分割的一部分：美学学科进入中国正好与近代中国的思想启蒙运动同步，即它是"作为思想启蒙运动的一部分而降生"的；现代方法、民主思想和科学意识的发展都离不开中国现代美学的贡献；而"为现实斗争服务"的主旨，更是规约了中国现代美学的生长趋势。因此，带有思想文化启蒙的因素决定了中国现代美学是一种崇高型的现代性形态。[①] 又如，朱著以"启蒙"的遮蔽与去蔽概括20世纪中国美学精神，认为美学的意义总是在

---

① 陈伟：《中国现代美学思想史纲》，上海，上海人民出版社，1993年，第1～30页。

启蒙，无论在西方还是在 20 世纪的中国都是如此。"启蒙就是使每个人都从各种遮蔽中走出，还生命的存在一个澄明之境，使人诗意地栖息在这个大地上。在当代就是用审美精神和艺术来抵制技术时代对人性的异化，使人成为完整的个体。"① 但是，把中国现代美学、20 世纪中国美学精神一致设定为启蒙，并不意味着前后相继而起的两次写作高潮在学术追求上完全一致。第一次写作高潮是在当时并无太多的前人成果可资借鉴的情况下完成的，因此以历史描述和美学思想述评为主，注重知识特性的呈现和思想脉络的梳理。而第二次写作高潮是在此基础上的进一步研究，因而更加强调问题意识和反思精神。

中国现代美学史是中国美学史的有机组成部分。在中国美学史写作上，叶朗用力甚多，成果亦颇为丰硕。他的《中国美学史大纲》（1985 年）称得上是第一本"通史"意义上的中国美学史，比李泽厚、刘纲纪的《中国美学史》最后一卷（即第 2 卷，1987 年，仅写到魏晋南北朝为止）出版还要早两年。该著把中国美学划为中国古典美学、中国近代美学两个部分。其中，前者又分三个性质不同的发展阶段：开端（先秦至两汉）、展开（魏晋南北朝至明代）、总结（清代前期）。后者包括梁启超、王国维、鲁迅、蔡元培、李大钊的美学。这种分界处理方法，与后来出版的许多中国美学史著作不同。他主编的《中国美学通史》（2014 年），由先秦、汉代、魏晋南北朝、隋唐五代、宋金元、明代、清代、现代等八卷组成。其中"清代卷"所论范围是从"王夫之的美学思想"到"刘熙载的艺术哲学"。"现代卷"始于 1840 年，所论范围大致从"龚自珍的美学"到"蔡仪的美学"。且该卷指出，中国现代美学与相对纯粹自律的西方现代美学不同，它所经历的是他律美学与自律美学的"交错发展"，因而具有"前所未有的复杂性"。② 这样的认识，亦为其从"内部变革"理解中国美学的现代发生做好了铺垫，而所谓的现代的中国美学依然是未完成的。杨春时的《中国现代美学思潮史》（上下册，2020 年）所述的历史跨度从晚清到 21 世纪的前十年，通过选取代表性美学家，分别论述早期启蒙主义、早期现代主义、客观论、新启蒙主义、当代现代主义、新古典主义、后现代主义等中国现代美学思潮的各种形态。该著运用现代性理论，以美学思潮为单位建构中国现代美学史，具有重要的学术价值，是一部"全""新"的中国现代美学史著作。

---

① 朱存明：《情感与启蒙——20 世纪中国美学精神》，北京，西苑出版社，2000 年，第 333 页。
② 彭锋：《中国美学通史（8）：现代卷》，南京，江苏人民出版社，2014 年，第 34 页。

　　中国现代美学研究的论著中，侧重美学家个案分析的有不少。中国现代美学成就是多方面的，其中之一就是涌现出众多的美学家。他们从事的美学活动，提出的美学命题、美学范畴都具有鲜明的时代特色和创造性，对后来的中国美学产生了重要影响，而这些也都是值得今人总结和深入阐发的课题。通史写作除考虑某一历史时段的特殊性之外，尤其需要照顾到此时段重点美学家的美学活动和美学主张。上述邓著、聂著基本上是根据美学家来安排全书结构、章节的，卢著、陈著则是相互结合，在某一时段突出一二位美学家。这种情况在那批标以"20世纪"的中国美学著作中亦得到反映。如吴志翔的《20世纪的中国美学》（2009年）共十二章，对应梁启超、王国维、蔡元培、鲁迅、吕澂、朱光潜、宗白华、邓以蛰、滕固、蔡仪、徐复观、李泽厚等十二位美学家。当然，也有许多论著是选择某一位美学家进行单独研究的，如关于鲁迅、吕澂、郭沫若、陈独秀、瞿秋白等的美学思想都已有专门的研究著作，甚至像鲁迅这样经典的美学家有多种研究专著，仅在20世纪80年代出版的就有刘再复的《鲁迅美学思想论稿》（1981年）、张颂南的《鲁迅美学思想浅探》（1982年）、唐弢的《鲁迅的美学思想》（1984年）、施建伟的《鲁迅美学风格片谈》（1987年）等多种。金雅主编的"中国现代美学名家研究丛书"（6卷，2012年）遴选王国维、梁启超、蔡元培、朱光潜、宗白华、丰子恺等六位中国现代美学领域最具代表性的大家，从个案切入，具体揭示各家的思想学说风采，同时集中提炼他们共同的审美精神品格。这种点面结合的方式，对中国美学民族学派的提炼与总结具有推进作用。该丛书与先期出版的"中国现代美学名家文丛"（6卷，2009年）相配套，两套丛书成为我们全面、深入理解中国现代美学的较佳参考。

　　个案研究也是比较文学、比较美学的研究需要。基于比较立场对中国现代文学家、美学家个案所进行的研究，已有"系列性"成果。其中具有代表性的，一是乐黛云主编的"跨文化沟通个案研究丛书"（15种，2005年）。该丛书所研究的个案是王国维、陈铨、闻一多、傅雷、冯至、吴宓、穆旦、卞之琳、梁宗岱、梁实秋、钱锺书、宗白华、朱光潜、林语堂、刘若愚等名家。它的写作用意在于："从学术史的角度出发，对沟通中西文化、对中国文化发展卓有贡献的中国学术名家进行深入的个案研究，在古今中西文化交汇的坐标上，完整地阐述他们的生活、理想、事业、成就及其对中外学术发展的贡献。特别着重探讨20世纪一百年来他们如何在继承中国传统文化的基础上，吸收西方文化，形成完全不同于过去的20世纪中国现代文化景观。"① 另一是夏中义主编的"百年学案典藏书系"（5 种，2005～2007 年）。该书系分别对王国维、李长之、林语堂和中国现代六大批评家、左翼文论思潮等进行深入研究。其中夏中义的《王国维：世纪苦魂》（2006 年）着重探索王国维美学与叔本华哲学的关系，深入揭示王国维如何在师承西方大师的基础上创造出富有中国特色的现代人本—艺术美学，系统剖析王国维美学在日后学界的命运。仅以上所举的"丛书""书系"，出版的论著有 20 种，数量大，参与者多，汇集了国内中国现代文学、美学研究领域的诸多学者，其中不乏优秀青年才俊，显示出不同代学者对共同研究领域的重视。无疑，中国现代文学、美学发生的特殊语境特征，是吸引他们展开比较研究的重要原因。

　　美学与政治的关系是中国现代美学的重要议题，马克思主义美学中国化则是其中的重大课题。马克思通过对现实的批判性考察，赋予现代哲学创造与认知"最好制度与最美人性"的使命，所谓的美学也就是政治美学。② 马克思主义成为中国历史的选择是必然的。马驰的《艰难的革命：马克思主义美学在中国》（2006 年）、胡俊的《对接与缝合——蔡仪马克思主义美学思想新论》（2013 年）等密切结合中国现实社会背景和政治文化语境展开分析，是马克思主义美学中国化研究的重要成果。而美籍汉学家王斑的《历史的崇高形象——二十世纪中国的美学与政治》（孟祥春译，2008 年）带来了另一种研究风貌。此书被列入季进、王尧主编的"海外中国现代文学研究译丛"，一经出版便在国内引起反响。作者自称，这是一部"历史分析的学术书"，主旨是"描述美学、美感体验与政治文化的纠葛"。译者认为，把政治当作"总体艺术品""诗学和美学的表现形式和个体情感"来研究，把"崇高美学"作为解读 20 世纪中国文学、文化与社会的重要切入点，这是非常有创见的。③ 该著提供了一种中国美学与政治相互纠缠的历史见解，加上碎片式的写作方式，与国内多数研究路数形成了重要区别。

　　不得不单独提及中国现代美育研究。中国现代美学是理论的，又是实践的，是两者相结合的产物。以改造社会、育人为指向的美育，是中国现代美学的突出特征和重大特色。以王国维、蔡元培为代表的中国现代美学家，既注重建构美学理论，又着力提倡美育。他们不仅"把审美活动看作

---

① 见该丛书总序第 2 页。

② 参见张盾：《马克思与政治美学》，《中国社会科学》2017 年第 2 期。

③ 刘锋杰等：《文学是如何想象政治的——关于王斑〈历史的崇高形象〉的座谈》，《当代作家评论》2009 年第 4 期。

实践活动，与社会改良联系起来"，而且"身体力行，为改变当时的社会状况做出自己的贡献，这在中国现代美学史上是值得大书一笔的"。[①] 美育与美学之间本具有相融互立的关系，两者之间很难分开。这要求我们在探索中国现代美学的时候，同时重视对美育问题的分析。但是与中国现代美育相关的研究，新时期以来仅有姚全兴的《中国现代美育思想述评》（1989年）、孙世哲的《蔡元培鲁迅的美育思想》（1990年）、单世联和徐林祥的《中国美育史导论》（1992年）等少量成果。这种局面随着新世纪的到来得到改观，主要体现在多部专论性、有特色的论著陆续出版，包括杨平的《多维视野中的美育》（2000年）、于文杰的《通往德性之路——中国美育的现代性问题》（2001年）、刘向信的《中国现代人本主义美育思想研究》（2005年）、谭好哲等的《美育的意义：中国现代美育思想发展史论》（2006年）、杜卫的《审美功利主义——中国现代美育理论研究》（2004年）、赵伶俐等的《百年中国美育》（2006年）、汪宏等的《现当代中国美育史论》（2016年）、刘彦顺的《走向现代形态美育学的建构》（2007年）和《中国美育思想通史》（2017年）的现代卷、当代卷，等等。其中于著分上、下两编。上编是中国美育现代性之理论问题研究，探讨中国美育现代性总体的背景理论和具体的学术问题。下编是中国美育现代性基本品性分析，着重于中国美育民族精神之历史研究、中国美育现代形式之逻辑分析等。该著以民族性为立论支点，探讨民族精神在中国美育现代性生发过程中的价值和意义，对中国美育现代性这一重大学术命题进行深入分析和探讨，引人深思。杜著通过对经典美学家王国维、蔡元培、梁启超、宗白华及其美育思想的研究，得出以"审美功利主义"为中国现代美学（育）传统这个耳目一新的观点。强烈的本土关怀意识，体现出作者的学术眼光和创新能力。该著是新世纪以来中国现代美学、美育研究中不可多得的学术成果之一。

综上所述，中国现代美学研究成果丰富，以史、论见长，整体把握与个案分析互补，且对美育特色十分重视，尤其是作为"美学"的"中国现代美学"得到充分体现和强调。这就是说，中国现代美学研究有从"思想史"到"美学史""美学学术史"的趋向。在全球化和后现代文化的语境下，这种变化所体现出的学术意识和探索精神弥足珍贵。当今是一个"泛美学"的时代，美学越来越成为一种审美化的生活方式甚至就是日常生活本身。但我们必须认识到："泛化"只是一种当代文化现象，而这种现象

---

① 　陈伟：《中国现代美学思想史纲》，上海，上海人民出版社，1993年，第84页。

的出现并不意味我们可以去取消"美学",反倒是要求我们对"美学"的本来面目进行审思。"美学"在西方最初是一门研究感性认识的学科,起始于18世纪中叶的德国,发展至今不足三百年的历史。随着"德国"美学向外播散,世界各国的"美学"逐渐形成,有所谓的英国"美学"、法国"美学"、日本"美学"、美国"美学"等。如果从19世纪末20世纪初"美学"一词进入汉语界算起,中国的"美学"也不过区区百余年而已。但是,美学作为一门学科,它的诞生和发展产生了深刻影响,在西方如此,在中国亦如此。美学在中国的起源和演进,与中国现代化进程紧相伴随,并通过不断吸纳中土气息取得进步。美学在中国学术和中国现代文化的生成、建立、认同中发挥了十分重要的作用,也因此成为一种象征。中国现代美学不仅是别致的文化风景,而且是时代的表征体系,具有民族性内涵和现实意义。毋庸置疑,在新世纪、新时代,继续深入研究中国现代美学是具有学术价值和现实意义的。

二、理解"中国现代美学传统"

围绕"中国现代美学"可以讨论的话题很多。提出继承和发扬中国现代美学精神,就是要求我们去总结和反思"中国现代美学传统"。众所周知,现代人的意识内容、知识结构和精神理想,主要是由传统提供的,传统的重要性也正表现在它能够作为当代多数人的直接精神背景。这意味着,我们如果离开"传统"背景,就不能真正理解近现代以来中国的思想文化变迁状况。中国现代美学是特定时代条件下的产物,是一个历史范畴,但是又作为特殊的精神面貌而呈现出来,影响至今。正如有学者指出的:"美学精神作为一种意识形态,和政治史的进程还存在许多差异。美学精神作为一种对理想和新价值观的表白,可能在重大历史事件尚未发生时已露端倪甚至产生了转变,也可能在政治变化以后仍处在比较稳定的形式和价值的体系中。但美总是随着时代的变化而变化的。"[1]这需要我们以"过去的现存性"[2]的立场理解中国现代美学的传统。它是一种鲜活的感性运动中的存在,而其具体内涵与我们今天的认识和选择有紧密的关系,即它并不能脱离开今人的理解与选择。因此,作为传统的中国现代美学,不可能是一个单纯的时间概念,也不可能是现代社会里出现的所有美学现象的简单汇聚,而只能是那些为中国美学的蓬勃发展提供巨大动力与精神资

---

① 朱存明:《情感与启蒙——20世纪中国美学精神》,北京,西苑出版社,2000年,第11~12页。

② 〔美〕T. S. 艾略特:《传统与个人才能》,见《艾略特诗学文集》,王恩衷编译,北京,国际文化出版公司,1989年,第2页。

源的部分，只能是中国现代美学人提供的与中国古典美学有区别又有联系的中国现代性美学。

　　中国现代美学研究的经验表明：总结、确立中国现代美学传统必须处理好发生起点、发展动力的问题。从研究现状看，对这两个问题的解答见仁见智，并无定论。中国现代美学发生的起点究竟在何处？从新时期的中国现代美学（思想）史写作情况看，主要有以王国维、李大钊、蔡元培为标志的三种说调。"王国维说"以聂振斌为代表。他认为，"中国近代美学"的正式发端在 20 世纪之初的王国维那儿，主要根据是王国维的美学思想不仅产生较早（早于蔡元培、鲁迅等），而且具有全新的近代的特点。"王国维的美学思想的产生虽稍晚于梁启超，而从其整体的性质、理论价值来看，又大大早于梁启超而完全跨入近代。因此中国近代美学思想的历史（时间）起点和逻辑（理论）起点，应该统一在王国维那里。"① "李大钊说"以叶朗为代表。他认为，"中国近代美学"主要是梁启超、王国维以及鲁迅（早期）、蔡元培的美学。"这些近代美学家的共同特点是热心于学习和介绍西方美学。但他们并没有建立自己的理论体系。他们也没有能够完成对中国古典美学进行系统的分析、批判、吸收、改造的历史任务。"他又认为，"'五四'前后的李大钊的美学，是对于中国近代美学的否定，是中国现代美学的真正的起点"。② "蔡元培说"以邓牛顿、陈伟为代表。邓牛顿认为，与梁启超、王国维同时代的蔡元培是一位著名的民主主义的革命家、思想家与革命家。"在资产阶级民主革命的进程中，他不像梁启超那样妥协动摇，更没有王国维那样顽固守旧，而是一以贯之地不息奋战（虽然他在政治道路上也有过严重的失误）。再加上他的足迹远涉欧洲各国，比梁、王两人的视野要宽阔得多，故而成为中国现代美学的开山大师。他举示的美育的旗帜，使美学理论走向社会实践，迈进了广阔的人生天地。"③ 陈伟认为，蔡元培是使美育含有现代意义，通过提倡美育而对美学的方法、观念提出比较全面和独到的见解的"第一人"。信念坚定、思想先进，紧密结合时代形势，这些使他的美育理论产生了深远的影响。特别是他反对落后意识形态并提出"以美育代宗教"的观点，这对中国现代美学做出了贡献，"既奠定了他作为中国现代美学创始人的地位，也宣示了现代美学的重要特征——与现实斗争密切结合"。④

① 　聂振斌：《中国近代美学思想史》，北京，中国社会科学出版社，1991 年，第 57 页。
② 　叶朗：《中国美学史大纲》，上海，上海人民出版社，1985 年，第 10 页。
③ 　邓牛顿：《中国现代美学思想史》，上海，上海文艺出版社，1988 年，第 6 页。
④ 　陈伟：《中国现代美学思想史纲》，上海，上海人民出版社，1993 年，第 24 页。

不同于上述以某一美学人为起点的研究，也有学者主张把多位美学人共同作为起点。吴中杰认为，王国维、蔡元培、鲁迅在晚清就开始了具有特色的学术文艺活动，在"五四"以后的成就和影响愈来愈大，"他们沟通了中西文化，完成了古今嬗变；由于他们各自的贡献，共同为中国现代美学的建立奠定了坚实的基础"[1]。薛富兴认为，现代美学的真正起点是现代的审美意识或审美意识的现代性，"真正的中国现代美学，或美学史上真正现代性的审美意识从哪里开始？从王国维、蔡元培和早期鲁迅的美学活动开始"[2]。与"一人说"相比，"多人说"相对公平、客观。但是，一个不容否认的事实是，两"说"都忽视了梁启超作为中国现代美学的奠定人和开创者的贡献。尽管聂振斌、陈伟等都论及梁启超，但是他们都没有单独论述或突出他的地位，更遑论对以他为直接源头的政治功利主义传统的系统整理，不得不说这是很大的遗憾。个中原因，或许与梁启超"易变"的文化性格具有直接关系。新世纪以来，梁启超的美学思想才逐渐得到重视，金雅等学者将其置于人生论美学传统中给予评价和肯定。鉴于这种"暧昧"，梁启超美学以及整个中国现代美学传统实际上都是值得再议的重大课题。

关于促进中国现代美学发展的动力的问题，无论是"一人说"还是"多人说"的研究，大都持有一种"矛盾"的看法。聂振斌认为，"中国近代美学"是多元化地存在与发展的具有复杂内在关系的整体。这就是"围绕美的本质问题而展开的文艺与审美有无功利目的性的对立与斗争"，即"功利主义美学与超功利主义美学的对立与互补"成为基本矛盾和发展线索。[3] 陈伟指出，中国现代美学在三十多年的历史时期内受现实、学术的要求而产生不同的影响，而它们形成的各种各样的"力"构成了三大内在矛盾，即"宏观现实上反帝与反封建的既一致又不一致、学术倾向上合规律性与合目的性的既一致又不一致、美学形态上古典和谐型与近代崇高型的既一致又不一致"。"这三大矛盾是中国现代美学内部的基本对立面，也是中国现代美学发展的基本动力。它们的矛盾运动推动着中国现代美学的前进。"[4] 薛富兴也进一步指出，审美的"自治"与"他治"是中国现代美学的基本矛盾，正是两者的相互对立、交织与交替构成了20世纪中国美学

---

[1]　吴中杰：《开拓期的中国现代美学》，《学术月刊》1993年第6期。
[2]　薛富兴：《自治与他治：中国现代美学的现实道路》，《文艺研究》1999年第2期。
[3]　聂振斌：《中国近代美学思想史》，北京，中国社会科学出版社，1991年，第32页。
[4]　陈伟：《中国现代美学思想史纲》，上海，上海人民出版社，1993年，第57页。

的辩证发展历程。^①这些论述充分体现出中国现代美学内部的复杂性。尽管各方在许多问题上还难以达成共识，但是这种探讨精神本身是十分可贵的，亦启示我们在后续研究中需要采取新的理论、方法和视角。

具体到中国现代美学的"传统"，目前学界已经做出明确概括且具有特色的是"审美功利主义"和"人生论"。杜卫长期从事中国现代美学、美育研究，取得了以"人生艺术化""审美功利主义""心性美学""文艺美学"等为主题的多种论著成果。其中"审美功利主义"，前已提及，是针对以往以简单的二元对立思维模式建立起来的美学史观，并由此确立起来的"传统"而言的。在他看来，以梁启超为代表的是审美、艺术直接服务于政治或道德目的的"政治功利主义"（或曰"道德功利主义"），以王国维为代表的是审美和艺术为人生的"审美功利主义"（或曰"人文功利主义"）。两相比较，"审美功利主义"更应该被确立为中国美学的现代传统，因为这是"一种扎根于中国本土而又有创见的美学传统"。^②这种观点颇有创意，让人耳目一新。聂振斌、金雅主编两套丛书的用意明显，就是发掘、重释和张扬中国现代美学的人生论传统。其中，"中国现代美学名家文丛"旨在通过对中国现代美学代表性、标志性人物的文献整理，梳理中国现代美学的主要精神传统，确立中国美学的精神特征，建构我们自己的民族美学以及提升当代国人的生命实践和精神生活。主编认为，关注现实、关怀生存的人生论美学是中国现代美学最为显著的标识之一，具体表现在"鲜明的人生精神""积极的美育指向""诗性情怀""强烈的文化批判意识"等方面。尽管这种"人生美学"具有某些时代局限性，但是它强调审美艺术与人生的统一和真善美的贯通，追求理论建构、诗性价值和实践超越等指向的统一，从而使得中国现代美学的这一"精神传统"具有了重要的意义。^③显然，以上两种"传统"对于我们重新审视中国现代美学，甚至归纳、总结它的"新"的传统，都颇有启发。

无论以何种方式总结、概括出的中国现代美学的"传统"，都必然是代表中国现代美学整体精神特征的"新传统"，同时是既与中国古典美学传统相承续，又与外国美学相区别的中国现代美学传统。当然，确认中国现代美学的这种传统，除采用整体性的比较策略之外，还必须真正把中国现代美学作为出发点。唯有将自身作为出发点，"新传统"的建构、获

---

① 薛富兴：《自治与他治：中国现代美学的现实道路》，《文艺研究》1999 年第 2 期。
② 杜卫：《审美功利主义——中国现代美育理论研究》，北京，人民出版社，2004 年，第 208～219 页。
③ 见该丛书序论。

得才是可能的。在这一问题的回答上，我们必须意识到一个事实，这就是中国现代美学与中国现代文学艺术、中国现代文论是相关的甚至一致的。它们之间是相互影响的，如由"文学革命"引发"美术革命"，"文艺民族形式"大讨论直接促成"新美学"的崛起；又如鲁迅既是文学家，又是美学家；再如在旷日持久的"新诗形式"讨论中，也是经常将绘画、音乐等作为参照、比较的对象。更为重要的是，中国现代美学家普遍主张把艺术与人生统一起来的人生美化论，往往通过西方美学阐发中国传统艺术及其理论的研究方式，这使得中国的美学不再是局限于欧美式的那种作为哲学分支的美学，而是扩及以文学艺术理论为主干的美学。就此而言，"文艺美学"也是中国美学的现代传统。① 如果从这一传统进行反思，我们会发现今天使用的一些基本话语以及一些核心观念，除一小部分来自马克思主义文论与美学之外，绝大部分来自这一传统。因此，20世纪90年代后期提出并持续至今的中国文论、美学的现代转化问题的讨论才具有了根本意义。

中国现代文学家、美学家的语言探索经验值得我们珍视。"五四"前期钱玄同高度评价梁启超对新文学的创造性贡献："梁任公实为创造新文学之一人。虽其政论诸作，因时变迁，不能得国人全体之赞同，即其文章，亦未能尽脱帖括蹊径，然输入日本新体文学，以新名词及俗语入文，视戏曲小说与论记之文亭等，……此皆其识力过人处。鄙意论现代文学之革新，必数梁君。"② 李长之评价王国维的《静庵文集》"很不少自负的锐气"，认为他此前发表的著篇文章大多表现出对人生之忧郁，对康叔哲学也渐生疑惑，因而具有"不成熟"性质。李长之还在议及青年王国维的治学态度时说："有一篇，我们没谈到的是'论学语之输入'，在那里，颇见出他开明的态度，这种主张在后来他的许多著作中还发挥着，就是竭力吸收外来语汇。"③ 对此问题，当代学者钱中文等做了更为具体、全面的评价，认为王国维在20世纪初建立了"形式上的无功利说的文学观"，突出了文学的自律性特征，显示了一种难能可贵的自主意识，尤其是在输入外国学术思想问题上充分肯定学术话语更新的重要性、必要性，并做出了努力。

据粗略统计，王国维当时引进并使用了大致如下一些美学、文学术语，其中有的是他自己创造的，少量出自对传统美学观念的转化，

① 参见杜卫：《文艺美学与中国美学的现代传统》，《文艺研究》2019年第1期。
② 钱玄同：《寄陈独秀》，《新青年》1917年第3卷第1号。
③ 李长之：《王国维·〈静庵文集〉》，《大公报·文艺副刊》1933年12月23日（第27期）。

有"美学""美术""艺术""纯文学""纯粹美术""艺术之美""自然之美""优美""古雅""宏壮""美雅""高尚";"感情""想象""形式""抒情""叙事";"悲剧""欲望""游戏""消遣""发泄""解脱"……"目的""手段""价值""独立之价值""他律""自律";"天才""超人""直观""顿悟""创造";此外还有如"世界""自然""现象""意志""人生主观""人生客观""自然主义""实践理性",以及"境界""隔与不隔"等。这些术语,作为强调自律的文学观念话语系统,竟是流传至今,成为当代美学、文学理论所经常使用的基本术语,自然,也成了我国现代文论的组成部分。①

王国维在文论、美学上贡献卓著。我们在以"传统"名义审视以王国维美学为代表的中国现代美学的时候,不仅需要保持清醒和理智,而且需要持有开放的态度。这就是站在当下的立场反省过去,视过去为一个价值重建的过程。"传统"并非静止物,"现代传统"也是如此,它是在现代化运动中发育、累积起来的诸多现代观念的集合体。因此,"中国现代美学"能够引起我们关注的,除整体性的"传统"之外,还有那些观念、概念或范畴。邹华早已指出:"国内美学界对美学历史阶段的划分,通常是以重大社会历史事件的发生、发展为依据的,但要把握美学发展的规律性的东西,就应强调对个别和偶然的历史现象的逻辑深层的切入,要注意美学理论中具有关键意义和总体性的概念范畴,研究它们形成和演变的过程。从历史和逻辑一致的原则出发,应密切注意古代美学的基本范畴是在哪个关节点上被替代、被转换的。"② 可以说,从"思想史"转入"观念史"成为更新中国现代美学研究方法之必要。开展中国现代美学研究,总结、确认中国现代美学传统,宏观把握当然是必需的,但是在实际研究中未必不可以微观洞察。从当代的西方的文化、学术研究看,这种趋势为越来越多的研究者所重视和提倡。当下的中国美学研究也颇受这种风气影响。仅以"美学"为例。该汉语词已经引发众多学者的兴趣,产生了不少具有开创性的成果,如李心峰(1987年)、黄兴涛(2000年)、刘悦笛(2006年)、陈望衡(2009年)、聂长顺(2009年)、王宏超(2010年)、杜书瀛(2010年)、王确(2020年)、李庆本(2022年)等学者的论文。③ 显然,这种研究是

① 钱中文等:《自律与他律——中国现当代文学论争中的一些理论问题》,北京,北京大学出版社,2005年,第17页。(引用时对原文的标点已略做改动)
② 邹华:《中国美学的历史重负》,合肥,安徽教育出版社,2009年,第48页。
③ 参见本书参考文献的论文部分。

关键词性质的。研究中国现代美学关键词，能够更好地反思、重建中国现代美学传统，有力推进中国本土美学研究，乃至提高中国美学在全球范围内的对话能力。当然，这也是将中国美学研究汇入世界学术潮流的必要之举。

三、思路、方法与目标

本书选择"形式"概念展开中国现代美学关键词研究。关键词研究是起源于西方，后来在中国盛行的一种理论、一种方法。英国文化研究学者雷蒙·威廉斯（Raymond Williams）开创了这种传统，以《关键词：文化与社会的词汇》（*Keywords: A Vocabulary of Culture and Society*，1958）一书的出版为重要标志。在他看来，日常中看似平凡的语词，实则言微义大，而选择这些语词进行语义变迁状况及相关性的分析，便构成了"关键词"这一与词典式释义、语言学式批评不同的语词批评模式。随着西方文化研究思潮的东渐和雷蒙·威廉斯论著的不断汉译、出版，关键词研究逐渐为中国学者所喜爱和接受，业已成为一种研究风格和写作时尚，并具有了中国本土作风。经调查，国内关键词研究兴起于20世纪90年代中后期，以"关键词"命名的学术著作出版始于2002~2003年。此后，这类著作日渐增多，有陶东风主编的"文化研究关键词丛书"（2005年）、赵一凡等主编的《西方文论关键词》（第1卷，2006年）、金莉和李铁主编的《西方文论关键词》（第2卷，2017年）、周宪编著的《文化研究关键词》（2007年）、汪民安主编的《文化研究关键词》（2007年初版，2020年修订版）、胡亚敏主编的《西方文论关键词与当代中国》（2015年），还有谭善明、盖生、张法分别所著的《20世纪西方修辞美学关键词》（2012年，合著）、《20世纪中国文学原理关键词研究》（2013年）、《文艺学·艺术学·美学——体系构架与关键词汇》（2013年）等等。对此种问题和方法，黄擎等人合著的《"关键词批评"研究》（2018年）一书分"生成语境与理论建构""影响研究与价值评析"两编进行全面、系统的述评，并从理论层面推进了中国本土的关键词研究。近年来，中西文论关键词比较研究成为重要专题，《文艺争鸣》《学术研究》等刊物都从2017年第1期开始设置专栏，致力于从关键词比较入手推进中国学术话语体系创新。经过在中国20余年的发展，"关键词"的理论价值已得到相当重视，它的研究模式日渐成熟，作为研究方法亦深入人心。别具意义的"关键词"为中国文论、美学的研究提供了新方向、新思路，具有广阔的学术前景，值得我们在已有的理论探索的基础上进行更深入的体会，从而展开更具体的批评实践工作。

将"形式"作为中国现代美学关键词进行研究，确立起"关键词"意识非常必要。作为"关键词"，它一定是"概念的""关键的"。[①] 就"概念的"而言，关键词就是概念。概念是用于反映事物特有属性的，并借助语词才能存在的思维形态。语词与概念是互为依存的关系，语词是概念的语言形式，概念是语词的思想内容，"许多语词方面的问题，同时也就是概念方面的问题"。因此，某一阶段认识的终结或者说成果，必须通过语词形式的概念反映出来。[②] 不仅如此，概念还是用于描述知识的人文模态，不过由于具有抽象性，因而必须凭借语词等形象隐喻，从而有着"凝聚情感，引领行动"的文化象征意义。"概念不仅提供、赋予了社会经验以意义框架，也建构、开启了对世界认知的智性范畴；从而更积淀为一种意识形态化的观念系统，支拄着理念型概念的流布、承续，乃至于单元观念与观念丛之共体互用、转植错生，甚或变化重组、再铸生新，而更进一步调动起社会行动与文化再造的契机与转机。"概念的这一价值化过程，"积淀为理念型概念，而内蕴、深植、固化为观念"。[③] 对于某一概念的研究，可以是历史的、理论的，也可以是实证的。像历史范式的概念研究，主要通过概念语义来观照社会、政治、文化的历史，并透视所处时代的历史状况。诚然，概念研究不能等同于语词研究、观念研究，但概念毕竟要附着于语词，观念研究也要以之为重要手段。[④] 所谓"形式"概念，首先是指作为语词形式的"形式"，其次是这种语词形式带来的价值、意义。显然，这样理解的"'形式'概念"与恩斯特·卡西尔（Ernst Cassirer）所说的"形式概念"有所不同。后者把"形式"当成本体概念，探讨从"存在"到"生成"的问题："形式概念和原因概念构成了我们认识世界之轴的两极。如果我们的思想要达到固定的世界秩序，这两个概念都是不可缺少的。……我们不仅要理解世界'是什么'，而且还要理解世界'从何而来'。"[⑤] 这种哲学问题自然也是本研究中不可回避的，甚至可以作为一个研究前提。不过，本研究侧重的不是这一概念本身，而是概念的语词形式的转换与生成，套用卡西尔的话就是"不仅要理解世界'是什么'，而且还要理解世界'向何而去'"。

---

① 高玉：《文论关键词研究的多重维度》，《中国社会科学》2019 年第 8 期。
② 金岳霖：《形式逻辑》，北京，人民出版社，2005 年，第 22 页。
③ 郑文惠：《观念史研究的文化视域》，《史学月刊》2012 年第 9 期。
④ 参见郭忠华：《历史·理论·实证：概念研究的三种范式》，《学海》2020 年第 1 期。
⑤ 〔德〕恩斯特·卡西尔：《人文科学的逻辑》，沉晖等译，北京，中国人民大学出版社，2004 年，第 159 页。

概念、范畴、关键词之间具有逻辑关系。与概念相比，范畴具有更高的层次。凡范畴的，一定是概念的。概念的，不一定是范畴的，但一定是关键词的。[①] 将"形式"作为关键词，意味着这一概念也一定是"关键的"。关键的，就是最紧要的，对事物、事件起着决定性作用的，因而能够特别引起人们重视的，"形式"就是如此。外来知识是中国现代美学得以生成的必要条件，中国现代美学也正是在外来知识与本土知识之间的"融合性转换"[②]中取得了进步。"形式"概念是"舶来品"，它是"外来知识"。尽管"形式"一词在古代汉语、晚清知识界中已出现（但并不常见），但是它的流行、广泛使用是近代以来的事情。"形式"真正被注入中国美学，并成为中国美学的概念，迟至20世纪之初。此后，它成为中国学人惯常使用的术语之一，有时甚至成了美学、文论界发生论争的焦点问题之一。本是外来的"形式"概念成为一个颇有意味的中国现代美学关键词，预示着作为"新名词"的"形式"，必须在中国美学新语境中，经由能指移用和所指置换的处理，才能成为反思中国美学现代性的路标。而辨析"形式"概念，就成为我们把握中国美学现代性传统的重要路径和有效方式。

毋庸置疑，以"概念（史）"或"观念（史）"的方式把握中国现代性传统的重要路径可以有多种选择。高瑞泉的《中国现代精神传统——中国的现代性观念谱系》（2005年增补本）依据"客观之道""主体的自由"相结合的原则，对中国的现代性观念谱系进行勾勒，包括"进步""竞争""创造"，"天人之辩""群己之辩""义利之辩"和"民主""科学""大同理想"三组观念。这种从抽象到具体的过程，不仅体现了现代价值观念之间的逻辑关系，而且反映了重建现代价值的艰难历程。马建辉的《中国现代文学理论范畴》（2007年）秉持"细节真实"的态度，梳理了"科学""物""表现""反映""意识形态""美术"等六个范畴，以此研究为文学理论史书写提供小语境模式，补充传统的大语境模式。鄂霞的《中国近代美学范畴的源流与体系研究》（2019年）运用知识考古的方法，探寻"崇高""优美""悲剧性""喜剧性""丑"的来龙去脉，系统分析和概括这五个具有支撑意义的范畴的引进和生成的不同途径、方式，以此展现中国现代美学理论和知识体系在历史选择中的创建和演变脉络。三位学人的论著都有反思历史、新构传统的研究意味，且无论是在方法还是在观点上都提供了不少

① 参见朱立元:《建构有中国特色的当代文论话语体系的基础性工程》,《文艺争鸣》2017年第1期;朱立元、何林军:《"范畴"新论》,《河北学刊》2004年第6期。

② 汝信、王德胜主编:《美学的历史——20世纪中国美学学术进程（增订本）》,合肥,安徽教育出版社,2017年,第230页。

有益的启发。但是我们发现：三著都没有将"形式"概念（或观念、术语、范畴）纳入思考的范围，遑论对其进行单独研究。究其原因，应该与"形式"概念本身的特殊性有关。

苏珊·K. 朗格（Susanne K. Langer）说："形式的独一无二性在逻辑上不可能成立。没有哪种形式必然独特，而缺乏这种必然的独特，便无法赋予形式以形而上的地位了。"[1] 这里的"独一无二性""必然的独特"等用词，都在突出这一概念的特殊性、基础性以及不可或缺性。从比较的角度看，"形式"概念在中西文化体系中的地位明显不同。西方美学把"形式"作为本体概念，而中国美学与之有别，或把"道"（不是"形""神"等）作为与之"处于同一理论层面的概念"[2]，或把"文"作为与之"近似的概念"[3]。这种差异成为一种重要的研究指向：以"形式"为参照，可以彰显中西之间不同的文化精神和美学路向；以"形式"为视角，可以探察深受西方美学影响又具中国本土特色的中国现代美学。中国现代美学并非单一的构造体，而是由一系列概念支撑而存在的体系。这些概念，包括"美学""美育""美术""艺术""意境""创造"等，无不灌注了"形式"的生命和意蕴。从根本上说，形式美学是中国美学现代建构必要、必然的维度。

提到"形式美学"（Formal Aesthetic），不得不承认，这种关于形式（英文 Form、法文 Forme、德文 Form、西班牙文 Forma、拉丁文 Formulae 等等）的美学研究是西方美学的重要传统。"美在形式"是西方美学最初的亦是最有决定性意义的美的本体论。西方的形式美学，滥觞于古希腊古罗马时代，历经中世纪、古典期、近现代期的长期发展，成为相当成熟的美学形态。赵宪章在 20 世纪 90 年代开始重点关注这一领域，与张辉、王雄合作出版了专著《西方形式美学——关于形式的美学研究》（1996 年），十多年后修订再版（2008 年）。国内学界近些年也十分重视这一领域的研究，业已涌现大量的学术成果，但是关注中国本土的形式美学研究相对偏少，对此进行详细梳理和深入分析的更是难得。这种现状成为开展本课题研究的重要原因和基本动力，因此也必将遭遇困难并面临诸多的挑战。

在美学中，"形式"是一个具有普遍性且又颇能引起众议的话题。"谈美而不谈形式的美学家，差不多没有。"[4] 在西方，这一概念经由不同历史

---

① 〔美〕苏珊·K. 朗格：《感受与形式》，高艳萍译，南京，江苏人民出版社，2013 年，第 12 页。

② 赵宪章等：《西方形式美学——关于形式的美学研究》，南京，南京大学出版社，2008 年，第 28~29 页。

③ 张法：《中西美学与文化精神》，北京，中国人民大学出版社，2010 年，第 131 页。

④ 蒋孔阳：《美学新论》，北京，人民文学出版社，2006 年，第 66 页。

时段的发展、不同时代美学家的实践，形成了一个强大的语义群。波兰美学家瓦迪斯瓦夫·塔塔尔凯维奇（Wladyslaw Tatarkiewicz）透过西方美学史，概括出"形式"的多重含义。重大含义有"各个部分的一个安排""直接呈现在感官之前的事物""某一个对象的界限或轮廓""某一种对象之概念性的本质""吾人心灵对于其知觉到的对象所作之贡献"。其他含义有"用于产生形式的工具""约束艺术家'从事创作的常规和定格'""各种各样不同种类的艺术或同一种艺术的各式变化""艺术品之精神之因素"。此外还有的含义有"被人有意创作出来的形态"，与"自由、个性、生气、变化和创作性"相反的规则、法则。前五种（重大的）"地位重要，声势显赫"，其他四种则"位处边缘，少有名声"，此外二种属"后起之秀"。这些含义在后来"形式"一词的用法中更是繁复多变，且彼此渗透，形成"被一再反复应用的形式的模型"。[①] "形式"概念在西方语言和文化中已有如此程度的复杂性，当经由语言（文化）转换之后成为汉语的概念，无疑变得更加不易被辨认。

形式美学在西方艰难发展，在中国也并非一帆风顺。由于在根本上要面临中国文化的制衡，因此它在应用过程中需要一次次的"历险"，才能被接受并最终以本土的方式确定。中国现代文论家、美学家依据不同方式进行了不同程度、不同层次的语义对接、变换，甚至延伸，而此过程又往往伴随复杂、激烈的意识形态论争。当然，要使"形式"这一外来概念成为中国现代美学的一部分，首先需要不断"译介"西方美学。在近代以来西学东渐的过程中，源源不断涌入的各种西方美学观点和思潮，促使中国美学传统在一定程度上发生"断裂"，并面临现代转化这一重要"关卡"。但是，有着悠久历史和逻辑性进程的西方形式美学，在中国并未得到全面遵守，其历时性发展特点被一种共时性引入方式替代。如此情况，既是对"形式"这一外来概念的一次次"误读"，又是对其语义的一次次强化，甚至可以说是一次次重新创造。在近现代汉语语境中，"形式"概念蕴含了中西文化相互交融、彼此较量及其求得平衡的内在。与在西方美学中的境遇一样，"形式"在中国现代美学中依旧是一个较难把握的概念，"形式美"依旧是一道令后人费解的难题。美国学者爱德华·W. 赛义德（Edward W. Said）曾提出"理论旅行"（Traveling Theory）的观点。他认为，"从这个人向那个人，从一个情境向另一个情境，从此时向彼时"，这种"旅行"

---

① 〔波〕瓦迪斯瓦夫·塔塔尔凯维奇：《西方六大美学观念史》，刘文潭译，上海，上海译文出版社，2006年，第226～249页。

对于观念与理论来说，同样是一种"生活事实"，也是促进智性活动的一种很有用的条件。而对于这类文化与知识的活动，我们更应该关注它的可能类型，搞清它的运动力度之强弱变化，等等。[①]鉴于此，厘清中国现代美学中"形式"概念的"前世今生"，把握其特殊"身份"和存在意义，成为本研究的重要任务。

为了更好地研究这一课题，必须充分考虑到前面所提到的"传统"问题。传统是有意识的和自觉接受的获得物，是一个发展变动的范畴，它的活力就存在于它的动态变迁之中。"真正的传统并不是一去不复返的过去的遗迹，它是一种生气勃勃的力量，给现在增添着生机和活力。"[②]传统并非固定的模式，而是具有整体性的流传物，其建构过程经由"因袭、规抚、创获"[③]三个相互联系、相互联通的渠道。而构成传统的各种观念又需要经过"选择性吸收、学习和创造性重构"[④]三个阶段。这意味着，建构传统时需要厘清有关观念的以下问题：它是如何进入交替、变化的文化时空的？是如何汇入意识形态之流的？经历了何种曲折？又是如何被定型的？观念是意识形态的组成要素，关键词是用于表达的可社会化的思想。研究观念的形成，就是探讨表达该观念的关键词的出现并分析其在不同时期的意义。因此，通过"关键词"的分析，可以揭示观念的起源和演变，有助于把握一个"传统"、一个"概念"。但是也需注意到复杂性的存在，不可简化了之，毕竟观念生成面临的问题盘根错节。尤其是当涉及跨文化传播时，这一观念在原有文化中关键词的意义演化，汉语里用于表达外来观念的关键词的原意，这两方面都必须注意，特别需要去研究人们何时以及为何要用该词表达一种新观念。

本研究立足于原始文献资料，通过调查大量文本，对"形式"概念在中国美学现代化进程中的复杂演进进行宏观描述和微观分析，实具有"观念史"意味。与一般通论性的中国美学史、中国现代美学（思想）史的写作相比，这样的研究在论题上也会更加集中。为了更加深入地进行分析，采用比较的方法是必要的。这里的比较，是一种比平行比较更为复杂的

[①] 〔美〕爱德华·W. 赛义德：《理论旅行》，见《赛义德自选集》，谢少波等译，北京，中国社会科学出版社，1999年，第138页。
[②] 〔苏〕I. 斯特拉文斯基：《艺术创造》，见《当代美学》，〔美〕M. 李普曼编，邓鹏译，北京，光明日报出版社，1986年，第407页。
[③] 高瑞泉：《中国现代精神传统——中国的现代性观念谱系》（增补本），上海，上海古籍出版社，2005年，第8页。
[④] 金观涛、刘青峰：《观念史研究：中国现代重要政治术语的形成》，北京，法律出版社，2009年，第14页。

"接受—影响"比较。基于中外文化比较的视野，把重点放在"形式"概念的历史描述和逻辑勾勒上，既注意揭示这一概念产生的文化史、思想史背景，又关注这种背景影响下的语义结构变化。

出于上述种种考虑，本研究将紧紧围绕作为关键词的"形式"，力图清晰描绘它在中国现代美学中的独特呈现方式。具体考察的是：这一概念如何在美学创生进程中被择取？如何在美学观念论争中被容受？如何在美学体系试构中被反刍？这三个问题所牵涉的中心论题分别是："形式"一词从日语、英语、法语等到汉语的转义性迁移及美学指向，"形式"概念在与已有美学概念对接过程中经历的容受性争论，"形式"概念在美学体系性著作中的有效性叙述。本着带动问题研究的"关键词"要义，同时延伸到中国现代美学的本体建构路径、美育特色显现的问题，以探查"形式"概念生成在中国本土的复杂境遇和深化机制。总之，本研究的目标是通过对中国现代美学关键词"形式"的研究，揭示中国现代美学起源与演进过程中的一些重要问题；通过对中国现代美学文本及其相关文本的梳理、比较和分析，提供一种在中国现代美学身份认同过程中，美学观念与语言、文化和社会之间相互影响的思想见解。同时通过揭示"形式"的"秘密"[1]，树立一种辩证的形式观、科学的形式审美观和完整的形式美学观，从而使我们体认到美学视野中"形式"概念的独特意味，进而否定那种对形式主义、形式美学的片面理解。此外，希望能够为中国美学、文艺学在当代的发展提供一种"汉语美学"策略。毕竟，汉语在中国的文学、美学中具有本体性地位和作用，这是无法否认的事实。

四、对若干问题的说明

第一，关于关键词研究模式。前述已指出，中国现代美学是中国现代性的美学，仍具有广阔的研究空间，这需要从理解中国现代美学传统的问题出发，就此展开"关键词"研究，这是必要的和可行的。而之所以选择"形式"这一中国现代美学关键词，就是充分考虑到它的生成特殊性及其研究的价值和拓展空间。为了更好地体现关键词研究的特点，主体部分的四章以"择取—容受—反刍—显现"来描绘"形式"概念的演进路线。以此作为一种具有外来性质的中国美学关键词的生成模式，是一种探索，也是

---

[1] 此流行说法来自《歌德谈话录》。国内较早见于宗白华《常人欣赏文艺的形式》(1942年)一文所引："内容人人看得见，涵义只有有心人得之，形式对于大多数人是一秘密。"(《艺境》未刊本) 在参加1961年11月《光明日报》编辑部召开的"艺术形式美"座谈会时，宗白华再次引述歌德的这一说法。(《艺术形式美二题》，《光明日报》1962年1月8、9日)

一种创新。

　　第二，关于形式美学研究述评。形式美学研究成果，在国内外都有极其丰富的积累，并非三言两语所能道尽。限于篇幅，导论部分对此并未全面述评。现将已完成、拟作为附录部分呈现的近 2 万字的研究现状述评，进行简化处理，把主要内容、观点融入"思路、方法与目标"部分。本书现有的附录部分，是从百年多以来的各种词典中遴选出的"形式"词条辑录，也能够在某种程度上反映形式美学研究的历史与现状。另外，马草的《中国当代形式美学的发展历程与境遇研究》（《美育学刊》2021 年第 3 期）有较详尽的述评，可以参考。

　　第三，关于"美育"一章。第四章集中于美育话题，实具有延伸讨论性质，也是为了更好地体现和突出中国现代美学的独到之处。导论中"中国现代美学研究的趋向"部分已专门述及中国现代美育研究的现状，并将美育视为中国现代美学的特色部分。这里再强调指出，中国现代美学家谈美学与谈美育基本是相当的，他们重视教育，提倡美育，希冀通过美育发挥审美的救世作用。美育这个话题"集中地把当时美学与启蒙、审美与人生、审美与道德、艺术与科学、超脱与功利、传统与西方等一系列重要学术和社会问题扭结在了一起"①。可见，中国现代美育的特色也就是中国现代美学的特色。对于中国现代美育，研究时绝不可忽略，予以一章的篇幅也是情理之中。为了切合本研究，此章基于"形式"概念但又并不限于此，着重于西方形式美学与中国现代美育理论、思想之间的逻辑关联及其事实、可能。

　　第四，关于引文、注释、版本。关键词研究需要查考大量的原始文献。本着还原语境的原则和尊重历史的要求，引用时尽量保持原貌。有几种情况做了特殊处理：（1）除非出现明显的文字错漏、不合乎规范的标点符号，对原文不做改动。如第三章第一节中"美底形式"（陈望道《美学概论》）中的"底"字，原著中即如此。（2）有几处引文，来自王国维早期的译著和编著（《教育学》）、胡适的日记、蔡元培的讲稿和手稿、宗白华的讲稿和未刊稿，由于不便查找，只能依据今人整理的集子进行注释。这在第一章，第二章第一节，第三章第四节，第四章第一、二节当中有所涉及。（3）对一些重要论著，依据需要而采用不同的版本。如对于朱光潜的《诗论》和它的增订本，《文艺心理学》和它的再版本、"缩写本"（《谈

----

① 杜卫：《审美功利主义——中国现代美育理论研究》，北京，人民出版社，2004 年，第 6～7 页。

美》),根据英国美学家贝奈戴托·克罗齐(Benedetto Croce)原著翻译的《美学原理》(*Aesthetic as Science of Expression and General Linguistic*)和它的修订版,宗白华的《中国艺术意境之诞生》和它的增订稿,都做了区别对待。这方面主要体现在第一章第三节、第三章第四节当中。

第一章　中国现代美学创生进程中的"形式"择取

　　译本绝不可能是原作内容的翻版，因为译本所用文字不同，语言和文化体系既不对称也不同形。……翻译中存在有差异和混杂性，以及因此而导致的晦涩和不整齐，而不是翻译方法中所写的任何简单的或者表面意义上的和谐、透明或等值。赞成以等值一词来谈翻译是耽于幻想的行为——尽管从社交和实用角度来说，这种做法也许是必要的，但这仍然是一种幻想。①

　　中国现代美学的创生，即美学在中国从无到有再到盛的不断生长，与西学东渐这一背景具有直接关系。近代以来，包括美学在内的西方学术思想不断向中国传入，为国人提供了丰富的西方知识，并被赋予了科学启蒙等重要功用。这种传播作用的形成，很大程度上是通过"译介"实现的。作为沟通两种语言、文化的翻译行为，译介不是简单的翻译方法，而是包含着译介者对译介对象的分析、判定和取舍的态度。"这种方法在打破中国美学理论的沉寂与僵化上所发挥的作用，是别的方法所不可替代的。它为中国美学构建提供了大量的理论资料和构架模型，同时也为中国现代美学的繁荣提供了许多前所未有的视角。"② 从这个意义上说，没有对西方美学的译介，就没有中国现代美学，中国现代美学的创生也就处在如此的"译介"语境中。在中国现代美学中，"形式"正是通过不断译介而得以逐步定型的外来美学概念，它是一个选择性的、创造性的产物。

　　按照一般推测：如果一个专业概念是外来的，那么它的语词形式也具有外来意味。但"形式"有其特殊性，它既不是一个地道的外来词、新名词，又不是一个既定的美学术语。就前者而言，要成为一个外来词，必

---

① 〔英〕西奥·赫尔曼：《翻译的再现》，田德蓓译，见《翻译的理论建构与文化透视》，谢天振主编，上海，上海外语教育出版社，2000 年，第 5 页。
② 汝信、王德胜主编：《美学的历史——20 世纪中国美学学术进程（增订本）》，合肥，安徽教育出版社，2017 年，第 128 页。

须赋予它新义，才有可能成为具有特定内涵的术语；就后者而言，要成为美学术语，必须实现从一般用语到专门术语再到恒定术语的两次跨越。唯此，那种特定的、恒定的语词才能成为美学的专业概念。从"形式"一词在近现代中国发生及其美学意义的获得情况看，"译介"功不可没，"日本"作为中介起到了桥梁作用，马克思主义美学使之变得作用更为直接、深刻。"Form"概念译入中土，是用"形式"一词去对接和表述相应的外来美学观念的过程。为此，中国现代学人进行了积极的、创造性的"译介"努力，并取得了一些创见。

第一节　作为日源词的"形式"

近现代西学东渐引发的"新名词"现象是一个不能被轻易绕过的话题。与此有关的研究，各种人文社会学科都介入其中。语言学方面，如王力的《汉语史稿》（1980年），高名凯、刘正埮的《现代汉语外来词研究》（1958年）；历史学、文化学方面，如熊月之的《西学东渐与晚清社会》（1994年）、冯天瑜的《新语探源——中西日文化互动与近代汉字术语生成》（2004年）和《近代汉字术语的生成演变与中西日文化互动研究》（2016年）；政治学方面，如金观涛、刘青峰的《观念史研究：中国现代重要政治术语的形成》（2009年）；文学方面，以海外学者刘禾的研究较为出色，代表作是《跨语际实践——文学，民族文化与被译介的现代性（中国，1900—1937）》（宋伟杰等译，2002年）。这些成果的取得，无疑体现出这一语言现象的研究价值。作为外来词，这些"新名词"广泛渗透到当时人们的日常生活当中，产生了十分重大的思想文化影响。熊月之早就这么说道："没有那一时期的新名词爆炸，日后的新文化运动是很难想象的。"[①] 因此，这种现象的产生更应被视为思想界产生躁动的征兆，即与异质文化相互撞碰而产生紧张的体现。近代是中国历史上最具过渡性质的时段之一，在文化上有所选择既是必然的，又是艰难的。宏观上的变动可从这些由"新名词"焕发的新概念上反映出来。这里试图考察的概念"形式"，既是在中国文学、美学等现代性建构过程中影响深重，又是常被"误读"从而引发论争的关键概念。"形式"概念是外来品，意味着这一概念的语言形式也基本是来自域外（主要是日本）的，即最初作为"新名词"而出现。那么，在近代中外特别是中日的文化交流语境中，该词被中国学人以何种

---

① 熊月之：《西学东渐与晚清社会》，上海，上海人民出版社，1994年，第14页。

形式呈现出来？它与汉语原始意义有何区别与联系？又发生了怎样的流变？"形式"的源流成为耐人寻味、值得深入探讨的首要问题。

一、有意味的加点词

首先需要了解"形式"一词在现代汉语中的一般含义。目前各种现代汉语词典均收录该词。如《现代汉语词典》（第 7 版）这样解释："［名］事物的形状、结构等：组织～｜艺术～｜内容和～的统一。"① 该词典是一部以记录普通话语汇为主的中型词典，主要供中等以上文化程度的读者使用。所收条目，包括字、词、词组、熟语、成语，在第 1 版中共约 5.6 万条。第 5 版在原有词语中删去了 0.2 万余条，另增加了 0.6 万余条，共收约 6.5 万条。第 6 版增收新词语和其他词语 0.3 万余条，删除少量陈旧的词语和词义，共收 6.9 万余条。第 7 版修订规模较小，增收新词语 400 多条，另外增补新近义将近 100 项，修改词语的释义、举例 700 多条。该词典所收词条数量的变化，显示出词语、语言与社会之间的互动关系。词汇是"语言中最活跃的因素，它受社会的影响最大最直接，变化也最快"②。这是就一般关系而言的，具体到单个词语，情况并不尽相同。从 1960 年试印本、1978 年第 1 版、2005 年第 5 版，到 2016 年第 7 版，《现代汉语词典》始终把"形式"一词收入其中，且前后词义没有变化。这充分说明该词在过去半个多世纪里早已流行，其词义也是普及的、尽人皆知的。但从词源角度而言，任何一个词语都有自己的身世，都有一个产生、变化（特别是词义的增加或减少）的过程。在各种词典中，对某个词语的释义往往以罗列方式呈现，并不着意各种词义之间的关系，更遑论词义之所以发生变化的社会原因。事实上，不同时期、不同性质的词典所收词条并不完全一致，有时即使收录同一词条，其词义也并不一定相同。许多词的词义在不同时期是有差异的，而这种差异又往往反映出各个时期人们的知识接受状况及水平。因此，真正了解一个词语及其词义的最佳方式之一就是回归到该词语出场的最初载体，进行发生学上的考察。对"形式"一词，应同样作如是观。

词典是传播知识的最为重要的载体之一。在 19 世纪中叶至 20 世纪中叶整整百年中，中国知识界产生了名目繁杂的科技词典，总计有 394 种。③

---

① 中国社会科学院语言研究所词典编辑室编：《现代汉语词典》（第 7 版），北京，商务印书馆，2016 年，第 1467 页。

② 刁晏斌：《论现代汉语史》，《辽宁师范大学学报（社会科学版）》2000 年第 6 期。

③ 参见沈国威编著：《新尔雅：附题解·索引》，上海，上海辞书出版社，2011 年，第 55～84 页。

由于编者身份、选词依据、所涉范围的不同，这些词典具有许多差异，也势必烙下时代印记。《新尔雅》被公认为 20 世纪最早的一部汉语辞书。该辞书于 1903 年由上海明权社发行，书名取自中国最早的字书《尔雅》。《尔雅》共 20 篇（现存 19 篇），分释诂、释言、释训、释宫、释器等，主要解说先秦古籍中使用语句的意义以及古代建筑、器具的名称。作为儒家经典之一，《尔雅》的重要性毋庸置疑。显然，《新尔雅》是对《尔雅》的有意"模仿"。从目录看，全书共分 14 篇，依次为：释政、释法、释计、释教育、释群、释名、释几何、释天、释地、释格致、释化、释生理、释动物、释植物。从体例看，不设词条，采取记述的形式，对各学科领域的概要和基本概念以关键语词为中心进行简要的解说。由此看来，《新尔雅》又是一部区别于"旧"《尔雅》的"新"辞书。它的特别引人注意的一个地方，就是使用的术语均翻译或改编自日本书籍，且都进行了加点。"形式"一词赫然出现在"释教育"中："对于形式之内容，曰实质。对于实质而有共同一定之范型者，曰形式。"在之后的陈述中，该辞书又多次使用"形式"一词，如："仅注重教科之形式，及实质的价值者，谓之教化价值主义。"又如："重行为之外形，而不问其内容者，谓之形式主义。单在伦理上尽义务者，亦谓之形式主义。"①

对于这种"加点词"现象，日本学者实藤惠秀指出："字体下面的圆点（．）都是原文所有；它们有标示新语即标示日本词汇的作用。"② 在他看来，"形式"就是一个来自日本的外来词（简称"日源词"）。但是，这种观点并不能够代表学界的普遍看法。从词形看，"形式"一词是"～式"的结构。开篇所提及的高名凯、刘正埮以及熊月之、刘禾等学者均认为，这种词语形式的结构正是来自日语。不过，在他们的论著中所罗列的外来词细目中都没有出现"形式"一词。另外，《近代汉语大词典》（2008 年）共收 5 万余词条，其中亦无"形式"。当代语言学家史有为指出，汉语修辞学中使用的许多术语大致可以确定是日语中首先使用的，虽然有的来自古汉语，但是日语赋予其新义或以此来翻译西方术语。他认为，"形式"这个词"可能"是日源词。③《近现代辞源》（2010 年）列有"形式"条目，它的释义与《现代汉语词典》完全一样。不过该辞书亦并未明确指明该词的起源情况，只是列举了 20 世纪初的两个用例：一是王鸿年于 1902 年出版的《宪

---

① 汪荣宝、叶澜编:《新尔雅》，上海，上海明权社，1903 年，第 56～57 页。

② 〔日〕实藤惠秀:《中国人留学日本史》，谭汝谦、林启彦译，北京，生活・读书・新知三联书店，1983 年，第 296 页。

③ 史有为:《汉语外来词》，北京，商务印书馆，2000 年，第 75 页。

法法理要义》（上卷）："要而言之，法之观念实具有形式与实质之二要素。所谓形式者则权力之谓。所谓实质者即规定社会之利益而分配于各个人之谓。"[1] 另一就是上文已提到的《新尔雅》。综合这些情况，我们可以认定：一是该词的语源问题存在一定争议，二是该词并非一般的可以明确指明的外来词。这两点间接表明，"形式"并非一个完全意义上的日源词。

《新尔雅》是一部新辞书，它的出版与当时的文化和社会背景有关，如译语"混乱"，社会急需能够通俗易懂地解释新词、译语的术语集和新辞书。该辞书的编者是曾赴日留学的汪荣宝和叶澜。两人在留日之前就积累了相当程度的西方新知识，掌握了一定数量的新词语，而在留日期间所从事的就是翻译、编辑活动。《新尔雅》的编写主要在日本完成，但是它的出版地是上海。故《新尔雅》在"尔雅"二字之前添上"新"字，标示出这部辞书的编译性质，即所收录的术语都是从国外翻译进来的。这不仅能够起到吸引普通读者的作用，而且在客观上起到了向国人传播新知识、新文化的"启蒙"意义。兹引陈平原所说的一段话作为参考：

> 清末民初，近乎天翻地覆的社会变迁，导致知识系统遍布裂痕；旧的意识形态日渐崩溃，也就意味着新的知识秩序正逐步建立。与之相适应的，便是各式辞典（还有教科书）的积极编纂。这里需要的不是零星的知识，不是艰涩的论述，也不是先锋性的思考，而是如何将系统的、完整的、有条理有秩序的知识，用便于阅读、容易查找、不断更新的方式提供给广大读者。表面上看，这些强调常识，注重普及、兼及信息、教育与娱乐功能的语文性或百科性辞书，不如著名学者或文人的批判性论述精彩（或曰"入木三分"），但其平易、坚实、开阔、坦荡，代表了"启蒙文化"的另一侧面，同样值得重视。[2]

《新尔雅》把"形式""形式主义"等大量的语词进行加点，自有编者的用意。但是，把这些所谓的外来词全部加点，并不足以保证它们在日后能够被读者全盘接受和使用。有些外来词是要被淘汰的，特别是作为翻译方式的音译词，由于构成复杂、不符合汉语惯例等情况而不再继续使用。当然，也有些外来词是能够被直接接受的，但具体情况比较复杂，如它们的含义、用法或被保留，或有增减。一个词语能够作为"新"词，亦可能

---

① 黄河清编著：《近现代辞源》，上海，上海辞书出版社，2010 年，第 833 页。
② 陈平原、〔捷〕米列娜主编：《近代中国的百科辞书》，北京，北京大学出版社，2007 年，第 4～5 页。

是"旧"词,因为所谓的"新"与"旧"是相对而言的,两者之间没有绝对的界限。在《新尔雅》中作为"新"词的"形式",在若干年后就已不再被作为"新"词对待了,这从1915年出版的《辞源》可以看出。该辞书未专列词条"形式",只见词条"形式法",而其解释亦颇略:"见手续。"再查词条"手续",又是如此解释:"日本语。犹言程序。谓办事之规则次序也。"① 这说明《辞源》在编写时把外来词特别标出,但"形式"并未在被标出之列。另从其他词条看,编者也已在使用"形式"一词进行解释。例如:"〔形迹〕谓行为之形式也。《陶潜诗》:'真想初在襟,谁为形迹拘。'按:今谓人之仪容动作为形迹。如言'不拘形迹'及'形迹可疑'是也。"② 这些表明:"形式"一词已"退化"为普通词,它不再像在《新尔雅》中那样作为一个富有意味的"加点词"。

二、汉语"形式"原始

一个外来词能够进入目标语并流行,与两个条件密切相关:一是准备好接受的文化土壤,二是运用恰当的翻译方式。近代中国学人有两种翻译西方术语的方式:一是新造词,包含音译与意译二法,其中又以意译为主;二是借用古汉语词,经引申以对应西方术语,如以"革命"译"revolution"、以"共和"译"republicanism"、以"自由"译"freedom"、以"社会"译"society",原来的古汉语词"革命""共和""自由""社会"获得新义,变为汉语新术语。相较于直译(音译)法,"旧词新意"更加容易实现对接。③ 因此,如果要更好地说明"新名词"的含义,而且这个"新名词"又属于"旧词新意"的情况,那么就十分有必要说明该词的原始含义,亦唯如此,我们才能以一种变迁的视角和比较的方式明确该词的身份。从笔者所掌握的资料看,以"形式"翻译"form"这一外文词,尚未发现用汉语直接音译的例证。"形式"当属意译,具体地说是"旧词新意"。故通过将"形式"一词复归到它的固有文化中,能够识见其原始的意义,而在古汉语文献中又的确存在该词。

《四库全书》是中国历史上一部规模最大的丛书,保存了丰富的文献资料。所收书目至清代中叶,卷帙浩繁,字数当以数亿计。笔者借助《文渊阁四库全书》电子库,以"形式"两字输入查询,以发现该词的存在、使用情况。该词共出现百余次,其中近一半为重复(指文献,如同一书在

---

① 陆尔奎等主编:《辞源》,上海,商务印书馆,1915年,第78页。
② 陆尔奎等主编:《辞源》,上海,商务印书馆,1915年,第240~241页。
③ 冯天瑜:《中西日文化对接间汉字术语的厘定问题》,《光明日报》2005年4月5日第7版。

不同时代被注解、重编）。按部类、朝代进行排列和统计，可得知使用该词的具体分布情况（见表 1）。

表 1 《四库全书》中"形式"一词使用分布情况

单位：次

部类	朝代					
	南北朝	唐	宋	元	明	清
经部		1				3
史部	4	5	9	5	5	16
子部	1	1	13		6	28
集部		5	4		11	3
附录						3

"形式"一词在中国古代的使用并不十分普遍，主要出现在史、子、集三部；出现次数，从南北朝到清代大体呈递增趋势，以清代最多。具体呈现情况，兹举例如下：

若今制遂行，富人赊货自倍，贫者弥增其困，惧非所以欲均之意。又钱之形式、大小多品，直云大钱，则未知其格。若止于四铢五铢，则文皆古篆，既非下走所识，加或漫灭，尤难分明，公私交乱，争讼必起，此最是其深疑者也。

——〔南朝〕沈约等《宋书》卷六十六（《何尚之传》）

按：此下今有津、今有葭、今有木、今有域四问，俱各有形式，高下、进退、俯仰线法、视法毫不可紊，非依问绘图无以阐其立意之妙，将转疑其字句舛讹，谨准测量法义，为补四图，各冠原问之右。庶图、问参观，不至失其本义云。

——〔北朝〕《张邱建算经》[①] 卷上

废帝景和二年，铸二铢钱，文曰"景和"，形式转细。官钱每出，入人间即模效之，而大小厚薄皆不及也。无轮廓、不磨剪，凿者谓之"耒子"，犹薄轻者谓之"荇叶"，市井通用之。

——〔唐〕杜佑《通典·食货九》

[①] 该书共 3 卷，成书约在 466～485 年。

> 手，拳也，象形，凡手之属皆从手。臣锴曰："五指之形式，
> 九反。"
>
> ——〔南唐〕徐锴《说文系传》①

> 直方内容、弧矢形式，方长十四，方阔七。问弧内积、二角余
> 积，各几何？曰：弧内积七十三五，二角余积二十四五。……通曰：
> 以弦十四，折半得七，又折半得三五乘矢七，得二十四五，亦合二
> 角积。
>
> ——〔清〕方中通《数度衍》卷九

　　从文献出处看，以上多为史书（"邦计"）和教科书（"算书"）。"形式"一词主要用来说明钱币、手等事物的形状或结构，这与它在今天的基本含义是一致的。值得注意的是，该词在清代不仅出现在数学等教科书中，而且出现了与"内容"相对的用法。"形式"与"内容"这对范畴，在此之前还没有出现，直到清初方中通率先使用。方中通（1634～1698），字位伯，安徽桐城人，哲学家方以智次子，曾受业于波兰传教士穆尼阁（J. N. Smogolenski，1611～1656），精通算术之学。他的《数度衍》，全书24卷，含数原、律衍、珠算、笔算、尺算、筹算、几何诸法及九章名目，纳《九章算术》《数理精蕴》《算法统宗》《同文算指》《几何原本》诸书，可谓博揽众家之长，汇聚中西算法，是"重新归纳与整理传统数学体系的一种尝试"②。可见明末清初以来，受西方文化的影响，"形式"的内涵已悄然发生变化，从而也与以往单一的意义、用法形成了区别。

　　这里还必须指出古汉语文献的语言特点：不仅缺少句读，而且孰字孰词难分。因此，当我们今天把"形式"作为一个词语进行相关检索的时候，往往会忽略该词实际是由两字（词）并存的情况。"形"与"式"虽然并列、连写，其意有时是分开的，所起的作用也不尽相同。按汉代许慎《说文解字》释义，"形"即象形，"式"即法。古人所说的"形"主要指事物或人的外形。"物成生理谓之形"（《庄子·天地》）、"形者生之具也"（〔汉〕司马迁《史记·太史公自序》）、"无案牍之劳形"（〔唐〕刘禹锡《陋室铭》）、"山岳潜形"（〔宋〕范仲淹《岳阳楼记》），这些例句中的"形"都是一个具有充分实义的汉语词。至于"式"，后人多以"法式""法则""规制""样

① 该书共40卷，分通释、部叙、通论、祛妄、类聚、错综、疑义、系统等8篇，是最早的一部详密注释、系统研究东汉许慎《说文》的字书。
② 黄见德：《明清之际西学东渐与中国社会》，福州，福建人民出版社，2014年，第273页。

式""仪式"等释之。章太炎评价历代文体，所说的"式"指"法式"（《文学七篇·论式》）。朱光潜释之为"标准"："自然美的难，难在件件都合式。高低合式的大小或不合式，大小合式的肥瘦或不合式。所谓'式'就是标准，就是常态，就是最普遍的性质。"[1]但是，"式"在古汉语中使用时，有时并无实意，仅是作为一个发语词，在句首起着连接作用。例如"乐饮过三爵，朱颜暴已形。式宴不违礼，君臣歌鹿鸣"（〔宋〕郭茂倩编《乐府诗集·大魏篇》）；又如"太虚游形，式编三洞之箓"（〔唐〕骆宾王《骆丞相集·对策文三道》）；再如"神瓜合形，式表绵绵之庆"（〔唐〕柳宗元《京兆府贺嘉瓜白兔连理棠树等表》）。这种情况需要我们格外注意。因此，古汉语文献中出现的"形""形式"并不能简单地等同于后人所说的"形式"。诚然，人们在后来的使用中保留、继承了它的原始意义，但是在词义方面显然有所增加。

大体上说，近代汉语中流行的"形式"一词具有回归性质，属于"旧词新意"，或称之"海归派词"。它的再次出现，很大程度上是中、日两种文化对接的产物。日本文化本属汉字文化圈。近代以来，日本文化受到西方文化的影响，而中国文化又受到日本文化、西方文化的影响。这种复杂境况使得在中国出现的许多"新名词"成为中、日、西三种语言（文化）力量交汇的表征。所谓"形式"概念是外来品，并不是指这一概念完全是受到外来因素作用的结果，而是指它所包括的观念是外来的。具体地说，就是在翻译外来观念的过程中，借用汉语中原有的词语作为对应翻译、表述的结果。因此，概念与语言形式并不完全对等。正如王攸欣所指出的，"形式"一般所指就是"最具体"的意义，也是汉语里的"原始意义"，"正因为有此意义，近代日本以汉字'形式'来翻译西文中的形式概念（Form），在西方语言中，Form 的日常意义与汉语中的形式相同。这一译名为晚清翻译界所接受。但西方语言中 Form 的引申义相当多，不能等同于 19 世纪以前汉语中的'形式'一词"。[2]

即至 20 世纪之前，汉语文献中单独使用"形式"进行表述的情况仍比较罕见，仍以"原始意义"为主。如 1877 年上海《万国公报》刊载的一则启事《祈寄蝗蝻形式》（未署名）：

蝗蝻之形亦有分别。泰西分有数种，或翅有长短，或花纹各别，

---

[1]　朱光潜：《谈美——给青年的第十三封信》，上海，开明书店，1932 年，第 68 页。

[2]　王攸欣：《选择·接受与疏离：王国维接受叔本华、朱光潜接受克罗齐美学比较研究》，北京，生活·读书·新知三联书店，1999 年，第 81 页。

或头脚参差。今江之南北远方则难以奉托，惟望苏州买我公报之友，赐寄蝗虫一二枚，以便本书院照式刻图，登印公报，以俾众览，特此拜托，仰望仰望。①

此短文语言朴素，也较接近今人之白话。标题中有"形式"，首句中有"形"，两者意思一样，不仅与今天的用法较一致，而且与古汉语中的意思基本相同。

三、"形式"与"精神"

应该说，"形式"概念作为外来品的特殊性，最初表现在它往往不是作为单独方式存在，而是以成对的范畴出现的。上文已提到与"形式"相配对的，有"实质"（如《数度衍》）、"内容"（如《新尔雅》）等。但"形式"一词在汉语界的普及、流行主要是在译介西学的过程中发生的。由于西学有很大部分是从近邻日本进入的，这样包括日本、欧美之学一并进入中国，使得"形式"概念在中国逐步得以传播。这里首先提及的是谙熟多种外语的王国维。他在译介过程中已较频繁地使用"形式"一词，这可以从两种《教育学》中见出。1901年翻译的《教育学》（立花铫三郎讲述，同载于《教育世界》第9～11号和"教育丛书"初集第3册）中写道：

> 台斯脱尔樊希氏（Diesterweg，按：今译第斯多惠）之言曰：教育最高之宗旨，在使人由真、善、美而自动作。此说能尽形式的与物质的之两面。即动作者，人间之形式也，而真、善、美三者可视为充其内之物质。何则？单言动作，则其所指之方向不定，然既定以真、善、美为宗旨，则必合真、善、美三者而动。则形式、内质，始得完全。此两面具足，始可谓之真人间。一人然，社会亦然。②

> 第二，教授之形式，有内面的与外面的。内面的，又分为直觉的与观念的；外面的不别：（一）唱歌，（二）言语，（三）讲演之三种。但就此三者，各有利害得失。③

前段论"教育之宗旨"，其中出现了"形式"与"物质""内质"对位的

---

① 《祈寄蝗螭形式》，《万国公报》1877年7月28日（第449期）。
② 王国维编著：《教育学》，福州，福建教育出版社，2008年，附文第14～15页。
③ 王国维编著：《教育学》，福州，福建教育出版社，2008年，附文第61页。

译法；后段中的"形式"相当于今天所说的"方式"或"方法"，而且被区分为"内面"与"外面"两种。1905年编著的《教育学》(教育世界社印行)中又如此写道：

> 教授真正之目的，……然但以陶冶为目的，而不问其所传授之实质如何，则其教授必疏漏。且不能达其所谓陶冶之目的。此即极端之形式主义也。盖形式与实质，必相待而始奏其功。则依有益之实质，而为有效之陶冶，乃教授之真正目的也。[①]

这里不仅出现了"形式主义"，而且"形式"与"实质"对位。总之，在王国维这里，"形式"的用法变得灵活起来。

以"精神"取代"内容"或"实质"，从而与"形式"构成一对范畴进行使用，而且在使用中带有比较强烈的功利色彩，这成为20世纪以来出现的最明显的一大变化。如1904年厦门《鹭江报〈闽峤近闻〉》一栏所载的一则批文《精神形式之分辨》(未署名)：

> 学务处司道批：李孝廉毓文等倡设中西蒙学堂，禀云所禀，具见热心教育，深堪嘉尚。惟学堂中程度功课，须遵照奏定学堂章程办理，本处方能认许。至该学堂既为该举人等筹设，所定中西名目甚为不合，应速更改，其余管理教育一切方针，尤宜振刷精神，力求进取，勿徒以形式见长，方足以端蒙养而明学术。该举人等速将学堂课程、生徒年龄各表，及办事章程一并禀复，以凭核夺云云。[②]

此文是关于教育改革的。标题中就把"精神"与"形式"两词并列，而且明确说是"分辨"，可见这是两个含义有明显对立的词。文中更有"尤宜振刷精神，力求进取，勿徒以形式见长"一句，表现出反对"形式"而注重"精神"的急求改革教育管理制度的鲜明态度。这种态度恰恰反映了时代要求革命的状况。当然，所谓"革命"，不是停留在教育上的，而应首先是政治上的。此正如"五四"时期傅斯年所说："形式的革新——就是政治的革新——是不中用的了，须得有精神上的革新——就是运用政治的思想的革新——去支配一切。"[③]

---

① 王国维编著：《教育学》，福州，福建教育出版社，2008年，第37页。
② 《精神形式之分辨》，《鹭江报》1904年8月15日（第74期）。
③ 傅斯年：《白话文学与心理的改革》，《新潮》1919年第1卷第5号。

"精神"而非"形式"的革命，这是当时文化人的主要提法。戊戌变法失败后，梁启超流亡日本，在横滨创办《清议报》《新民丛报》等多种报刊，广泛宣传革命思想。从发表的一系列文章中，我们可以明显感受到那种要求革命的功利态度。他不仅批评中国学风的弊端"不徒在其形式，而在其精神"①，而且倡导"精神"的而非"形式"的"诗界革命"。"过渡时代，必有革命。然革命者，当革其精神，非革其形式。……能以旧风格含新意境，斯可以举革命之实矣。"②这里提出以"新意境"为新诗的内容，又以"旧风格"为新诗的形式。应当说，"旧风格"这一概念的使用，更加切合新诗的艺术特征（如接近古典诗学概念）。但是，形式与内容是相联系的，新内容必然要求嬗变出新形式。故梁启超提出的"革其精神，非革其形式"，我们只能视其为一种"深刻的片面"。西方文化的传播扩大了人们的视野。诗界革命的作者们秉持追求新思想、新事物的先进理念，都不同程度地要求取法西方。梁启超在《汗漫录》（1900 年）中曾呼吁："竭力输入欧洲之精神思想，以供来者诗料。"③然而，他强调所有这一切都必须与"旧风格"相谐和。故所谓的"形式"也就成了一个形式化的概念，或者说仅仅是一种言说工具。

与之形成逆差的是，"精神之革命"为众望所归，成为一时之趋势。1903 年发生了震惊全国的"文字狱"《苏报》案。康有为在海外发表《答南北美洲诸华商论中国止可行立宪不可行革命书》，阐述反对革命排满、主张立宪保皇的立场。为了驳斥康有为的谬论，澄清人们的思想，同时宣传革命主张，是年 5 月章太炎写了一封致康有为的公开信，即著名的《驳康有为论革命书》。④其中写道："夫所谓奴隶者，岂徒以形式言邪？"次年，陈天华的《警世钟》中也用这样的表达："形式或者可以慢些，精神一定要学。"⑤两处的"形式"一词都具有贬义色彩，而"精神"被设定为"革命"的内容和应有之义。这些与后来发生的"文学革命"具有深刻关联。"文学革命"的最初提倡者是胡适。在意象派文论的影响下，他反对主张"文胜质"的桐城派、南社诸人，把"形式"作为"文学革命"的切入点，主张"八事主义"，等等。但是，功利主义文学观终究导致他轻视"形式"而偏向"精

---

① 梁启超：《近世文明初祖二大家之学说》，《新民丛报》1903 年第 1、2 号。

② 梁启超：《饮冰室诗话》，《新民丛报》1902 年第 19 号。

③ 梁启超：《汗漫录》，《清议报》1900 年 2 月 10 日（第 35 册）。此文由梁启超于 1899 年 12 月在自横滨赴檀香山途中所作，后收入《饮冰室合集》，并改名为《夏威夷游记》。

④ 此书信当时由《苏报》向读者推荐，摘录发表时（1903 年 6 月 29 日）题名《康有为与觉罗君之关系》。

⑤ 舒新城编：《中国近代教育史资料》（下册），北京，人民教育出版社，1981 年，第 1018 页。

神"。他提出"文的形式"的口号，要求"诗体的解放""语言的解放"，亦引发了"新诗形式"等诸多问题的持续论争，终而成为如朱自清所说的"放不下形式的问题"①。

"五四"时期，有关"形式""形式主义"等词语，以及"形式"与"实质""内容""理想""精神"等对位的运用，已经是非常普遍的了，而且它们的内涵、情感意向等都已十分明确。这些都可以在陈独秀（署名只眼）的《形式的教育》（1919 年）中集中反映出来。

> 日本国民党新发布的政纲第七条，是"教育去形式的积习，宜谋与国民生活的实质相接触"。我们中国的青年，也正要死在形式教育的监牢里面，那教育部直辖的最得意的某专门学校，更是极端的形式主义，内容却是一包糟。②

此短文评述日本政纲中的教育言论，认为当时中国教育也具有"积习"。文中使用"形式"与"实质"或"内容"这一对范畴，而且明确反对形式决定论和"形式主义"的极端思维。这些都体现出包括陈独秀在内的中国现代文化人要求通过教育方式进行启蒙的功利诉求，也标示出当时中国思想界的主要动向和整体取向。至于将"形式"作为文学研究的术语，可以戴渭清、吕云彪的《新文学研究法》（1920 年）为例。尽管该书以"实质研究"为优先，而且"实质研究"在篇幅上也明显多于"形式研究"，但是现代文学观念是以"实质"与"形式"互为表里的认识偏向，这一点已昭然可见。

第二节　作为中国美学术语的"形式"

近代以来的西学东渐，将西方哲学、美学知识源源不断地输入中国，同时也带来了诸多的困惑，其中之一就是译名问题。译名的确定不仅涉及一般翻译的标准、方法，而且关联着对专业领域的特定理解。直译或转译是基本的翻译方法，通过它们都有可能达到翻译目标。但是真正要把一种语言译成另一种语言，做到既能忠实原本，保持原本的风格，又能文辞畅达、文采焕然，这样的翻译目标并非容易达成。相对于文学作品的翻译，

---

① 朱自清：《新诗杂话》，上海，作家书屋，1947 年，第 139 页。
② 只眼：《形式的教育》，《每周评论》1919 年第 17 期。

哲学、美学作品的翻译更具难度,很大原因在于其涉及大量的专业术语。这些术语既是网罗原作思想的关键点,又是凸显作者学术个性的地方,不可概而译之。蔡元培说:"哲学著作中往往同一辞,而用之者几乎一人一义,十人十义,令人迷离恍惚,莫知其真意之所在。"[①] 李安宅说:"美学上的争论(甚至于任何学术的争论),有很大一部分是因为术语含义不清。"[②] 故此,关键术语是否可译、采用何种翻译策略以及究竟选择何种译词进行翻译,这些都事关翻译成功与否。诚然,"译介法"实属必要,但是音义结合、富于变化的汉语本身又为译语的选择增添了许多变数。译名之难,由此可见一斑。

"形式"这一外来概念要转化为中国美学(含文论)的概念,必须重新进行定义,而首先面临的就是术语汉译的问题。蔡仪说:"一门学科的术语,要求它的意义是确切的,又和其他术语的关系也是协调一致而不矛盾,这是这门学科得以成为科学的一个条件。"但在实际使用中,有关的哲学用语、美学的范畴和主要概念往往十分"混乱"。因此,要建立起成熟的美学学科,必须"有意确定各个范畴和基本概念的定义,包括主要的外文名称"。[③] 美学是西学,它在中国的兴起受到了西方美学的重大影响。西方美学,亦谓"形式美学",具有明确的"形式"传统,而中国美学传统中只有"道"或"文"接近这一概念,两者在文化上明显存在交错。中国(现代)美学能够拥有西方美学那样的"形式"概念,主要是在吸收、转化后者的基础上形成的。相较于西方美学人有比较明确的"形式"意识,近代以来的中国启蒙文化人其实并无十分明确的"形式""形式美学"的意识,起初自然也就不能完全自觉地使用汉语"形式"一词去翻译、表述相应的西方美学观念。在中国美学现代化进程中,要使"形式"成为"Form"等的等义词,除了考虑从中国美学传统思想资源中进行抽绎、演化之外,唯有通过不断"译介"西方美学,有时甚至通过某些学术思考或论争的方式进行澄清,才有可能使两者逐渐接近或达成一致。故这里考察"形式"如何被确定为"Form"的译语,并成为中国(现代)美学术语的明晰过程。

一、从"美学"一词看

"美学"是一个名副其实的外来概念。蔡元培在《美学讲稿》(1921

---

① 樊炳清编:《哲学辞典》,上海,商务印书馆,1926年,序一第1页。
② 李安宅:《美学》,上海,世界书局,1934年,第79页。
③ 蔡仪:《〈新美学(改写本)〉第二卷序》,见《蔡仪文集》(第10卷),北京,中国文联出版社,2002年,第105~106页。

年）中说："我国不但无美学的名目，而且并无美学的雏型。"西方"美学"
的思想渊源在古希腊，学科确立起源自德国。"希腊哲学家，如柏拉图、
雅里士多德等，已多有关于美术之理论。但至十七世纪（按：应该为十八
世纪），有鲍格登（Baumgarten，按：通译鲍姆嘉通）用希腊文'感觉'等
名其书，专论美感，以与知识对待，是为'美学'名词之托始。至于康德，
始确定美学在哲学上之地位。"[1] 相较于此，中国的"美学"是从无到有——
直至近代才改变这种状况。汉语"美学"一词的发生得益于德国"美学"，
并作为西方美学代表且经日本这一中介而传入中国。"美学"的德语原文
是"Ästhetik"，另外还有与之对应的英文"Aesthetics"、法文"Esthétique"
等。"中国"的美学的建立首先依赖这些西文词的汉译和正名。但从"美
学"一词在中国的传播过程看，它又是十分曲折的。根据黄兴涛、聂长
顺、张法、王宏超、王确、李庆本等一批学者的查证和研究，起初有多种
译名（见表 2）。而之所以唯"美学"一名流行，则是各种译名较量、竞争
的结果。

表 2　"美学"译名情况[2]

译名	译介者	出处，年份	备注
如何入妙之法	〔德〕花之安	《德国学校论略》，1873 年	
佳美之理、审美之理	〔德〕罗存德	《英华字典》，1866 年	日译名《英华和译辞典》，1879 年
佳趣论		《百学连环》，1870 年	
美妙学	〔日〕西周	《美妙学说》，1872 年	〔美〕约瑟·海文原著，1873 年
善美法		《百一新论》，1874 年	
审辨美恶之法	谭宴昌	《华英字典汇集》，1875 年	1884 年再版，1897 年第 3 版
美妙学、审美学、美学、感觉论	〔日〕井上哲次郎	《哲学字汇》，1881 年	1912 年第 3 版

———————

① 蔡元培：《蔡元培全集》（第 4 卷），杭州，浙江教育出版社，1997 年，第 99 页。
② 这些所谓的译名，并非严格意义上的，有的只是一种定义。为了更好地还原和便于说明，此表一并列入。

续表

译名	译介者	出处，年份	备注
审美学	〔日〕井上圆了	《心理摘要》，1887 年	
	〔日〕森鸥外	《审美学新说》，1900 年	
美学	〔日〕中江兆民	《维氏美学》，1883～1884 年	〔法〕维隆原著，1878 年
艳丽之学	颜永京	《心灵学》，1889 年	〔美〕约瑟·海文原著，1873 年
美学	康有为	《日本书目志》，1897 年	
美学、审美学	沈翊清	《东游日记》，1900 年	
美学	夏偕复	《学校刍言》，1901 年	
美学	吴汝纶	《东游丛录》，1902 年	
美学	王国维	《哲学概论》，1902 年	〔日〕桑木严翼原著，1900 年
美学、审美学		《哲学小辞典》，1902 年	
美之学理		《心理学》，1902 年	〔日〕元良勇次郎原著，1890 年
美学	汪荣宝、叶澜	《新尔雅》，1903 年	
美学（欧绥德斯）	蔡元培	《哲学要领》，1903 年	
美学、美术、艳丽之学	颜惠庆	《英华大辞典》，1908 年	
美学		《辞源》，1915 年	陆尔奎等主编

以上亦反映出"美学"一词译介的特点。从译介者身份看，主要是在华传教士（花之安、罗德存等），日本学者（西周、井上哲次郎、井上圆了、中江兆民等）和海外留学生（汪荣宝、叶澜、夏偕复、颜永京等）三类人。从译介的载体看，主要是教科书、词典这两种"知识产生和传播的重要载

体"①。从译介、传播的路径看，有"西—中"和"西—日—中"，又以后者为主。日本学者中，中江兆民最先采用译名"美学"，然后被日、中学者共同使用，从而也淘汰了德国传教士花之安的"如何入妙之法"、英国传教士罗德存的"佳美之理""审美之理"、留美学生颜永京的"艳丽之学"等诸多译名。加上当时一批著名学人，如康有为、吴汝纶、王国维、蔡元培等都使用"美学"一名，这在无形中增强了"美学"这一译名的影响力。更为重要的是，"美学"一词进入了晚清的教育体制和学术体制当中。由张之洞等组织制定并推行的《奏定大学堂章程》（1904年），明确规定"美学"为"建筑学门"的主课之一。王国维发表《奏定经学科大学文学科大学章程书后》（1906年），主张文科大学的各分支学科除历史科之外，都必须设置"美学"课程。正如张法所说："'美学'处在体制的高位之中，决定了其最终的胜出。"②

译名"美学"，也能够在很大程度上反映"形式"的译介情况。两词的知识发生背景是一致的。首先，它们都具有外来性质。尽管"形式"属"旧词新义"（古代汉语中有但在近代赋予了新义），而古代汉语中无使用"美学"一词的确证，但是两词起初都是作为一个源自日本的"新名词"出现的。其次，它们都出现在近代的有关西方及日本的教育与教育学、心理学、哲学的译著和编著中。在这些被率先引入的译著和编著中，"美学"概念得以进入，"其他的美学概念或名词，也多有属于此"。陈榥的《心理易解》（1905年）、杨保恒的《心理学》（1907年）、彭世芳的《心理学教科书》（1910年）等作品中出现了各种美学概念。其中，杨保恒的《心理学》介绍了所谓的美感"三要素"，包括"体质""形式""意匠"。③另在王国维所译的《教育学》（1901年）、所编的《教育学》（1905年）中也已常用"形式"一词。由此，我们不难推测美学概念在近代中国的一般形成过程，正如有学者已总结的："第一阶段为一般译词，载体为一般语学词典"；"第二阶段为课程译名，载体为西方教育著译"；"第三阶段为专学名称，载体为专门美学著译"。④"Ästhetik"一词的汉译历程如此，那么"Form"一词亦当如此。

① 王宏超：《中国现代辞书中的"美学"——"美学"术语的译介与传播》，《学术月刊》2010年第7期。
② 张法：《美学导论》（第3版），北京，中国人民大学出版社，2011年，第21页。
③ 参见黄兴涛：《"美学"一词及西方美学在中国的最早传播——近代中国新名词源流漫考之三》，《文史知识》2000年第1期。
④ 聂长顺：《近代Aesthetics一词的汉译历程》，《武汉大学学报（人文科学版）》2009年第6期。

　　不限于以上所言。从在汉译过程中对"美学"这一外来概念的基本理解看，"形式"概念也被牵连其中。"美学"译名，的确来自日本，这一点无可否认，但若谈及对它的最初汉译，实际上在中国与在日本差不多为同一时期。1873年，在华传教士花之安用中文撰写了《德国学校论略》。依书所述，"太和院"（大学）内学问分为四种："经学"（神学）、"法学"、"智学"（理学）和"医学"。"智学"中"第七课"大致相当于"美学"，被称为"如何入妙之法"。具体又是这样说的："七课论美形，即释美之所在。一论山海之美，乃动飞潜动植而言；二论各国宫室之美、何法鼎建；三论雕琢之美；四论绘事之美；五论乐奏之美；六论词赋之美；七论曲文之美，此非俗院本也，乃指文韵和悠，令人心惬神怡之谓。"日本"哲学之父"西周在1870～1974年先后译之为"佳趣论""美妙学""善美学""美妙之论"。在《百学连环》讲义中，他这样定义："所谓美者，外形具足而无所缺之谓也。"① 可以说，"形式"作为"美学"的内涵已在这些释义中得到反映，只不过是使用"美""形""美形"等字眼，而没有明确地使用"形式""形式美"等如现今这样通俗的表述语言。花之安所译"论美形"，兼及自然、人文、艺术等各种形式的"美之所在"；西周把"形式"（"外形"）用作说明"美"的一种因素、成分或类型。显然，这些都区别于西方美学中具有重要地位的"形式"的概念："形式概念的重要性首先在于它不是美学和文艺学的一般概念，而是关涉到美和文艺的本质或本体意义的概念。"② 这就是说，在西方美学中具有本体意义的"形式"概念，并不是简单地可以用"美""形""形式"等汉语词进行替代而译出的。

　　语言具有代表思想的意义，尤其对"新学语"而言，这种意味更为明显。如前所述，作为"新思想"的西方美学在近代中国是经由日本而进入中国的。日本作为"中介"，还表现在由中江兆民最先所译并代表的日本"美学"对中国"美学"具有重要作用和影响。尽管我们无法准确了解中江兆民把德文"Ästhetik"译为"美学"的缘由，但是这一译法无疑融合了这位日本学人自己的理解，亦具有某种如王国维所说的"精密"之处。王国维曾批评"近人之唾弃新名词"。他认为，这一现象的出现有两个原因：一是"译者能力之不完全"，二是以为"用日本已定之语，不如中国古语之易解"。所谓"创造之语之难解"，必须先认识到"创造"之难。因此，对"日本已定之语"不可全面"唾弃"。"余虽不敢谓用日本已定之语必贤于创

---

① 转引自聂长顺：《近代 Aesthetics 一词的汉译历程》，《武汉大学学报（人文科学版）》2009年第6期。

② 刘万勇：《西方形式主义溯源》，北京，昆仑出版社，2006年，第3页。

造，然其精密则固创造者之所不能逮。"① 显然，日文"美学"已经不能完全等同于德文"Ästhetik"。故当中国的留日学生从日本转入"美学"一词，也就绝非地道的德国"美学"，而实际上是日本化的西方"美学"。关于此问题，王汎森这样解释和评价："大部分留日的终极目标并不是学习日本的学术文化，而是学习西洋文化。然而，日本也不仅仅只是一个'接生婆'，事实上，许多转手而得的西洋知识已经经过日本的咀嚼再放入中国的口中。"② 如果我们承认"形式"概念来源的最直接途径之一就是日本，那么在中国近代流行的"形式"概念亦具有某种"日本"意味。

名正则言顺。"美学"一词在中国的传播及定型是建立美学学科的必要基础，"美学"概念内涵的发展也必然伴随这一学科的建立而不断深化和发展。《述美学》（徐大纯，1915 年）、《美学·概论》（萧公弼，1917 年）、《美学浅说》（吕澂，1923 年）、《美学》（舒新城，1920 年）、《美学略述》（李征，1921 年）、《美学随谈》（华林，1922 年）、《现代之美学》（俞寄凡，1924 年）、《美学概论》（吕澂，1923 年；范寿康，1927 年；陈望道，1927 年）、《谈美》（朱光潜，1932 年）、《美学》（李安宅，1934 年）、《美学原论》（金公亮，1936 年）、《新美学》（蔡仪，1947 年）等一大批论著、教材的产生，彰显出"中国"美学知识体系的逐步建构及完善。"美学""形式"成为中国现代"美学"的基本概念。中国现代美学人在谈美学、建构美学的时候，也都自觉地吸收包括形式论在内的西方美学成果。他们大量译介国外的一些经典美学与文论，如德国美学、苏俄美学等，还有表现主义、古典主义、象征主义等多种欧美流派。古希腊美学虽然是西方美学史上的第一座高峰，但从总体上看，对它们的译介偏少。在 20 世纪 20 年代之前，中国美学界有的主要是对一些西方、日本的哲学、美学著作的零星译介，也几乎没有完整的译著。这种情况，直至 20 年代之后才有所改变。可以说，被译介的对象有力地促成了西方美学概念的本土化。"形式"概念也正是在不断译介的过程被裹挟译入，并通过译介者的理解，逐渐渗透、融合到中国美学当中，从而成为中国美学的术语，或者说是言说美学（中国）的基本用语。

二、译名"形式"考量

"形式"作为"Form"的译名，并非必然。翻译受到文字、语言、文化

①　王国维：《论新学语之输入》，《教育世界》1905 年第 96 号。
②　王汎森：《中国近代思想与学术的系谱》，长春，吉林出版集团，2010 年，第 188 页。

差异的影响，要做到等值性的翻译的确不可能。译者进行翻译总是在一定的翻译概念、翻译期待的语境中进行的。每一个译者都会依据自己的目的、立场从事翻译活动，而其成果必然也就体现在译本当中。译本成为考察译语的最为直接的依据之一。因此，只有借助译本，通过分析译者对翻译对象的针对性选择，才能真正考察译语发生的真实情况。尽管日本美学对中国美学现代性的发生产生了一定影响，但德国美学无疑是"最具影响力"①的外来文化因素。这是有事实依据的。据统计，20 世纪初期至 40 年代，西方美学译著有 27 册，欧洲共有译著 26 册，其中以德国美学译著居首，具体是：德国 11 册，法国 7 册、英国 5 册、意大利 2 册、古希腊古罗马 1 册。②可见，最先引起我们重视的当属有关德国美学的译本。众所周知，康德、黑格尔是代表德国古典美学的中坚人物，也是西方形式美学的集大成者。康德继承了古希腊遗产，建构了偏于主观和抽象的"先验形式"论，而黑格尔提出了不同于由康德完善的"一元论"传统，建立了内容与形式辩证统一的"二元论"模式，这些为西方形式美学的现代发展奠定了基础。近代以来，康有为、梁启超、严复、王国维、蔡元培、贺麟等一批学人对康德、黑格尔的生平、哲学和美学思想进行了译介，以德国美学为代表的西方美学渐入中国，并产生了深刻的影响。故从中可以一窥美学译名"形式"的艰难确立过程。

康德先于黑格尔，中国对康德的译入也稍早于黑格尔。康有为是最早介绍康德哲学的中国思想家之一。在起草于 1886 年、完稿于 1926 年、初版于 1930 年的《康南海诸天讲》（亦称《诸天讲》《诸天书》）这部书中，康有为依据西方近代科学提出了不同于中国古人的宇宙观。他不仅介绍康德（韩图）的"星云"说、"上帝"观等西方哲学家的宇宙观、哲学观，而且广泛结合中国哲学的"形气"学。该书对"形"一词的用法十分灵活，如"环形""斜方形""正圆形""粒形""锥形""涡形""丁 G 形""球形"，又如"以相形而相逼、相倾、相织"和"日分形气而来"，再如"天确乎在上，有常安之形；地魄焉在下，有居静之体"和"试问奈端（按：今译牛顿）、拉伯拉室（按：今译拉普拉斯）、达尔文等能推有形之物质矣，其能预推无形之事物乎"。③总的来看，都是用"形"而非"形式"一词进行表达。梁启超在《近世第一大哲康德学说》（1904 年）中介绍康德时偶尔使用"形式"一词。谈到"学术之本原"时，他这样写道："康德又曰：空

---

① 张辉：《审美现代性批判》，北京，北京大学出版社，1999 年，第 13 页。
② 牛宏宝：《汉语语境中的西方美学》，合肥，安徽教育出版社，2001 年，第 25 页。
③ 康有为：《康南海诸天讲》，上海，中华书局，1930 年，第 1～105 页。

间、时间二者非自外来而呈现于我智慧之前，实我之智慧能自发此两种形式。"① 严几道（严复）在《述黑格儿惟心论》（1906 年）中使用了"形""形气""形象""形干"等各种语词进行翻译，如"天演之行既久，其德形焉""黑氏之论客观心也，曰主观心受命于形气""万物之进化也，形象官品相续，前之混沌不精者日远，后之井画分理者日滋"。又如这段话："考汗德（按：今译康德）所以为近代哲学不祧之宗者，以澄澈宇宙二物，为人心之良能。其于心也，犹五官之于形干。夫空间、时间二者果在内而非由外矣，则乔答摩境由心造，与儒者致中和天地位（为）万物育之理，皆中边澄澈，而为不刊之说明矣。黑格尔本于此说，故惟心之论兴焉。古之言化也，以在内者为神明，以在外者（为）形气，二者不相谋而相绝者也。"② 王国维对康德（汗德）、叔本华的哲学、美学的移译多来自日语，并以英语参考之。从发表在《教育世界》杂志上的系列文章来看，他已较熟练地使用"形式"一词。如《哲学辨惑》（1903 年）写道："余非谓西洋哲学之必胜于中国，然吾国古书大率繁散而无纪，残缺而不完，虽有真理，不易寻绎，以视西洋哲学之系统灿然，步伐严整者，其形式上之孰优孰劣，固自不可掩也。"③ 又如《汗德之知识论》（1904 年）写道："即人知中有普遍性及必然性者，惟物之必不能离之形式。如此，纯理论唯限于形式之方面，而又代以形式之观念性，始得持此说也。"④ 此外，他在《古雅之在美学上之位置》（1907 年）等文中把康德形式论用于中国美学、文学的批评实践。蔡元培的《哲学大纲》（1915 年）取材于德国文德而班（Windelband）的《哲学入门》。在第四编"价值论"的第四部分"美学观念"中，他在简要介绍康德"立美感之界说"之后这样总结："康德之所以说美感者，大略如是。而其所主张者，为纯粹形式论，又以主观之价值为限。"⑤ 翌年编写的《康德美学述》（"欧洲美学丛书"之一种）是对康德的"美学"一部（另一部为"鹄的论"）的节译。其中曰："非纯粹之赏鉴，而参之以欲望，非徒赏鉴其形式，则直接关系于其体质，于是不复为美感，而为引惹，为激刺。"又曰："纯粹之美感专对于形式，而无关于体质"；"美感起于形式，则其依的作用之状态，属于主观，而不属于客观。"⑥

---

① 梁启超：《近世第一大哲康德之学说》，《新民丛报》1904 年第 46～48 号合刊。
② 严几道：《述黑格儿惟心论》，《寰球中国学生报》1906 年第 2 期。
③ 王国维：《哲学辨惑》，《教育世界》1903 年第 55 号。
④ 王国维：《汗德之知识论》，《教育世界》1904 年第 74 号。
⑤ 蔡元培：《哲学大纲》，上海，商务印书馆，1915 年，第 79 页。
⑥ 蔡元培：《蔡元培全集》（第 2 卷），杭州，浙江教育出版社，1997 年，第 502 页。

从上述看出，在译介康德、黑格尔的哲学、美学时，"形式"一词已有所使用。但是由于这些译本多为转译性质，对一些术语、概念的翻译并不完全科学、严密。只有随着对康德、黑格尔哲学的译介的不断深入，才可能对康德的"形式美学"有所重视。1925 年康德诞生两百周年纪念之际，《民铎》杂志第 6 卷第 4 期出版"康德号"，刊发了张铭鼎《康德批判哲学之形式说》等在内的四篇文章。张文写道："康氏所拳拳致意的理性主义，将以前一切学说加以评价，以便从科学、道德、艺术三大文化领域中，得建设出一个确实的基础，而完成其批判的精神。"所言极是，说明作者洞见了贯穿康德哲学的中心思想。正如有学者所评："虽然他还没有把康德'形式'学说的实质揭示出来，但他对'形式'的建立、功能、内容以及'形式的补救'进行分析提出的一些见解，还是有意义的。"[1] 然而，进入 20 世纪30 年代以来"黑格尔"逐渐取代"康德"在中国的地位，成为主要的被译介对象之一。1931 年是黑格尔逝世百年。1933 年《哲学评论》发表纪念黑格尔专号，成为当时最集中介绍和传播黑格尔哲学的专刊。从刊发文章的内容看，集中在对后来影响颇深的内容与形式统一的辩证法方面。

贺麟一直致力于中国哲学研究，在《五十年以来的中国哲学》（初版于 20 世纪 40 年代）中对康德、黑格尔哲学的东渐问题有较为详细的梳理。[2] 他也致力于翻译德国经典哲学，曾对康德、黑格尔中的哲学名词中文翻译下过一番功夫，且直言"Form"汉译之"难"：

> "Form"一字最难得适当译名。我拟译为"范型"，取其规范、模型、型式之意。范畴、范型连缀在一起，可成姊妹名词，虽各有其特殊意义，但有时亦可互用。譬如，知性的十二范畴，有时亦可称为"知性的范型"（Forms of understanding），又如时空本是感性观物的范型，但也有人称时间空间为哲学上的范畴。又如柏拉图在帕米里底斯一对话里，上篇讨论"范型"的问题，下篇便讨论"范畴"的问题，足见这两名词互相关联，常常相提并论。[3]

---

[1] 黄见德：《20 世纪西方哲学东渐史导论》，北京，首都师范大学出版社，2011 年，第 89 页。

[2] 这一方面的代表性研究成果，当属"20 世纪西方哲学东渐史"丛书（共 14 种，汤一介主编，北京，首都师范大学出版社，2002 年）。该丛书既从宏观上总体审查西方哲学东渐过程中的一些基本问题，又有进化主义、唯意志论哲学、实用主义、马克思主义哲学、分析哲学、实在论、康德与黑格尔哲学、结构主义与后结构主义、现象学思潮、后现代与后殖民主义、基督教哲学等具体的西方哲学思潮和流派的东渐情况梳理，资料翔实，分析细致，堪称"迄今为止对西方哲学东渐的历史所做的最系统、最深入、最全面的总结"（《〈20 世纪西方哲学东渐史〉座谈会举行》，《中国新闻出版报》2004 年 4 月 28 日第 1 版）。

[3] 贺麟：《康德译名的商榷》，《东方杂志》1936 年第 33 卷第 17 号。

　　康德、黑格尔哲学、美学的思想深邃，其中许多概念、术语比较难解，因此要准确翻译出来绝非易事。当多数人把"Form"译成"形式"的时候，贺麟却独辟蹊径，主张将其译为"范型"。这体现出他对以康德、黑格尔为代表的德国哲学、美学的深入思考。

　　在德国古典美学的谱系中，席勒美学是不可或缺的组成部分。正如汝信所说："在德国古典美学的发展中，席勒占有一个特殊的位置。席勒的美学思想，仿佛构成了从康德《判断力批判》到黑格尔《美学》之间的中间环节。正因为有了席勒，德国古典美学思想从康德到黑格尔的过渡才显得更加合理，更合乎其必然的内在规律性。"① 席勒美学（特别是美育）依康德哲学、美学原则，但又超越了它的许多局限，产生了深远的影响。席勒的异化思想直接导引了黑格尔，而马克思主义美学又是在批判性地继承黑格尔哲学的基础上得以建立的。总之，席勒美学不仅成分复杂，而且思想深刻。这也可以从汉译情况反映出来。尽管从 20 世纪初以来，王国维、蔡元培、萧公弼、张君劢等已对王国维的美育论有所译介，但是席勒最重要的美学代表作《美育书简》直至 20 世纪 80 年代中期才在国内出版完整的中译本。译者徐恒醇认为，席勒不仅仅在思想上"经历着不断的变化（向辩证的方向发展）"，而且"在术语的使用上也极不固定"。"他不加区别地使用神性、绝对、无限、必然等词。对于形式、自然等词也有多种含义，在素材与形式一对术语中形式是指理性的形式（含形象之义），在形式与内容一对术语中形式就是一般含义了。自然有时是指大自然，有时是指自然本性。素材则是指现象领域。这些无疑增加了理解书简的困难。"② 《美育书简》，又译为《审美教育书简》。译者冯至在回忆 1942～1943 年初译该书时也一度感到困难：

　　　　那时我自不量力，既对于与席勒美学思想有密切联系的康德哲学毫无研究，又没有翻译哲学著作的经验，便拿起笔来译这部书，的确是一件冒昧而近于荒唐的事。翻译前几封信时，还比较顺利，到第十一封信以后，原文越来越枯燥，内容越来越抽象，译时困难丛生，仿佛也感到原作者为他思考的问题在痛苦地绞着脑汁。在技术方面，对于席勒当时运用的术语更不容易找到恰当的译词。又如 Spiel（游戏）、Form（形式）、Schein（假象）等日常惯用的词汇，席勒都赋予

---

① 汝信：《席勒的〈美育书简〉》，《美学》1980 年第 2 期。
② 〔德〕席勒：《美育书简》，徐恒醇译，北京，中国文联出版公司，1984 年，译者前言第 24 页。

更为高深，甚至与一般理解有很大悬殊的涵义。这些字用中文固定的译法译出，很难表达出它们在《书简》中的重要意义，若另觅译词就会更为支离，发生曲解。①

这段陈述为我们如何更好地理解席勒美学乃至德国美学、西方美学提供了参考。西方美学的各种概念都有自己的意义取向，并用一些专门的术语进行具体表述。因此，当把这些概念进行汉译时，我们必须注意它们的学理逻辑，尤其要注意到各种术语的独特使用。译者徐恒醇、冯至均指出席勒美学中"Form"多义的情况。这一点也为国内其他学者所认同："席勒所用的形式概念往往不加界定，所以显得含糊不固定。大致说来，有理性形式（含形象之义）、审美外观（想象力的非实体王国）、与质料相对的形式（表现的美）、通常意义上与内容相对的形式（技巧）等。主导含义是第一种。我们在法兰克福学派思想家那里也见到相似的特征。"② 具有深刻内涵的席勒美学、美育思想，一旦被译入中国，它的情况无疑更显复杂（详见第四章第三节）。美学译名的困难，亦可由此看出。

相较于上述哲学、美学的译介文本，汉语词典有比较确定的描述。在传播西学的过程中，这类工具性图书充当了最为直接的载体。通过不同时期出版的词典，我们亦可见得汉语词在词义、词性等特征上发生变迁的历史面貌。这里先需说明的是，有的词典并没有把"形式"单列出来。如孙俍工编的《文艺辞典》（1928年），以"形式+"的方式罗列，依次是"形式美""形式法则""形式美学""形式原理""形式情感""形式象征"。就列有该词条的词典而论，它们的释义方向也不尽相同。如樊炳清编的《哲学辞典》（1926年）列有词条"形式""形质""形像"，其中"形式"条目分哲学、美学、教育三个领域进行解释，但都是从西学角度进行陈义的。这也说明，此时期对"形式"概念仍以译介为主。至黎锦熙、钱玄同主编的《国语辞典》（1937～1945年陆续出版，1947年重印），已经十分明确地把该词词义、用法进行领域之分。所列的五个义项中，前两个是日常的含义，没有什么特别之处，而后三个是专业的含义，在义项前面分别用"〔哲〕""〔文〕""〔艺〕"示记，表示在哲学、文学、艺术三个领域中不同的含义。③

---

① 〔德〕弗里德里希·席勒：《审美教育书简》，冯至、范大灿译，北京，北京大学出版社，1985年，中译本序言第1～2页。

② 朱立元主编：《西方美学范畴只》（第2卷），太原，山西教育出版社，2005年，第156页。

③ 原文见本书附录的第一部分。

综上所述，中国现代学人对于西方哲学、美学中的"形式"概念是逐渐清晰的。他们在早期的译介中并没有对它做细致的考究，而随着对西方哲学、美学著作翻译力度的加大，逐渐体会到它的特殊意味及其用法。就"Form"的汉译词而言，中国现代哲学家、美学家、文学家曾做出过各种选择，如"适当的文字"（郭沫若《致宗白华》，1920年），"形"（吴宓《文学总论》，1922年），"格律"（闻一多《诗的格律》，1926年），"形式"（樊炳清《哲学辞典》，1926年），"表面""方式"（李安宅《美学》，1934年），"范型"（贺麟《康德名词的解释和学说大旨》，1936年）。[1] 这些译名在汉语里意思不尽相同，往往引发一些争议，进行全面梳理和厘定也就非常有必要。朱光潜在《怎样理解艺术形式的相对独立性》（1962年）中依据西方美学史把"'形式'这个名词"分出三种意义："和谐（杂多的统一）"（如毕达哥拉斯派）、"理式"或"模型"（如亚里士多德），与"被表现的理性意义（内容）"相对的"表现者感性形象"（如黑格尔）。[2] 这当是1949年以来最自觉理解西方美学"形式"概念的中国美学家之一。

三、关于"形式主义"

上述所论中已提到蔡元培称康德哲学、美学为"纯粹形式论"，张铭鼎称之为"形式说"。这表明中国现代学人已经意识到康德美学具有以"形式"为核心范畴的独特体系结构。其实，所谓的"形式论""形式说"大抵就是一种"形式主义"（Formalism）。英国学者雷蒙·威廉斯指出，"形式主义"是"形式"一词的扩展，且具有"浓厚的负面意涵"；"广为所知，普遍被使用，仿佛等同于'为艺术而艺术'（Art for art's sake）的概念"。[3] 在西方，还有一些文艺思潮（或流派）被称作"形式主义"，典型代表就是"唯美主义"。"唯美主义"倡导"为艺术而艺术"，其极为重要的一个美学概念就是"形式"。如戈蒂耶（Gautier）主张以雕刻家的眼睛（无功利、无欲望）而不是情人的眼睛来观看外在世界，认为事物呈现的在眼中的唯有形式，而艺术的美全在于形式的美。又如王尔德（Wilde）把形式视为一切、把生命的奥秘亦归于形式。可以说，"唯美主义"主张的"形式至上"文艺观、文艺批评观及生活观是一种典型的"形式主义"。

"唯美主义"是一股世界性潮流。这个发端于19世纪末法国、英国的

---

① 为避免冗余，具体的引文不再列出。

② 朱光潜：《怎样理解艺术形式的相对独立性》，《光明日报》1962年1月12日。

③ 〔英〕雷蒙·威廉斯：《关键词：文化与社会的词汇》，刘建基译，北京，生活·读书·新知三联书店，2005年，第190页。

文艺流派，波及20世纪上半叶的日本和中国。就中国的"唯美主义"而言，它受到日本和欧洲的双重影响，但是又具有明显的本土取向。它的最初引进是与"五四"时期"新文学"的发生同步的。《青年杂志》第1卷第3号（1915年11月）封面上出现了王尔德肖像；陈独秀在《现代欧洲文艺史谭》（1915年）中将英国的王尔德、丹麦的易卜生（Ibsen）、俄国的屠格涅夫、比利时的梅特林克（Maeterlinck）视作近代四大代表作家。以王尔德等为代表的欧洲唯美主义亦成为反功利主义文学创作的思想营地。与以郑振铎、茅盾等为代表的文学研究会主张"为人生而艺术"不同，以郭沫若、郁达夫等为首的创造社主张"为艺术而艺术"，后来的浅草社、沉钟社、弥洒社、新月诗派、绿社等文艺团体也都循此主张。20世纪20年代中期，国内出现了"康德热"，此时也正是接受"唯美主义"的高潮到来之际。曾留学日本的陆侃系统研究了英国唯美派运动，并在1927年出版《唯美派的文学》。1928年，翻译的唯美派代表王尔德作品非常多：小说有《道连格雷画像》（杜衡译）、《鬼》（曾虚白译），散文诗有《行善者》（徐葆冰译）、《门徒》（徐葆冰译），理论方面有《论创造与批评》（林语堂译）、《社会主义与个人主义》（震瀛译），等等。文学是无功利的、文学是美的诉求等观点，成为接受以王尔德为代表的"唯美主义"的主要依据，其直接目的就是用于反对'旧文学'的创作观，从观念上引导、理论上健全新文学，以使新文学达到在内容和形式两方面的完美结合。这种愿望，的确是美好的，但是现实并非如此。正如有学者指出的，中国现代的唯美主义并不像西方现代的唯美主义那么"彻底""严格"，毕竟，"在现代中国的历史语境中，纯艺术话语并没有足够的生存空间"。[①]

对文学的功利态度决定了对一切"形式主义"的拒绝。从"文学革命"肇始，"形式主义"就被视作一种强调"形式"的片面的观点、思想或方法而遭抛弃。胡适提出"文的形式"的口号，虽然竭力主张"形式的解放"，但是其意在"精神"而非"形式"。这种名在此而意在彼的提法，在当时起到了巨大的文化意义和政治效果。反对"形式"就是反对"旧文学"，建立"新文学"，这亦成为当时多数人的共识。如傅斯年在《戏剧改良各面观》（1918年）中指出，改革旧戏所以必要的根据之一就是"形式太嫌固定"：

> 中国文学，和中国美术，无不含有"形式主义"（Formalism），在于戏剧，尤其显著。据我们看来，"形式主义"是个坏根性，用到那

---

① 黄晖、徐百成：《中国唯美三义思潮的演进逻辑》，《社会科学战线》2008年第6期。

里那里糟。因为无论什么事件，一经成了固定形式，便不自然了，便成了矫揉造作的了；何况戏剧一种东西，原写人生动作的自然，不是固定形式能够限制的。然而中国戏里，"板"有一定，"角色"有一定，动作言语有一定，"千部一腔，千篇一面"。不是拿角色来合人类的动作，是拿人类的动作来合角色；这不是演动作只是演角色。犹之失勒博士（Dr. F. C. S. Schiller）批评"形式逻辑"道，"形式逻辑"不是论真伪，是论假定的真伪［（此处似觉拟于不伦。然失勒之批评"形式逻辑"乃直将一切"形式主义"之乖谬而论辩之。其意于此甚近但文中不便详引耳。）西洋有一家学者道，"齐一即是丑"（Uniformity means ugliness），谈美学的，时常引用这句话。就这个论点，衡量中国戏剧，没价值的地方，可就难晓得了。］[①]

又如宗白华在《新文学底源泉》（1920 年）中指出，创新中国文学的原因就在于"旧形式的压迫太重，不能用真诚确切的概念意象，表写新生命新感觉的精神"。他说：

> 中国旧式的文学，承受了千百年来陈旧固定的形式底压迫，已有了形式主义 Formalism 底倾向。一切美文，大都是徒鹜形式，不讲实情，但有因袭，而少创造。一般诗家文人，徒矜字句的工整，不求意境的高新。观其词句，虽有些清词丽藻。按其实质，每发见无病的呻吟。文艺的底面，缺乏真实底精神，生命底活气形存质亡，势将破产。[②]

可以看出，与西方一样，"形式主义"是一个包含强烈负面内涵的名词。因此，当一种域外的"形式主义"理论（或思潮、流派）进入中国后，它的命运就可想而知了。这最可以从后来对俄国形式派的介绍中反映出来，因为这个派别就是直接以"形式主义"一名注册的。

俄国形式派重在探讨文学作品及其形态的"手法"（或"技巧"），它们的理论主张包括什克洛夫斯基的陌生化诗学、普罗普的情节原则、特尼亚诺夫的诗语理论、雅各布逊的体裁研究等。该学派率先从语文学之下获得独立的现代语言学理论，并同文艺学结合起来，深入分析文学作品的语

---

① 傅斯年：《戏剧改良各面观》，《新青年》1918 年第 5 卷第 4 号。
② 宗白华：《新文学底源泉——新的精神生活内容底创造与修养》，《时事新报·学灯》1920 年 2 月 23 日。

言，试图从形式角度改变当时文学反映论的统治地位。以什克洛夫斯基在1914 年发表《词的复活》为始，以他在 1930 年发表的反思文章《一个学术错误的纪念碑》为终，俄国形式主义作为流派存在的历史十分短暂。但是作为一个派别，它对英美新批评、法国结构主义的兴起产生了重大影响。中国接受该派主要是在 1949 年之后，特别是新时期以来。而在此之前，有关介绍甚是寥寥，曹联亚的《文学之形式的研究》（1935 年）是难得一见的全面介绍该派的文章。该文是在参考什克洛夫斯基的《散文理论》、格利戈里耶夫的《文学与意识形态》、牟斯丹戈瓦的《现代批评》等的基础上写成的。全文分两部分，其中第二部分指出该派在文学形式研究方面具有"不可没灭"的贡献，认为什克洛夫斯基等对小说结构方法的研究"都很可助我们的参考"，并且结合一些案例说明"阶梯式的结构法""迟延结构法""环式结构法""对比法""秘密结构法"等。借用小说结构法，用于分析具体的文学现象，显示了作者的一种"为我所用"的积极态度。当然，该文的重心在第一部分，其中明确指出"形式派"重"形式"轻"思想的内容"的缺陷。兹引录两段：

> 形式派是艺术和文学研究上的一种唯心论的派别。这派主要的论点是主张艺术和文学的实质，在于形式。所以它研究艺术和文学的时候，纯粹从形式方面着手；艺术和文学思想的内容，以及影响这内容的社会生活的过程，都全不过问。它以为文学文艺的进化是遵着自己的内在的法则行进的。简言之，就是否认客观的社会经济条件对于文艺的影响——决定作用。

> 在革命时代，俄国的形式派曾代表了小资产阶级的意识，反对把文艺（作）为劳动阶级的社会实用而服务。他们主张文艺是独立的，是超阶级的，是神圣不可侵犯的。他们看文学作品不是社会意识的内容及其艺术形式的完整的有机体，而只是纯粹的形式。对于他们，文艺作品不分"形式"与"内容"，而只是文艺的形式。石克洛夫斯基（按：今译什克洛夫斯基）说："文学作品的内容就是他的文体方法的总合。"①

作者把"形式派"当作"唯心论的派别"进行强烈批判，认为该派观点

---

① 曹联亚：《文学之形式的研究》，《国立北平大学学报文理专刊》1935 年第 1 卷第 4 期。

与马克思主义是"风马牛不相及"的。显然，这也是马克思主义立场的明确表达。

无疑，对 20 世纪以来中国美学产生决定性影响的就是马克思主义美学。"五四"以来，卢纳察尔斯基、普列汉诺夫和车尔尼雪夫斯基的作品不断被译介进来。主要译者有李大钊、鲁迅、陈望道、瞿秋白、冯雪峰、周扬等一批革命人。其中以瞿秋白的译介最早且最系统。1931 年，瞿秋白根据公谟学院（Komakademie）的"文学遗产"第 1、2 期的材料编译了一组论文。其中一篇题为《作为文艺理论家的普列哈诺夫》的论文中写道：

> 马克思主义和列宁主义的艺术论是反对这种康德化的学说的。马克思列宁主义反对一切种种的"纯粹艺术"论，"自由艺术"论，"超越利害关系的艺术"论，"无所为而为的没有私心的艺术"论。马列主义无条件的肯定艺术的阶级性，承认艺术的党派性，认为艺术是阶级斗争的锐利的武器。列宁主义的艺术论，不但不能够容纳康德的美学观念——所谓"美的分析学"，而且坚决的反对这种学说，认为这种学说也和其他的资产阶级意识形态上的表现一样，是蒙蔽和曲解现实的社会现象的。普列哈诺夫（按：今译普列汉诺夫）美学里的康德主义的成分，反映着第二国际对于康德的态度；现在的第二国际的理论家，就已经完全接受了新康德主义的主要原则了。[①]

这段话亦大体反映出当时中国马克思主义者对"形式主义"的一种批评态度。此外，1936 年 11 月《中苏文化》第 1 卷第 6 期辟出一期《苏联文艺上形式主义特辑》，刊载了一些反映当时苏联国内批判形式主义情况的文章。同年的《文学丛报》第 1～5 期连续刊出由慕文翻译的高尔基的长文《论形式主义》。这些都是为了更好地引入马克思主义，以树立正确的革命与文艺的立场。在当时的社会与文化语境中，"形式""形式主义"成为被诟病的美学概念。而这种认识的影响，无疑又是十分长远的。

马克思主义美学具有深刻的哲学内涵和现实的针对性。马克思主义把文艺与社会有机地结合起来，视文艺为一种社会现象，把"'形式'视为'内容'的'单纯表现'或是'外在表现'，因而反对形式主义"。但这并不意味着马克思主义不重视"形式"概念，恰恰相反，它通过与各种"形式主义"的抗争，改造各种"形式"观念，以"形塑原则"发展了"形式"概

---

① 〔苏〕高尔基等：《海上述林》（上册），瞿秋白译，上海，诸夏怀霜社，1937 年，第 71～72 页。

念，并合理地将其解释为"内容的形式主义"。① 诚如托尼·本尼特(Tonney Bennett)所言："如果说马克思主义批评有一个共同的信念的话，即是他们坚信，文学作品只有在置于它们所产生的经济、社会和政治关系之中才能得以充分理解。形式主义则恰恰相反，倾向于坚持文学的自主性，认为批评的适当工作仅仅是对文学文本的形式特征的分析。同样地，马克思主义对文学持一种政治立场，认为文学作品必然产生政治后果，并试图从其自身的政治立场去评价这些后果，而形式主义则倾向于采取中立态度，不顾及政治考虑或后果，而只是从文学以自身为目的的陌生化角度考察其美学效应。"② 因此，如果我们把"形式主义"视为只是脱离现实生活、否认艺术的思想内容或文艺在表现形式上的标新立异，那么这必然是对历史的一种盲视，在认识中并没有完全摆脱日常偏见。一般情况下，那些片面地注重形式不顾实质的工作作风，或只看事物的现象而不分析其本质的思想、方法，都被冠以"形式主义"。

实际上，一种观点、理论或思想被称为"形式主义"，多是后人的一种概括。如朱光潜在《文艺心理学》(1937年再版)中就这样总结："不过近代许多美学派别中有一个最主要的，就是十九世纪德国唯心哲学所酝酿成的一个派别。这派的开山始祖是康德，他的重要的门徒有席洛(按：今译席勒)、赫格尔(按：今译黑格尔)、叔本华、尼采诸人。这些人的意见固然仍是彼此纷歧，却现出一个公同的基本的倾向。我们通常把这个倾向叫做唯心主义或是形式主义。意大利美学家克罗齐(Benedetto Croce，1866—　)最后起，他可以说是唯心派或形式派美学的集大成者。"③ 除俄国形式主义之外，其实并无更多的学派、学人自称是"形式主义者"。英美新批评派也都不太愿意承认此，唯有克林思·布鲁克斯(Cleanth Brooks)"爽直地大字直书'形式主义批评'"④。无论中外，情况大抵如此。因此，对20世纪以来中国美学中的"形式"概念的洞见，必须基于历史的勘察和社会的视野，并坚决反对那种盲目的排外主义倾向。

---

① 〔英〕雷蒙·威廉斯：《关键词：文化与社会的词汇》，刘建基译，北京，生活·读书·新知三联书店，2005年，第190~191页。
② 〔英〕托尼·本尼特：《形式主义和马克思主义》，曾军等译，郑州，河南大学出版社，2011年，第22页。
③ 朱光潜：《文艺心理学》(再版)，上海，开明书店，1937年，第161页。
④ 〔美〕克林思·布鲁克斯：《形式主义批评家》，龚文庠译，见《"新批评"文集》，赵毅衡编选，北京，中国社会科学出版社，1988年，第486页。

第三节 通向创造的中国美学"形式"论

严格地说，只有西方才存在真正意义上的形式美学。"在中国美学中，我们很难找到与西方'形式'概念完全对应与吻合的概念，因为它们所使用的是两种不能完全兼容的符码。"① 把西方美学"形式"概念向外转移并注入中国诗学、美学的建构中，这种移构注定是一项复杂而艰苦的探索过程。进入 20 世纪以来，一批中国美学人引入国外的美学，尝试建构中国的美学，并用于对接中国美学传统。他们借鉴、吸收西方经典美学家、文艺家的观点，并结合中国实际，进行创造性想象，并取得一种本土式的理解。在这方面，王国维、宗白华、朱光潜等是突出代表。他们接受中式传统教育，又仰慕西学，主动沟通中西，通过不断译介外来学说以达到更新中学的目的。分别提出"第二形式之美""形式在生命之中""实质即形式"等概念或命题，用于转化西方形式美学观念范型，这种探索值得我们重视、关注、总结和评价。不得不首先指出，尽管他们取得了一些创见，但是并非完美。依据本土文化逻辑去消融异质文化，建构中国本土的诗学、美学，这种追求需要通过创造性转换和创新性发展。

一、"第二形式之美"

佛雏早已指出："'古雅'说是王国维的一种创论，他对艺术美特别是形式美的特征，试图作出某种崭新的解释。"② 发表在《教育世界》（1907年）、后来收入自编集《静庵文集续编》的《古雅之在美学上之位置》，是王国维竭力吸收、运用康德、叔本华哲学（合称"康叔哲学"）进行文化转接的实践。在这篇区区三千字的短文中，出现了"美学""第一形式""第二形式""悲壮""宏美""美育"等各种外来词，其中"形式"一词竟达 48 次之多。在 20 世纪之初有如此鲜明"形式"意识的，除王国维之外，大概绝无第二人。故今人又以"形式批评法""形式论""形式主义"来概括、评价王国维诗学、美学的一种特色。

王国维提出"第二形式之美"，这是针对中国古典美学范畴"古雅"而论的。他自言写作此文的直接原因是"美学上尚未有专论古雅者"。或许在后人看来，他是提倡"古雅"说的第一人，其实不然。中国古典的诗文

---

① 赵宪章等：《西方形式美学——关于形式的美学研究》，南京，南京大学出版社，2008 年，第 24 页。

② 佛雏：《王国维诗学研究》，北京，北京大学出版社，1987 年，第 90 页。

评产生和运用大量范畴，其中就包括"古雅"。较早的是初唐王昌龄，他将诗的审美取向和风貌分为四种，分别是"高格""古雅""闲逸""幽深""神仙"（《诗格》）。中唐皎然、晚唐司空图都有近似论述。明代王世贞有"拟古乐府""须极古雅"（《艺苑卮言》），费经虞有"清润俊逸""古雅微妙"（《雅论》）等之议。可以看出，"古雅"作为中国古代重要的审美范畴之一，具有丰富的内涵，"它涉及创作主体的学识修养、人格操守、个性气质，以及作品的内容与形式诸方面的问题"①。这些文艺审美问题也是王国维试图说明的，但是他在阐释时采用了与古人不同的依据、路径和方式。

中国古典诗学、美学在经验思维上具有浑整性特征，有关"形式"的概念并非十分具有可辨性。王国维有很深的国学造诣，在西学影响下却有意将这一概念清晰化、层次化。他从"美在形式"这一本体论的高度解说"古雅"，指出"古雅"是一种"美"，且是"美"的"第二之形式"；又借助康德"优美""宏壮"等概念，指出"古雅"的独特性。"形式之无优美与宏壮之属性者，亦因此第二形式故，而得一种独立之价值，故古雅者，可谓之形式之美之形式之美也。"他认为，"古雅"虽然在性质上异于优美与宏壮，但是它的价值并非"远出于优美与宏壮之下"，因为优美与壮美大抵存在于自然之中，是"第一形式之美"。况且"优美"使人之精神全力沉浸于对此对象之形式之中，"壮美"则是人力被对象形式所压倒而达观其对象之形式，这两种"美之形式"基本是自然或艺术中的普遍之美。而"古雅"是相对"第一形式之美"而言的"第二形式之美"，它存在于"第一形式"中，但"第一形式"中又有不"美"者。正如此，"第二形式之美"才具有独立之价值，且它"存于美之自身，而不存乎其外"。所以，他视古雅之美处在优美与宏壮之中间位置，而同时兼有两者之性质。就此而论，"古雅"说既是康德主义的体现，又是反康德主义的表出。前者表现为对康德审美超功利性观的肯定，后者表现在反感他的唯天才论，力斥康德式的审美精英主义，从而主张人人享有"美术"能力的审美平民主义。"至论其实践之方面，则以古雅之能力，能由修养得之，故可为美育普及之津梁……其教育众庶之效言之，则虽谓其范围较大成效较著可也。"② 这种美育主张体现出王国维强烈的民主意识和人道主义关怀。

王国维从性质、价值、判断三方面专论"古雅"，提出"第二形式之

---

① 李天道：《中国美学之雅俗精神》，北京，中华书局，2004年，第29页。
② 王国维：《古雅之在美学上之位置》，《教育世界》1907年第144号。

美"，的确具有意义。皆知，雅俗之辨向来是中国古代文艺批评中的难题。
普遍承认的观点是：雅化是主流，即便是推崇雅俗共赏，亦仍是以雅化为
主。但是这种认识极易导致对俗的价值的忽视。毕竟，雅是相对于俗而存
在的，无俗则无雅，故俗也是雅之为雅的一个必要条件。文艺之所以成为
经典，不仅在于它是雅的，而且在于它是俗的，在于它为常人所能欣赏。
王国维不期然地触及受众，转向文艺接受，寻求美学应用。"这一概念的
提出不但强化了王国维超利害的审美批评意识，而且也扩展了批评的视
野，把形式技巧性的批评提升到美学批评的高度。"[①] "古雅"说没有把重点
落在伦理道德、社会文化等内容上，也并非简单地从语言、技巧、结构、
文体等方面入手，而是强调审美批评，特别是否定那种文学艺术由天才所
创造的至上论。假如纯粹照搬康德的天才论，这就很难与实际批评对上
号。文艺作品既有一流的，又有二三流的，它们大都并非由天才创作。另
外，像小说、戏曲这样偏于大众化的作品，按此也极有可能被排除在批评
的视野之外。"古雅"说的提出，正好弥补中国传统批评的某些遗漏和不
足。在此之前发表《红楼梦评论》（1904 年），在此之后出版《宋元戏曲史》
（1912 年），在古典的小说、戏曲等通俗文学领域进行研究并取得成功，这
就跟王国维重视"第二形式之美"的独立价值具有直接关系。

　　"古雅"一词亦出现在王国维的《中国名画集序》（1908 年）中。此序
文系手书，原题《古代名家画册叙》，1912 年进行修改，但 1909 年出版的
《中国名画集》并未采用。[②] 细看保存下来的这篇序文，该词并未得到细论，
它的含义需要我们联系文本语境才能够被分辨出来。平等阁主人狄平子
（狄葆贤）将收藏的中国历代名画汇集起来，拟公开出版。王国维欣然为
之作序，对狄氏给予高度赞赏，认为这是一件功德无量的好事，有便于学
习、益于入雅、利于流传的"美三"。谈到"美三"时，王国维这样写道：
"三代损益，文质殊尚；五方悬隔，嗜好不同。或以优美、宏壮为宗；或以
古雅、简易为尚。"[③] 此中的"古雅"，显然是与"优美""宏壮"相区别，又
与"简易"相对应的概念。他认为，时代是发展变化的，文化风尚是有差
异的，相隔遥远的人们的兴趣爱好也是不同的，有的景仰优美、宏壮，有
的推崇古雅、简易。中国绘画自成一体，拙于色彩与光影，长于模山范
水。之所以遭轻视、有争议，都是因为画作被秘藏而难以发挥作用。现在

---

① 温儒敏：《中国现代文学批评史》，北京，北京大学出版社，1993 年，第 13 页。
② 参见叶康宁：《有正书局与〈中国名画集〉》，《中国书画》2018 年第 3 期。
③ 陈杏珍、刘烜：《王国维〈中国名画集序〉注释》，见《中国文艺思想史论丛（一）》，中国文
　艺思想史论丛编委会编，北京，北京大学出版社，1984 年，第 363 页。

利用印刷技术公开发行，可以使它广泛流传。欧美文化传入东亚，中国智慧传往西方，避免日本一枝独秀，不让意大利专称"美术之国"，这是第三个好处。如此之谈，意在表明：艺术具有时代性，它的风格是多样的；中国绘画又自有风格，自具审美特性。联系"美二"，可知"古雅"是一种较为繁复的美之类型，以中国艺术风格为主要代表。王国维以"古雅"进行中国艺术批评，表明该说的应用范围并非局限于某一文艺类型，而是扩展到诗词、戏曲、小说和绘画，涵盖了整个中国古典文学艺术领域。

王国维的"古雅"说，看似有新意，实际存在巨大矛盾和问题，主要从它能否自圆其说以及在后世能否获得积极评价当中体现出来。理解"古雅"的一大关键，就在于古雅何以成为美，即从"第一形式"到"第二形式"何以表达的问题。"美"到底是一种形态还是一个过程？譬如写作，先要有现成的材料，然后利用这些材料写成一篇文章。这已经不是"写什么"，而是"如何写"这样的文艺创作心理层面的难题。王国维在这一问题上显示出惊人的思考能力，然而又恰恰在此问题上几乎陷入了某种绝境。正如汤拥华所指出的，"古雅"范畴包含了先验与经验、真与美、精神与形式的矛盾关系，这也是中国美学所面临的"如何通过形式的分析把握精神而又让此精神保持其原发性"的关键性难题。把康叔哲学、美学导入中国美学，并非简单的方法创新，而是复杂的文化介入问题。正是文化逻辑的改变，使得这一难题的解答变得更为艰难。[①]

王国维以一个中国古典美学范畴去对接并引入西方美学观念，这种古雅式批评具有非常明显的实用色彩。他对哲学、美学、文学始终抱以"有益"的观点，视之为"无用之用"，强烈呼吁它们"独立"。但是，这种发自内心的欲望仅是个人的理想，未能形成与他人正面的互动。他尝试提出的"古雅"说，并未在客观上产生效应。从学术影响看，它反响平平，也很少有人"照着讲""接着讲"。延续了中国文论、美学传统的"古雅"说，经他解说反而成为一次"断裂"，这是十分耐人寻味的。"五四"时期，西方各种形式论美学不断被译入，对中国古典美学产生了重大冲击，甚至起到了更新作用。尽管"古雅"的美学难题在一定程度上得到了解决，但是就这种纯粹的形式论美学而言，却未能得到推广，反而是与之接近的"唯美主义"更普遍流行。归根到底，"古雅"说是方法的而不是文化的。即使在今天，它仍然会引发诸多争议。其主要原因，除《古雅之在美学上之位

---

① 汤拥华：《"古雅"的美学难题——从王国维到宗白华、邓以蛰》，《浙江社会科学》2008年第7期。

置》文本自身具有一种"相当纠缠、复杂"的，令人十分费解的状况之外，就是它没有触及中国文化、美学的根本。相比之下，他独创的"境界"说更具影响力，后来的朱光潜、宗白华"接着讲"，今人陈望衡"再接着讲"。这是一个如何理解美学、确立本体的比较美学问题（详见第三章第四节）。

试图通过某种理论或学说，嫁接中西观念，以一种形而上的方式去填平先验原理与经验、个人与大众之间的鸿沟，这种做法注定是危险的。"古雅"说具有"唯形式"取向，这种现代审美主义在不注重保持文化张力的前提下也注定有所欠缺。现代西方的审美主义诉求和冲动，是由感性与理性的二元张力结构所经营的。因此，这种结构方式被注入中国本土文化语境中时，必然出现意义亏空，亦使得中国本土思想传统价值理念在实质上面临被颠覆的危险。这就是说，保留传统思想价值与引入西方审美思想资源两者之间往往存在冲突。"古雅"说的提出，既显示青年时期王国维的治学特点，又表现他具有某种自负心理——一种与自卑相反的意识，并不是对自我认知过低，而是过于理想化。《奏定经学科大学文学科大学章程书后》批评癸卯学制，建议把经学科合并入文学科，并专设哲学课程。在他看来，哲学并非无害、无用、离科之学，中国哲学需要大力发展。而要完全知"此土之哲学"，势必要研究"彼土之哲学"，且光大中国之学术，也必然要有"兼通世界学术之人"。[1]他的具体做法就是不断引入以康叔哲学为代表的外来之学说，并努力进行贯通。但是这种努力的结果，正如在《静庵文集》及续编的"自序"中所表达的，就是自己因久治康叔哲学而产生哲学究竟是"可信"还是"可爱"的矛盾困惑。徘徊在两者之间，意味着他在学理认知、学术取径上的重大抉择与转向。"可爱"与"可信"之说，有着属于比较思想史的潜在含义，暗示乃至交代出他在取资于西学的历程中对于自身文化身份与话语立场的痛苦自觉。对两者的疑虑，实质上体现了他在真理观、知识论、心智把握、情感处置、人生安排多方面的自我辨正与诘难。但是，这种困惑的确又是很含糊的，因为并没有十分充足的理论依据，它终究只是由个体欲望所支配的产物。诚如刘小枫的评价："王国维的审美主义论述之所以能含糊地触及现代性问题的要害，在我看来，主要因为替汉民族文化理念在西方价值理念面前辩护的心态，在他那里尚未成为其论述的内在冲动。但整体而言，王国维的审美主义思想尚欠缺理论上的精致，显得粗糙且零碎。"[2]

① 王国维：《奏定经学科大学文学科大学章程书后》，《教育世界》1906年第118、119号。
② 刘小枫：《现代性社会理论绪论——现代性与现代中国》，上海，上海三联书店，1998年，第311页。

二、"形式在生命之中"

宗白华有相当的文化自觉意识，对形式美学问题有着充分的思考和理解。在他前期（1949年前）的诗学、美学中，"形式"是一个并重于追求艺术、生命、心灵的概念，主要从他有关"新诗形式""艺术形式""形式创造"的见解中体现出来。诗是青年宗白华生命中不可或缺的一部分。在"五四"新文化、浪漫主义精神的感染下，他热爱小诗，创作了许多颇富哲思的小诗。其诗集《流云》堪与冰心的《繁星》《春水》，康白情的《草儿》具同等地位，是"中国新诗发展第一期的殿军之作"[①]。他不仅写诗，而且与郭沫若、田汉商诗、议诗。在他看来，诗的问题到底就是诗人的问题。《新诗略谈》（1920年）如此谈诗："我想诗的内容可分为两部分，就是'形'同'质'。"他把诗定义为"用一种美的文字……音律的绘画的文字……表写人底情绪中的意境"。其中"能表写的、适当的文字"就是诗的"形"，"所表写的意境"就是诗的"质"。换言之，诗之"形"就是"诗中的音节和词句的构造"，诗之"质"就是"诗人的感想情绪"。所以，要想写出好诗、真诗就必须在这两方面注意。[②] 在20世纪20年代中期以后，他专注美学、艺术学的研究，亦有一些新诗创作。而那种诗的精神亦弥散在他的各种写作中，这是把写诗行为提升为一种艺术感受，甚至是生命的存在，其中"形式"成为联结诗、艺术与人生三者的纽带。

宗白华在阐发艺术本体问题时提出"艺术形式"概念，这方面的论述有很多。《艺术学（讲演）》（1926～1928年）指出："艺术为生命的表现，艺术家用以表现其生命，而给与欣赏家以生命的印象。"[③] 该讲稿又指出："凡一切生命的表现，皆有节奏和条理，《易》注谓太极至动而有条理，太极即泛指宇宙而言，谓一切现象，皆至动而有条理也，艺术之形式即此条理，艺术内容即至动之生命。至动之生命表现自然之条理，如一伟大艺术品。"[④]《哲学与艺术——希腊大哲学家的艺术理论》（1933年）指出："艺术有'形式'的结构，如数量的比例（建筑）、色彩的和谐（绘画）、音律的节奏（音乐），使平凡的现实超入幻美。但这'形式'里面也同时深深地启示了精神的意义、生命的境界、心灵的幽韵。"[⑤]《略谈艺术的"价值结构"》（1934年）指出："艺术固然美，却不止于美。……艺术不只是具有美的价

---

① 王德胜：《宗白华评传》，北京，商务印书馆，2001年，第125页。
② 宗白华：《新诗略谈》，《少年中国》1920年第1卷第8期。
③ 宗白华：《宗白华全集》（第1卷），合肥，安徽教育出版社，1994年，第545页。
④ 宗白华：《宗白华全集》（第1卷），合肥，安徽教育出版社，1994年，第548页。
⑤ 宗白华：《哲学与艺术——希腊大哲学家的艺术理论》，《新中华》1933年创刊号。

值，且富有对人生的意义、深入心灵的影响。"该文又指出："'形式'为美术之所以成为美术的基本条件，……自成一文化的结构，生命的表现。它不只是实现了'美'的价值，且深深的表达了生命的情调与意味。"①《论中西画法的渊源与基础》（1934 年）指出："美与美术的特点是在'形式'、在'节奏'，而它所表现的是生命的内核，是生命内部最深的动，是至动而有条理的生命情调。"② 从这些看，宗白华频频使用"形式""生命""美"等词，把它们与"艺术"直接等同起来。

宗白华把艺术当作生命，打通了艺术与生命之间的通道，从而把艺术提升到形而上的高度。《中国艺术意境之诞生》（1944 年增订稿）指出："艺术意境之表现于作品，就是要透过秩序底网幕，使鸿濛之理闪闪发光。这秩序底网幕，是由艺术家的意匠组织线、点、光、色、形体、声音或文字成为有机谐和的艺术形式，以表出意境。"③ 在这里，他已经不再把目光固定在构成艺术形式的各种元素本身，而是把它们的组合作为整体看待。这如同亨利·福西永（Henry Focillon）所说的一种"生命"本身："形式主要不是指线条和色彩，而是一种动力结构（dynamic organization）。这种结构，作为身体对于周围事物做出反应的总和，使世界的实际肌理发挥作用。"④ 不仅如此，宗白华还把文艺的境界视作"宗教的境界"的邻近——它是"因体会之深而难以言传的境地"，并非"明白清醒的逻辑文体所能完全表达"的。《略论文艺与象征》（1947 年）指出："（叶燮《原诗》）已经很透彻地说出文艺上象征境界底必要，以及它的技术，即：'幽眇以为理，想象以为事，惝恍以为情'，然后运用声调，词藻，色采，巧妙地烘染出来，使人默会于意象之表，寄托深而境界美。"⑤ 这就是他接受西方象征主义诗学并结合中国传统诗学而发展出的"象征境界说"。

"形式创造"事关美的理想、形式升华、形式之美。对此，宗白华着重强调两个方面：第一，形式与内容的和谐关系。他在《艺术学》（约1926～1928 年）中指出："艺术内容——凡艺术决不能只有印象形式，必兼有内容：……盖不能纯粹为感觉的问题，实为全人格、全生活的表现，只有颜色配合、音调节奏，而无内容，仍难成立，此内外二者，所以不可

① 宗白华：《略谈艺术的"价值结构"》，《创作与批评》1934 年第 1 卷第 2 期。
② 宗白华：《论中西画法的渊源与基础》，《文艺丛刊》1934 年第 1 卷第 2 期。
③ 宗白华：《中国艺术意境之诞生》（增订稿），《哲学评论》1944 年第 8 卷第 5 期。
④ 〔法〕福西永：《形式的生命》，陈平译，北京，北京大学出版社，2011 年，第 23 页。
⑤ 宗白华：《略论文艺与象征》，《观察》1947 年第 3 卷第 2 期。

须臾离也。"① 艺术形式与内容是相辅相成、相互影响的。两者关系可以是形式超过内容、内容超过形式和内容与形式调和。在此认识的基础上,他尤其提出内容向形式转化的观点。艺术家表现的冲动引发形式冲动,情感是形式化的动力,艺术意境也便由形式化而来,融情感、生命于其中。第二,形式的作用。《论中西画法的渊源与基础》(1934 年)指出,艺术形式具有"间隔化""构图""入真"的作用。其中"入真"就是"引人'由美入真',深入生命律动的核心",此即形式的"最后与最深"的作用。这种作用也就意味着形式具有相对独立的审美价值。以此看中西绘画:西方画注重自然模仿、形式美和透视法,而中国画注重表现、境界和气韵生动,两者渊源不同,故呈现的艺术风格也不同。与文化生命同向前进,这是艺术的本然要求。至于中国画的发展道路,"不但须恢复我国传统运笔线纹之美及其伟大的表现力,尤当倾心注目于彩色流韵的真景,创造浓丽清新的色相世界,更须在现实生活的体验中表达出时代的精神节奏"②。对艺术之真的追求,饱含了宗白华强烈的世界意识、中国情怀,也是他致力于原创精神的体现。

宗白华论形式美学,以西方的和中国传统的为思想资源,并在中西比较的基础上得出见解。至于"发现"中国艺术,实又受到西人西著的"暗示与感兴"。从对西学的接受情况看,也的确能够反映出他的域外视域和形式美学生成理路。他广泛接触古希腊古罗马美学、德国古典美学、近代美学与艺术学理论,吸收康德、叔本华、歌德、克莱夫·贝尔(Clive Bell)、玛克·德索(Max Disseoir)、沃尔夫林(Wolfflin)、希尔德布兰德(Hildebrand,又译希尔得勃兰特)等人的观点,其中尤其受到歌德人生的启示。歌德是他的最爱。1932 年,宗白华翻译了"德文歌德传记中最美丽最流行的一部",即德国学者比学斯基(Bielschowsky)的歌德传两本,以供国内爱慕歌德者参考。在译者前言中,他称比氏"第一篇描写分析歌德的个性尤为深刻"。比氏在文中称歌德是"人类中之最人性的","他的形体具有伟大的典型的印象,是全人类人性的象征"。③ 在《歌德之人生启示》(1932 年)中,他由衷地赞美道:"歌德的人生问题,就是如何从生活的无尽流动中获得谐和的形式,但又不要让僵固的形式阻碍生命前进的发展。这是一切生命现象中内在的矛盾,在歌德的生活里表现得最为深刻。他的伟大作品也就是这个经历的供养。"从歌德之启示的"生命形式"所言,他

① 宗白华:《宗白华全集》(第 1 卷),合肥,安徽教育出版社,1994 年,第 519 页。
② 宗白华:《论中西画法的渊源与基础》,《文艺丛刊》1934 年第 1 卷第 2 期。
③ 〔德〕比学斯基:《歌德论》,宗白华译,《大公报·评论》1932 年 3 月 28 日。

又进一步说道:"生命片面的努力伸张反要使生命受阻碍,所以生命同时要求秩序,形式,定律,轨道。生命要谦虚,克制,收缩,遵循那支配有主持一切的定律,然后才能完成,才能使生命有形式,而形式在生命之中。"[①] 歌德的完美的个性结构与和谐的人生智慧,给予宗白华无穷的想象和"爱慕"之情。他的关于艺术形式的大部分观点,很大程度上是从中借鉴、引申而来。在《常人欣赏文艺的形式》(1942 年)及《艺术形式美二题》(1962 年)两文中,他引用《歌德谈话录》中的同一首诗,所谓"形式却是一个秘密"的说法正来源于此。

宗白华的美学融入了他的自我体验,具有鲜明的"自传"色彩。诗、艺术于他而言,就是一种自我生命般的存在。他对艺术"一往情深",至晚年亦未变。新诗写作、艺术欣赏,这些体验增加了他对美学的理解。在他看来,欣赏与创造也是相通的。"创造中国新文化"是他赋予青年的责任。《中国青年的奋斗生活与创造生活》(1919 年)指出,现时代中国"陷于文化恐慌状态","旧学术消沉,新学术未振,旧道德堕落,新道德未生,一切物质文化及政治状况、社会状况皆是一种不新不旧不中不西的形式"。因此,要"适应新世界新文化"必须"创造一种新生命,新精神"。[②] 但是,他并不主张只是古今中外的"沟通与调和"这种学术方法。他在《中国的学问家—沟通—调和》(1919 年)中提出殷切的希望:"吾国学者打破沟通调和的念头,只要为着真理去研究真理,不要为着沟通调和去研究东西学说。"[③] 所谓"为真理而学术",这是虔敬学术、礼赞生命之言。他从"西方"返回"中国",在中国传统文化中"发现"具有世界性的中国美学,这种责任意识使他的美学烙上深深的中国本土印记。他的美学思想来源不一,看似在调和中西,实际并非如此。初到德国后发表的致李石岑的《自德见寄书》(1921 年)中,自称受到"反流的影响",并表示"想做一个小小的'文化批评家'"。这就是先研究西学,再研究东方文化的"基础和实在",然后"再切实批评""以寻出新文化建设的真道路来"。[④] 中国文化的未来发展,必须有自己的个性。在他看来,中国旧文化实是"伟大美丽的"。这种文化自信心的坚守,与那些激进主义者的态度明显不同,显示出他具有一种清醒的中国立场。

宗白华深受生命哲学影响,把中国传统思想创造性地融入自身的哲

---

① 宗白华:《歌德之人生启示》,《大公报·评论》1932 年 3 月 21、28 日,4 月 4 日。
② 宗白华:《中国青年的奋斗生活与创造生活》,《少年中国》1919 年第 1 卷第 5 期。
③ 宗白华:《中国的学问家—沟通—调和》,《时事新报·学灯》1919 年 11 月 27 日。
④ 宗白华:《自德见寄书》,《时事新报·学灯》1921 年 2 月 11 日。

学、美学体系建构。他从哲学出发，去研究美学，将美的本质当作生命的形式，使得生命成为美的基元。在他的哲学、美学中，生命具有本体的意义。从生命哲学的高度突出、张扬形式的存在意义，正是他的诗学、美学的建构理路和文化特色。他的新诗美学在20世纪20年代前后独树一帜，而其意（艺）境美学在20世纪30年代也自成一家，提升了中国美学形而上的意味，为中国古典美学的研究"开创了一个新时代"①。新诗时期的他，注重生命，也构成了与郭沫若等其他诗人、美学家的显著不同之处。正如有学者所评价的："同样是主张生命诗学，郭沫若对形式似乎是不太重视的，他说在形式上他主张绝端的自由自主，这虽然体现了生命强力对于束缚的冲击与恣意的突破，但毕竟只是涉及了生命对形式的毁坏力。宗白华将生命的氛围同生命运动对形式的创造结合起来，这无疑是对现代生命诗学在理论上的一次深化。"②但是，我们也要注意到他在谈新诗时把"形""质"笼统地称作"内容"，在谈美的形式时过于重视它的抽象特征，对形式中所包含的生活的丰富内容、情感意味有所忽略，甚至在某种程度上混淆和颠倒了形式和内容的关系。当代学者如此批评："他说'形'、论'象'的旨趣和归趣却在于那一恍惚之'道'，用他自己的话说，就是要'化实相为空灵'，引人'深入生命节奏的核心'。这就不能不使他的美学是一种'舍形悦影'的美学，无体的美学。而他想借助于形式、形象的津梁而达到的'生命节奏''音乐化的天地境界''中国文化精神的基本象征'，却是一个审美的乌托邦。"③这就是说，他的意（艺）境美学无法从根本上起到塑造人生、改造社会的作用。毕竟，人文关怀与历史理性有机融合，才能真正使得"形式"变得"有意味"。

三、"实质就是形式"

"在西方美学中，形式（理式）或被置于现实的对立面（柏拉图、康德等），或同质料（内容）相对而言（亚里斯多德、黑格尔等），即使那些具体的形式规律研究，……也是首先将对象分割为若干'部分'或'成分'，即通过'部分'来认识'整体'的。"④对"形式"的如此应用与理解，是由西

① 陈望衡：《20世纪中国美学本体论问题》，长沙，湖南教育出版社，2001年，第138页。
② 谭桂林：《本土语境与西方资源——现代中西诗学关系研究》，北京，人民文学出版社，2008年，第31页。
③ 胡继华：《宗白华 文化幽怀与审美象征》，北京，文津出版社，2005年，第304页。
④ 赵宪章等：《西方形式美学——关于形式的美学研究》，南京，南京大学出版社，2008年，第23页。

方哲学、美学的实质所决定的。理性意识的增长，使得启蒙哲学家更加重视突出理念的主体地位。故此，形式仍是理念的、内容化的形式。这要求人们在论说美、美感时，特别强调对文艺的审美把握，把文艺作品当作审美主体对客体认识的产物。与西方注重形式与现实、质料与形式、内容与形式等不同，中国古代注重文与质、形与神、象与意、景与情等。可见中、西的形式美学观念在本质上不同。但是，我们又不得不承认近代以来在中国流行的形式美学很大程度上受到西方哲学、美学影响的事实。此中，形式与实质（或内容、精神等）这一对形式美学范畴尤其值得关注。若论及这一方面探讨，且与同时代人相比较"最关注且具深度的"①，则数在前期（1949 年前）直接接受了克罗齐美学的朱光潜。

朱光潜发表了两篇同名文章《诗的实质与形式》。一篇是在英国留学期间完成的，发表在国内刊物《现代评论》第 8 卷第 194、195 期（1928 年 8、9 月）。它的基本观点包括："诗的实质是语言所表的情思，而形式则为语言所取的声调格律"；"诗之所以为诗，决不仅在形式"；"诗之所以为诗，虽决不仅在形式，而决非与形式无关"；"意就是言，实质就是形式，所以每一种情思只能一种方法可表现，增一字则太多，减一字则太少，换一格律则嫌隔。诗不能译为散文，散文不能译为诗"；"诗的实质和形式都是在同一刹那中孕育成的，诗的情思是特殊的，所以诗的语言也自然是特殊的"。另一篇写于 1935 年，多年后才发表在《学原》创刊号（1947 年 5 月），后来又作为《诗论》增订版（1948 年 3 月）的"附录二"。此文并非像前文那样直白陈述观点，而是运用了对话体形式。对话者是秦希、鲁亮生、褚广建，三人分别代表"拥护形式者""拥护实质者""主张实质形式一致者"。从对话立场看，褚广建实是朱光潜的代言人。他的主要观点包括："真正的艺术必能混化实质与形式的裂痕"；"诗是情趣的意象化，或是意象的情趣化"；"语言的形式就是情感和思想的形式，语言的实质就是情感和思想的实质。情感、思想和语言是平行的、一致的；它们的关系是全体与部分而不是先与后或是内与外"。对比可见，两文的基本观点是一致的。

朱光潜在晚年说："《诗的实质与形式》，这是《诗论》中曾经谈过的一个问题，另用对话体的形式写出的，可见柏拉图的对话体对我的影响。我过去比较喜欢这种体裁，觉得它可以摆出各种不同观点，利于交锋争鸣。"②《诗论》一书章节较多，其中第四章"论表现"讨论的是情感思想与

---

① 陈均：《中国新诗批评观念之建构》，北京，北京大学出版社，2009 年，第 198 页。
② 朱光潜：《关于我的〈美学文集〉的几点说明》，《书林》1982 年第 1 期。

语言文字的关系。该章从批评"表现"的流行意义入手，指出情感、思想和语言三种活动是连贯的，实质与形式是完整的。"语言的实质就是情感思想的实质，语言的形式也就是情感思想的形式，情感思想和语言本是平行一致的，并无先后内外的关系。"① 这段话与对话体的《诗的实质与形式》一文在表述、观点上都一致。结合两篇同名文章和《诗论》可以看出：相同的内容，不断地解释同一个问题，提出同一种见解，表明这一问题的重要和个人的重视。朱光潜着重探讨实质与形式的关系，实际上是在为"诗"辩护：一是对新诗在格律化、散文化问题上的诸多常见错误进行批评，二是促进新诗理论的建设。

朱光潜讨论中国诗问题，并未固守在中国传统诗学范围之内，而是结合一些西方美学观点，特别是克罗齐美学中的表现论。但是他对克罗齐美学的接受又有一个从认同到疏离的变化过程。他的关于实质与形式，或者说思想与语言"平行一致"的说法，很大程度上受到以"艺术＝直觉＝想象＝表现"为核心观点的克罗齐美学的影响。他借用"刹那中孕育""非诗""表现"等本是直觉论美学中的用语或概念。但是这并不意味着他直接搬用克罗齐美学，而是认可与批评兼具，并在批评的基础上提出创见。如《诗论》中把自己提出的连贯性、完整性的观点，与克罗齐的表现说进行了区别。他认为，克罗齐过于注重艺术的单整性而断然否认艺术可以分类，或者说只重"表现"而不注重"传达"，不仅中断了两个阶段，而且忽视了媒介（语言）的重要性。他坚信传达媒介是"表现所必要的工具，语言和情趣意象是同时生展的"。② 克罗齐把实质与形式的关系理解为内与外、先与后的关系，原因在于他把语言误解成了文字。殊不知，文字只是"记载"，语言则是情感思想的"征候"，故两者不能混为一事。显然，这些见解已把朱光潜自己的主张与克罗齐的观点进行了区隔。

克罗齐关于内容与形式的观点主要体现在《美学原理》第二章"直觉与艺术"中。他排斥"（一）把审美事实看作只在内容（就是单纯的印象），和（二）把它看作在形式与内容的凑合，就是印象外加表现"这样的主张，认为"审美的事实就是形式，而且只是形式"。对此，朱光潜在重译时特意添加了一个详细的注释：

> 形式与内容是文艺思想史上一个大争执。一般人以为要作品好，先要选择好内容（即题材或实质）；批评作品的好坏也要从内容着眼。

---

① 朱光潜：《诗论》（增订版），南京，正中书局，1948年，第84页。
② 朱光潜：《诗论》（增订版），南京，正中书局，1948年，第84页。

克罗齐和一般哲学家都以为艺术作品是完整底有机体，内容与形式不能分，犹如哲人的形体和生命不能分。艺术之所以为艺术，就在内容得到形式。未经艺术赋予形式以前，内容只是杂乱底印像，生糙底自然，我们就无从从艺术的观点去讨论它。既经艺术赋予形式之后，内容与形式混化为一个有生命底东西，我们也无从从艺术的观点把内容单提出讨论。①

　　这个注释基本反映了朱光潜对待克罗齐美学的态度的转变。克罗齐重在"美即直觉"的观点，但这个"直觉"是泯灭了"内容"的"形式"。然而，朱光潜在解释时却偏重内容与形式不可分的观点。这种情况表明，此时期他对克罗齐美学的"疏离"已甚，显然是长期之接受造成的后果。前期，朱光潜对克罗齐美学的接受采用引用、述评、翻译等方式，尤其体现在《诗论》《文艺心理学》中。这两部著作，对克罗齐美学的理解并没有太大的变化，但是对它的接受实际上处于不同阶段。与《文艺心理学》的"单纯的介绍批评"相比，《诗论》是"创造性融会转化"，"以一种特殊方式表现出来，那就是借助于翻译手段，改变克罗齐原文，吸取中国传统文论观念，以建立自己的理论观点"。②显然，这样的方式是一种更高层次的接受。

　　朱光潜一直认为《诗论》是他自己最为成功的著作。且不论该著对境界、格律诗等中国传统诗学问题富有启示性的阐释，仅就他对克罗齐美学的接受而论，不得不说这是一种"误解"。在译著《美学原理》修正版（1958年）时，他曾如此坦白承认："像康德和黑格尔一样，克罗齐是把美学看成哲学中一个部门的，他用的方法主要是概念的分析和推演，所以他反对从作为经验科学的心理学观点去研究美学。我在'文艺心理学'里，一方面依据了克罗齐纯粹从哲学出发所建立的理论，一方面又掺杂了一些心理学派的学说。如果单从介绍克罗齐来说，我对他有些歪曲。"③为了还原克罗齐美学的真实面目，他早在1947年就翻译出版了《美学原理》，而多年后因再版又进行修正。另外发表的《怎样理解艺术形式的相对独立性》（1962年），不仅指出"形式美有相互独立性"的提法是不正确的，而且梳

① 〔意〕克罗齐：《美学原理》，朱光潜重译，南京，正中书局，1947年，第162～163页。该书再版时，此段话中的"内容（即题材或实质）"修正为"内容（即题材）"，其他的文字未变。（北京，作家出版社，1958年，第143页）
② 王攸欣：《选择·接受与疏离：王国维接受叔本华、朱光潜接受克罗齐美学比较研究》，北京，生活·读书·新知三联书店，1999年，第132页。
③ 〔意〕克罗齐：《美学原理》（修正版），朱光潜译，北京，作家出版社，1958年，修正版译者序第2页。

理了西方美学"形式"的各种意义。① 这说明，此时期他对"Form"有了更明确的认识，已不再将"形式"简单地作为与"内容"相对的范畴，从而抛弃了先前的偏见。

在谈到朱光潜接受克罗齐美学的问题时，我们应该将其与他接受康德美学的问题一并讨论。康德是西方形式美学的集大成者，康德美学也是德国古典美学的重要代表。中国现代美学家普遍接受康德的哲学、美学。王国维在《静庵文集》的一篇自序（1904年）中称自己深陷于康德著作而不能自拔，经读叔本华哲学而通晓之。如此反复于"康德—叔本华—康德"之间，致使康叔哲学成为他挥之不去的"意念"。宗白华在"五四"时期研读康德哲学，发表《康德唯心哲学大意》（1919年）和《康德空间唯心说》（1919年）。在致郭沫若的信（1920年1月3日）中，他这样坦言："平日多在'概念世界'中分析康德哲学，不常在'直觉世界'中感觉自然的神秘。"② 在《我和诗》（1937年）中，他也承认"庄子、康德、叔本华、歌德"都在自己的精神人格上"留下不可磨灭的印痕"。③ 歌德是宗白华的"至爱"，但是歌德精神对他的影响不单是歌德一人产生的作用，而是包括歌德、康德等人构成的整个德国文化传统在发挥效应。与王国维、宗白华一样，朱光潜大抵亦如此，但主要是由克罗齐美学引起的。他的美学思想的最初来源就是克罗齐的《美学原理》。克罗齐是他在出国之后最先接触的西方美学家，不过康德也是差不多同时进入他的视野。"因为欢喜哲学，我被逼到研究康德、黑格尔和克罗齐诸人讨论美学的著作。"④ 他选修的课程有英国文学、哲学、心理学、欧洲古代史和艺术史。他的哲学导师侃普·斯密斯（Kemp Smith）教授就是一个研究康德哲学的权威。所以，康德哲学对他的深重影响是毋庸置疑的。再版的《文艺心理学》（1937年）中有这样明确的交代：

> 从前，我受从康德到克罗齐一线相传的形式派美学的束缚，以为美感经验纯粹地是形象的直觉，在聚精会神中我们观赏一个孤立绝缘的意象，不旁迁他涉，所以抽象的思考、联想，道德观念等等都是美感范围以外的事。现在，我觉察人生是有机体；科学的、伦理的和美

① 朱光潜：《怎样理解艺术形式的相对独立性》，《光明日报》1962年1月12日。
② 田寿昌等：《三叶集》，上海，亚东图书馆，1920年，第3页。
③ 宗白华：《我和诗》，《文学》1937年第8卷第1期（新诗专号）。此文初写于1923年，后又略做修改并附于1947年重版的《流云小诗》（上海，正风出版社）书后。
④ 朱光潜：《文艺心理学》（再版），上海，开明书店，1937年，第4页。

感的种种活动在理论上虽可分辨，在事实上却不可分割开来，使彼此互相绝缘。因此，我根本反对克罗齐派形式美学所根据的机械观和所用的抽象的分析法。[①]

显然，前期朱光潜的美学也是在移译康德美学的基础上形成的，只是随着研究的深入，才逐渐对它采取如同克罗齐美学一样的疏离姿态。大体说，中国现代学人在 20 世纪 30 年代之前以康德哲学、美学为接受的主要的西学对象。他们以康德为师，接触、学习康德哲学、美学，不仅推动了西方哲学、美学在中国的传播，而且促进了中国现代美学的发生、发展。所以，康德美学在中国美学现代化进程中起了重要的中介作用，具有十分显著的地位。在他们看来，这种美学的思维模式有助于转变中国传统的思维模式，因此是值得研究的、信奉的，甚至应将其作为现代思想启蒙的工具。康德的"知—情—意"三分法，以无功利性、超越性、自由性为内容的美感论等在中国流行甚广。当然，这样的康德美学也并非地道的西方美学，而是得到中国学人认同的康德美学，即它在某种程度上是中国化的康德美学。这些在朱光潜的美感经验论中同样体现得十分明显。

前期，朱光潜的重要著作有《谈美》《诗论》《文艺心理学》等，以诗学、美学为主要内容。在他看来，中国的诗学较为落后，美学在中国也不成熟，如本名为"美学"的论著只能称为"文艺心理学"。他从心理学角度研究美感经验，注重传播外来的美学知识，运用克罗齐的直觉说、立普斯的移情说、布洛的距离说等来解释普遍的文艺现象。他了解西方美学的本体论基础，对唯心论哲学也十分用心，但无意以之为自己的美学提供本体论根据。《文艺心理学》具有浓厚的中西调和意味，有意在西方与中国之间寻找一个平衡，但导致的结果却是模棱两可。似西非西，似中非中，既没有完全摆脱克罗齐美学，又总是带有中国传统的审美趣味，这正是欣赏克罗齐美学，以之为标准去选择中国传统的表现论，并将其作为诗学核心的做法所导致的矛盾。[②] 相比之下，《谈美》显示出个人对美学的独到追求，特别是它提出的"人生艺术化"思想颇有创见。但是，克罗齐美学的光芒仍闪烁其中，毕竟，要挣脱一种曾受其深重影响的外来学说，消除"焦虑"，这是一个需要深入反思、不断超越的过程。

[①] 朱光潜：《文艺心理学》（再版），上海，开明书店，1937 年，作者自白第 2 页。

[②] 参见王攸欣：《朱光潜学术思想评传》，北京，北京图书馆出版社，1999 年，第 156～157 页。

四、在译介与创造之间

王国维、宗白华、朱光潜对"形式"的移构都是将之置于中外关系当中。在对待外国美学时，他们都有自己钟情的西方美学家，康德、歌德、克罗齐成为各自的选择。寄情于某一人的方式，有利于形成认同与比较，从而为美学创造提供条件。如王国维在《论新学语之输入》（1905 年）中所言："夫抽象之过往往泥于名而远于实，此欧洲中世学术之一大弊，而今世之学者犹或不免焉。乏抽象之力者，则用其实而不知其名，其实亦遂漠然无所依，而不能为吾人研究之对象。"① 所谓"乏抽象之力"，指的是中国哲学。这种价值判断导致他们选择西学，利用西学，并求以西化中。他们借用西方资源，并由西及中，回到中国诗学、美学当中。他们刻意回避西方哲学、美学诉诸理性与智性的紧张、抽象、高远，而接近中国文化诉诸感性、悟性乃至直觉的洒脱与"中道"。他们对西方哲学、美学进行了简单化处理。因此，所谓的西方美学，并非地道，充其量是中国化的西方美学。本着中国本位意识，他们又对传统的诗学、美学进行创造性发展。在他们的诗学、美学观念中，"境界"远比"形式"来得重要。"境界"这一古典性范畴经过他们的不断阐释，成为中国诗学、美学的真正核心和富有特色的范畴。因此，从"境界"说的现代建构可以进一步反观中国化的西方形式美学论。

境界，既是情感性的审美形式表达，又是综合性的审美效应体现。普遍认为，它具有情景交融、虚实相生、韵味无穷的美学特征，其中又以情景交融这一表现模式为首要和基本。古人所言"相融而莫分"（〔宋〕范希文《对话夜语》）、"互藏其宅"（〔清〕王夫之《姜斋诗话》），均指情、景两者密不可分。后人所论，亦皆继承此，并在此基础上进行发展。"境界"说在王国维文本中分布广泛，首先是在"文学"论当中。《文学小言》（1906 年）称，"景""情"是文学中的"二原质"，它们是客观与主观、知识与情感的关系。文学就是知识与情感交代之结果，"苟无锐敏之知识与深邃之感情者，不足与于文学之事"。他并以此来肯定文学，认为它是"天才游戏之事业"。②《屈子文学之精神》（1906 年）称"诗之为道"是"以描写人生为事"，认为任何诗都以描写"自己深邃之感情为主"，即使是写景物之诗也要以此为"素地"，所谓诗之不同只在偏重人生之客观与主观

---

① 王国维：《论新学语之输入》，《教育世界》1905 年第 96 号。
② 王国维：《文学小言》，《教育世界》1906 年第 139 号。

的分别。① 他以"游戏""人生"两个维度来论文学（诗），实际上都是受到席勒文学观念、思想的影响。《人间词话》（1908年）指出："境非独谓景物也，喜怒哀乐，亦人心中之一境界。"他认为，能够写真景物、真感情的，才能称为"有境界"，否则便称为"无境界"。② 对于昔人论诗词提出"景语""情语"的分别，他则认为"一切景语"皆是"情语"，等等。他虽然没有直接界定"境界"，但是对它进行了精细的解说，从类型、内涵、作用等多方面进行揭示。朱光潜在《诗论》（1948年增订版）中把"境界"看作是"情趣与意象的融合""主观的生命情调与客观的自然景象交融互渗"。他把"景"称为"意象"，这个改造完全来自克罗齐"艺术把一种情趣寄托在一个意象里"的观点。他还把王国维的"有我之境""无我之境"说成是"超物之境""无我之境"，这个变化也是来自"移情作用"的新解。③ 与朱光潜把"情"说成"情趣"不同，宗白华把它具化为"生命情调"。他认为，艺术境界主于美，美来自心灵。《中国艺术意境之诞生》（1944年增订稿）指出："艺术家以心灵映射万象，代山川而立言，他所表现的是主观的生命情调与客观的自然景象交融互渗，成就一个鸢飞鱼跃，活泼玲珑，渊然而深的灵境；这灵境就是构成艺术之所以为艺术的'意境'。"④ 这种生命观念来自亨利·柏格森（Henri Bergson）的创化论、奥斯瓦尔德·斯宾格勒（Oswald Spengler）的文化哲学永动的观念和《易经》的动静辩证法。可以看出，现代意义上的"境界"说凝结了中国古典文化智慧，集合了认识论、方法论、存在论、本体论等哲学知识，由今及古，从而把"境界"提升为中国诗学、美学的元范畴。中西融合的方法，亦的确能够从王国维、宗白华、朱光潜的"境界"说当中得到体现。

"境界"之所以得到中国现代诗学家、美学家的重视，主要原因在于它本身就是中国的。而"形式"是外来的概念，并非土生土长的产物。此意味着如果要使"形式"生发中国本土意义，那么必须将其纳入中国文化传统的再认当中。传统是一个可以被一分为三地对待的价值物。在否定、肯定、折中三种态度中，又以否定态度具有代表性，因为占据"五四"时期思想主流的就是整体主义的反传统主义。基于它的成因、内容与后果的反思，林毓生提出"创造性转化"的观点。他认为，这种全盘反传统主义具有时代、历史的意义，但是不能有效解决中国的实际问题。西化是一种

---

① 王国维：《屈子文学之精神》，《教育世界》1907年第140号。
② 王国维：《人间词话》，《国粹学报》1908年第47期。
③ 朱光潜：《诗论》（增订版），南京，正中书局，1948年，第49～59页。
④ 宗白华：《中国艺术意境之诞生》（增订稿），《哲学评论》1944年第8卷第5期。

"错置",看似找到"权威"这种可依靠的对象,实则与传统断裂。校正只重视表面的,或断章取义进行嫁接、移用的"形式主义的谬误",必须进行"创造性转化"。"使用多元的思想模式将一些(而非全部)中国传统中的符号、思想、价值与行为模式加以重组与/或改造(有的重组以后需加以改造,有的只需重组,有的不必重组而需彻底改造),使经过重组与/或改造的符号、思想、价值与行为模式变成有利于变革的资源,同时在变革中得以继续保持文化的认同。"① 显然,这种"转化"是一个开放的过程,它不是采取极端的立场和做法,完全抛弃其中一方,而是冷静面对传统和西方。也就是说,西方的刺激、传统的再认,或两者的相互影响,可以有效解决诸多问题。这种变革传统的、选择性的创造方式,是一种有效应对外来文化冲击的途径。现代境界说源于传统,又是在受到西学刺激下产生反应的产物。因此,我们不能否认它也是外来因素参与建构的结果。把古典性上升到现代性,这就使得"境界"的内涵更显丰富,亦使得它的价值领域从审美扩展到整个人生,从而被提升到形而上层次。

哲学、美学、学术的各种问题,归根到底是文化问题。翻译国外的哲学、美学,也就是翻译国外的文化。理解此,首先要理解"翻译"本身。诚然,翻译是一种手段、一种渠道,但它未必不是一种特殊的创造性活动。在法国学者罗贝尔·埃斯卡皮(Robert Escarpit)看来,"翻译总是一种创造性的背叛"。"说翻译是背叛,那是因为它把作品置于一个完全没有预料到的参照体系里(指语言);说翻译是创造性的,那是因为它赋予作品一个崭新的面貌,使之能与更广泛的读者进行一次崭新的文学交流;还因为它不仅延长了作品的生命,而且又赋予它第二次生命。"② "创造性背叛"(Creative Translation,按:又译"创造性叛逆")的观点,是用于解释对翻译作品的接受问题,其实把它用于解释翻译活动本身仍然十分有效。任何的翻译活动,都必然面临文化差异和遭遇表述困境。既要接受文本限制,又要超越文本,就必须以创造性的方式赋予原作以生命。谢天振将"创造性叛逆"作为译介学的命题,认为这种现象"特别鲜明、集中反映了不同文化在交流过程中所受到的阻滞、碰撞、误解、扭曲等问题"。他把译者的创造性叛逆在文学翻译中的表现归纳为"个性化翻译""误译与漏译""节译与编译""转译与改编"。至于译者,只是翻译的主体之一,主

---

① 林毓生:《什么是"创造性转化"》,见《热烈与冷静》,林毓生著,上海,上海文艺出版社,1998年,第26页。

② 〔法〕罗贝尔·埃斯卡皮:《文学社会学》,王美华、于沛译,合肥,安徽文艺出版社,1987年,第137~138页。

体还包括读者、接受环境。①这意味着，外来文化有机融合主体文化并成为本土文化的一部分的"内化"是在多重作用下实现的。只有在翻译中发挥创造性，才能实现译本增值。至于本土的传统文化，并不会构成翻译的障碍；恰恰相反，本土的传统文化能够为融入来自异域的文化提供优化组合方式，从而在一种兼容的机制中促进两种文化的沟通、对话。

　　无论是"创造性转化"还是"创造性叛逆"，其实都是"创造"。"创造"本就是中国现代性观念，它代表人的能力、观念、价值，也代表新时代、新文化、新生活的精神。中国现代创造观念的发生，一方面受到进化主义、实验主义、社会改造主义等外来文化的影响，另一方面得到中国传统文化的激发。仅以"文化"论之，它固然有中外之分，但在本质上都是创造的产物。梁启超在《什么是文化？》（1922年）中提出"模仿是复性的创造"的观点。在他看来，文化之所以有在于人类"能创造且能有意识模仿"。创造是人的自由意志的发动，是永无止境的。但是，任何创造的产生必有所依凭，"创造者总是以他所处的现境为立脚点，前走一步或两步"。所以，创造与模仿并不是简单地可以说成是对立的关系，对于两者需要具体对待。至于模仿，它分"无意的"和"有意的"两种，前者是无价值的，后者则与创造本质同类，民族心、时代精神都可以在这个基础上得到解释。所谓"复"，是"个体的复集""时间的复现"两种作用，即对环境的感受和将感受传染给他人这两个创造阶段。另外，创造的效能是累世的，任何文化都并非朝夕可得。②这表明：凡文化，无论是相对于物质文化的精神文化，还是相对于旧文化的新文化，它们的创造都包含模仿的成分。因此，仅仅依靠引入外来文化，而不是从文化传统中"有意识的模仿"，很难创造出真正的新文化。凡是有价值的东西，都必须是经过人类意志选择且创造出来的，它是有益于人类存在本身的创造物。

　　西方美学在中国，这是一个可以从历史、思想等不同侧面进行审视的重大课题。对西学的引入及其造成的问题，无须进行过多的苛责，宽容与批评并重才是学者应有的态度。况且，两种态度并不矛盾，甚至构成了历史、思想两个层次的问题。就历史而言，它能够使我们意识到自己所处的客观环境；就思想而言，它指向未来，使我们免受其影响从而能够自由地追求理想。所以，我们不要因他们引用有用的西方理念和思维模式而被蒙蔽，要入得其中又出其于外，摆脱历史和思想的成见，在一种更宏大的视

---

① 谢天振：《译介学》（增订本），南京，译林出版社，2013年，代自序第2页。
② 梁启超：《什么是文化》，《时事新报·学灯》1922年12月7日。

野中看待事物。如果说近代以来以民族救亡的实用性来决定对西方文化的取舍，那么当今我们更需要以世界的总体目标为视角来认知中西文化。从选择文化学到认知文化学，重新回到价值文化学，这是比较文化学的要义。真知来自比较，有了比较才能有发现，才能获得发展自己的契机、前景。做到知彼知己，必须以创造者的选择为优先。如何选择、选择什么、为何选择，这些问题考虑清楚了，创造性的价值自然就体现出来了。因此，提高创造性的素养才是当务之急，这也是中国现代美学家提倡美育的意义所在。

创造绝非易事，其真正之难在于如何创造。就中国的"境界"（*Jingjie*）而论，它毕竟与西方的"形式"分属不同的文化体系和美学系统。"形式"是西方美学本体，而中国美学本体当是"道"（*Dao*）。就美而言，它在形式，或者在道。陈望衡认为，美在道，即美在境界，"境界生根于道，道展开为境界"。这是中国学者首次如此明确地将"境界"本体化。[①]在《中国古典美学史》（1998 年）、《20 世纪中国美学本体论问题》（2001年）、《当代美学原理》（2007 年）等论著中，陈望衡提出、建构并完善了境界本体论。在他看来，审美是比美更广泛的范畴，审美本体具有价值、形式、情象、境界四个层次。审美是"人的价值"和"自由的形式"。审美活动是人的情感性活动。情象是情感及其对象化，是情感与形式的统一，代表审美的实现，而境界作为"审美本体的高级形态，概括的是审美本质"，它是情象的"靓化""深化""泛化"，具有"感性""哲理意味""空灵""自由"的品格。[②]不仅如此，他还将"境界"概念现代化、全球化，使之成为一个能够代表中国美学的特定范畴。这尽管仍是在前人的基础上"接着说"，但采取的是"以中解西"而并非"以西解中"的超越方式。这个理论的提出，既是对前人观点的整合，又是时代的创新，兼具中国本土性和普遍意义。当然，这样的愿望是宏大的，目前首要的任务仍是通过比较凸显中国美学的特色，以便使之能够在国际上展开有效对话。

---

① 参见刘成纪：《重构美的形而上学：以陈望衡境界本体论美学为例》，《中州学刊》2010 年第4 期。

② 陈望衡：《当代美学原理》，武汉，武汉大学出版社，2007 年，第 107～138 页。

本章小结

　　从上述作为加点词、中国美学术语和中国美学论三方面可以看出，汉语语境中的"形式"并非一个简单、易解的美学概念。在近代，它经历了从日源词到近代（现代）汉语语词，从普通词到美学专用词的翻译、转换的过程。可以说，汉语"形式"一词容纳了丰富的历史、文化内涵，是汉、日、英等多种语言文化实践的产物。作为概念的发生，它当是首先借用同形古代汉语词，用以译介"Form"，尔后作为中国美学观念的表征词并成为专门术语。显然，中外文化交汇语境中产生的"形式"概念是富有意味的。不过作为美学概念，它的意义显现需要语境化。只有将"形式"具化到文学、艺术、人生等问题中，才能真正显现其作为美学概念的魅力，但是这并不能从根本上保证这一概念的文化特征。王国维的"第二形式之美"、宗白华的"形式在生命之中"、朱光潜的"实质就是形式"等观点是译介西方形式美学并使之本土化的产物。这种尝试转化，得失并举，最能从与具有传统性、创造性的"境界"说的对比中见出。中国本土的形式美学，当是一直处在建构过程当中的。

第二章　中国现代美学观念论争中的"形式"容受

关于文学现象的性质和领会作品的方式，关于创作与现实、艺术家与历史、感觉与语言的关系，关于现象力这个首要功能在艺术中的作用，存在大量无把握的和针锋相对的意见。但如果说有一个概念挑起了矛盾或分歧，那正是形式这个中心概念。[①]

中国现代美学的发展既是在受到外来思想、理论的影响，又是在紧密结合本土现实当中不断往以前进的。具体地说，它有欧美主流美学思潮影响下的自主创新、文艺为社会人生服务的审美观追求、马克思主义美学中国化的不同路径，三者相互砥砺，"彼此存在着论争、交锋和汇流"[②]。这种论争性局面的形成，很大程度上是因为各阵营持守不同的美感论立场。众所周知，美感是美学问题的中心，在美学中具有基元的地位。美是通过美感来确证的，"不是美，而是美感集中地体现了审美的特殊性、复杂性、变异性"。美感还具有"中介"作用，即审美对社会生活的参与、渗透，审美对人类的众多文化形态的影响都是通过美感来实现的。[③] 在这种意义上说，一种美学是否成立取决于对美感的态度。对此，中国现代美学人都有着十分敏感的反应，试图在理论上有所作为。王国维的"境界"，梁启超的"新民""趣味"，蔡元培的"美育"，吕澂的"美的态度"，朱光潜的"审美直觉"，宗白华的"意境"，周扬的"形象"，蔡仪的"典型"，这些学说、观点都包含对美感的见解，关系着对美、文学艺术、社会人生的看法，是中国现代美学观念的集中体现和精致表达。但是，对于如此重要的概念"美感"，却很难达成统一的、明确的界定，这种情况引起美学观念上的论

---

① 〔瑞士〕让·鲁塞：《为了形式的重读》，王文融译，见《波佩的面纱——日内瓦学派文论选》，中国社会科学院外国文学研究所、《世界文论》编辑委员会编，北京，社会科学文献出版社，1995年，第79页。

② 杨向荣：《现代中国美学的论争与建构——20世纪上半期中国美学史的理论建构》，《社会科学战线》2015年第8期。

③ 参见陈望衡：《当代美学原理》，武汉，武汉大学出版社，2007年，第105页。

争在所难免。[①]

　　美学观念是对美、审美、艺术的认识系统化的集合体。不同的美学观念最能从美学家、文艺流派等所使用的概念当中体现出来。换言之，使用概念的不统一、不对称或者混乱，往往导致论争不可调和。如同"美感"，"形式"也是众说纷纭、难有定论的"焦点"所在。这一关键概念往往挑起矛盾，制造分歧。"五四"时期，胡适提倡以"文的形式"为口号的"文学革命"并引起论争；1929 年，是否展览现代主义美术作品的问题引发了徐悲鸿、徐志摩之间的"二徐之争"；1937 年，马克思主义者周扬与梁实秋、朱光潜就"文学的美"展开激烈论争。这些产生了深刻影响的论争，实际上都与"形式"概念的运用和理解具有直接关系，因此十分值得关注和再议。本章选择这三个有代表性的论争事件进行探讨，以窥测"形式"概念在历时性的本土化过程中的容受情况。

第一节　"文的形式"：在场的缺席

　　中西美学具有不同的文化意蕴和形成理路。例如，关于美的本质，西方美学家讨论甚多，其中以"美在形式"说为最早，而中国美学没有专门讨论美的本质的理论，但是有一个与此近似的概念"文"。"文与形式既是中西美学审美对象结构的历史起点，又是中西美学审美对象结构的逻辑起点。它们的特点决定了中西美学审美对象结构理论由表及里的不同发展方向。"[②] 在"五四"文学革命运动前期，"文"与"形式"这两个概念具有显著文化差异，却被绞合在一起。"文的形式"由首举"文学革命"义旗的胡适提出，且经他反复强调而深入人心，其影响不可谓不深远。从"形式"方面看，这一口号的提出意味着这一外来概念在中土因其介入思想革命而开始了实质性的播扬。"形式"意识的觉醒，也直接促成了从"文"（wen）到"文学"（literature）的观念转变。但这一过程绝非一帆风顺，而是伴随了各种争议。把"形式之文"真正确立为"形式之文学"，使"文学"成为真正具有独立的审美价值且被突出，仍需要不断去厘清。大体看，"形式"作为口号虽然在"五四"时期的"文学革命"倡议中掷地有声，但终究被"精神"压制，它是一个看似"在场"实际"缺席"的文艺美学概念。

---

①　参见赖勤芳：《"美感"的译入与对接——兼述中国现代艺术学的兴起》，《美育学刊》2019
　　年第 5 期。

②　张法：《中西美学与文化精神》，北京，中国人民大学出版社，2010 年，第 131 页。

一、"形式"期待

任何一种文学主张的提出，都有特定的思想、学术、时代的背景。胡适提出"文的形式"这一口号，是基于中外文学的双重考量，始于 1910 年赴美国留学后受到欧美"新潮"的感染，主要是接触到以意象派为代表的各种现代主义思潮。意象派，诞生在英国，由休谟（Hume）等人发起，后来由于庞德（Pound）的加入而渐成气候，通过集合一些诗人，借助《诗刊》以及其他文学杂志传播文学主张。从代表作弗林特（Flint）的《意象主义》、庞德的《意象主义者的几个"不"》、洛威尔（Lowell）的《意象派宣言》等看，该派强烈反对浪漫主义诗歌末流那些伤感造作、空洞冗长的诗歌，主张以日常生活题材、日常用语和自由诗体进行新诗试验。这场具有现代性性质的英美诗歌运动，具有如此大胆挑战旧诗规范的反权威意识，大力拓展诗歌的题材和形式的创造精神，自然吸引了远在他乡留学的胡适。

大约 1916 年底，胡适从《纽约时代书评》（*The N. Y. Times Book Shecho*）摘录《一些意象主义诗人》（*Some Imagist Poets*）的"前言"所介绍的六条意象主义原则，做了汉译，并评价此派主张"与我所主张多相似之处"①。时值与梅觐庄（光迪）、任叔永（鸿隽）等几位学衡派同人讨论中国文学的改革问题，胡适在接触到颇能令其受启发的新派理论时，并不在意它是西方的意象派理论。《〈尝试集〉自序》（1919 年）中回忆倡导"文学革命"的经过以及与梅光迪的争论时，胡适就表示"只是就中国今日文学的现状立论"，否认与"欧美的文学新潮流"具有直接关系，承认即使有时借鉴"西洋文学史"也不过是从它们的历史中吸取进步的因子。② 在一段关于新派美术的札记（1917 年 5 月 4 日）中，他也表达了同样的态度："欧美美术界近数十年新派百出，有所谓 Post-Impressionism, Futurism, Cubism（按：后印象主义，未来主义，立体主义）种种名目。吾于此道为门外汉，不知所以言之。"③ 由此看来，具有世界眼光的胡适并不承认自己是意象派的追求者，而是总在试图撇清与包括意象派在内的各种"新潮"之间的关系。这里反映出一种"以邻为壑"的警惕心理：一方面十分认同意象派，另一方面努力划清与它的界限。正是由于此时的胡适将中国文学

① 胡适：《日记（1915～1917）》，见《胡适全集》（第 28 卷），合肥，安徽教育出版社，2003 年，第 496 页。

② 胡适：《〈尝试集〉自序》，《北京大学日刊》1919 年第 438～444 期。

③ 胡适：《日记（1915～1917）》，见《胡适全集》（第 28 卷），合肥，安徽教育出版社，2003 年，第 556 页。

问题作为自己的思考重心，因而一时苦于没有自己的理论创见，只能视他人理论为一种"危险"。意象派主张给苦思中的胡适以巨大的启迪：文学不应该受到题材、体式等的各种限制、规范，而应该更新表现形式。具体到中国文学问题，这就是后来胡适所分析的"文学堕落"之原因"文胜质"。胡适在致陈独秀的信（1916 年 8 月 21 日）中写道：

> 文胜质者，有形式而无精神，貌似而神亏之谓也。欲救此文胜质之弊，当注重言中之意，文中之质，躯壳内之精神。古人曰："言之不文，行之不远。"应之曰：若言之无物，又何用文为乎？①

胡适就是在一种不断否定的焦虑情绪中，思考中国文学并产生对之革新的念头。按此，实现从"文"（文与质的统一）到"文学"（形式与精神的统一）的转换，就必须首先沟通"文"（与"质"相对的）与"形式"，这是必要的前提和重要的环节。

"文胜质"一说出自《论语·雍也》："质胜文则野，文胜质则史，文质彬彬，然后君子。"此文质关系之议，本义是提倡内外兼修的君子人格修养，后来成为用于评论文学的一种参考。陈良运说："'文'与'质'，是古代的中国人使用得最广泛的两个审美观念，或者说，这是他们用来观照自然、社会与人的自身两个审美的'尺度'，他们又把这两个'尺度'运用到身外与身内的'建造'：大至国家的政治制度，小至个人的仪表与服饰。当他们在物质世界里对两个'尺度'运用自如之后，又用来在精神世界里进行'建造'，以'质'来评价人的气质、德性、才能、学识乃至政治信念与社会理想，以'文'来规范人的言语辞令乃至种种行为表现。而作为两种'内在的尺度'，在人的内心活动可以通过文字表现出来之后，便更多地用来指导精神的生产和评价精神的产品了。"② 王运熙也指出："以文质二字论文学，与用它们论人物、论政治社会有较密切的关系。"③ 可以说，"文"与"质"又是古人从各种审美活动中"升华"出来的概念，代表了人对一切对象外与内、显与隐、虚与实等不同层次的认识，它们大致相当于今人所说的"形式"与"内容"。但是两对范畴此种关系的达成，却有一个复杂的发生机制和对接过程。

---

① 　胡适：《友书·寄陈独秀》，《新青年》1916 年第 2 卷第 2 号。
② 　陈良运：《文质彬彬》，南昌，百花洲文艺出版社，2001 年，第 5 页。
③ 　王运熙：《中古文学批评史上的文质论》，见《中国古代文论管窥》，王运熙著，济南，齐鲁书社，1987 年，第 45 页。

理解这一问题的关键在于"文学之文"的自觉，简言之就是"文学"的自觉。在胡适看来，中国古人所说的"文"应该包括"应用之文"与"文学之文"。"文学之文"，虽然在古代就有这种观念，但它是直至近代因受到西方现代文学观念的影响才逐渐抽离出来实现真正独立的。具体地说，传统之"文"成为现代之"文学"是以"literature"为中介的。英文"literature"具有多重含义，凝聚了语义变迁的过程：从"一般著述"到"一般语言艺术"，再到 19 世纪半期才限于"高级语言艺术"，直至成为今天所说的"文学"。"文学"（*wenxue*）在古代最早是与"德行""言语""政事"并列的孔门四科之一，后发展出"文章、博学""文才、才学"的含义，或作为掌握学校教育、儒学的机构的名称，有时又作为官名，等等。把"文学"作为"literature"固定的汉译语，主要原因有两个：一是"literature"与"文学"意思的扩展范围正好相互重合；二是英、法在 17 世纪中叶产生了相比散文更注重韵文的文章结构的态度，18 世纪中叶又出现了重视"作者富于想象力"的价值观，而这种状况与中国文学传统中"始终保持的崇尚美文的态度基本对立"。① 胡适所接受的正是这样现代的"文学"观念，并将其用于批评传统的"文"的概念和落后的文学观念。他把批判的矛头直指"虽衡政好言革命，而文学依然笃古"②的南社，尽量列举南社诸人的不足。"尝谓今日文学之腐败极矣：其下焉者，能押韵而已矣。稍进，如南社诸人，夸而无实，滥而不精，浮夸淫琐，几无足称者。"③ 所谓"欲救此文胜质之弊，注重言中之意，文中之质，躯壳内之精神"（《友书·寄陈独秀》，1916 年），这也是针对南社诸人的创作而言的。"八事"的提出正因为有了南社这个批判对象从而具有了合法性。④ 简单地说，"文学革命"就是要求以现代的"文学"置换传统的"文"，从而实现文学观念的现代变革。

从现代"文学"观念史审视，"文的形式"这一提法包含了双重文化观念之间的矛盾。把"文"与"形式"两个本不属于共时形态的范畴进行并置，势必在文化上造成冲突。胡适恰恰就是利用这种话语机制，试图在具有异质性的语言或文化当中去凸显那种具有普遍（现代）意义的文学观念。提出"文的形式"，实际上就是预备在文化间性中开掘一条革新中国文学的新道路。《谈新诗——八年来一件大事》（1919 年）中对为何进行"文学

---

① 〔日〕铃木贞美：《文学的概念》，王成译，北京，中央编译出版社，2011 年，第 103～104 页。
② 钱基博：《现代中国文学史》，上海，上海书店出版社，2004 年，第 241 页。
③ 胡适：《友书·寄陈独秀》，《新青年》1916 年第 2 卷第 2 号。
④ 参见沈永宝：《"文学革命八事"系因南社而立言》，《复旦学报（社会科学版）》1996 年第 2 期。

革命"有如下交代：

> 我常说，文学革命的运动，不论古今中外，大概都是从"文的形式"一方面下手，大概都是先要求语言文字文体等方面的大解放。欧洲三百年前各国国语的文学起来代替拉丁文学时，是语言文字的大解放；十八十九世纪法国嚣俄（Hugo，按：今译雨果），英国华次活（Wordsworth，按：今译华兹华斯）等人所提倡的文学改革，是诗的语言文字的解放；近几十年来西洋诗界的革命，是语言文字和文体的解放。这一次中国文学的革命运动，也是先要求语言文字和文体的解放。新文学的语言是白话的，新文学的文体是自由的，是不拘格律的。初看起来，这都是"文的形式"一方面的问题，算不得重要。却不知道形式和内容有密切的关系。形式上的束缚，使精神不能自由发展，使良好的内容不能充分表现。若想有一种新内容和新精神，不能不先打破那些束缚精神的枷锁镣铐。①

显然，胡适对"形式"变革充满了期待。把"形式"作为革命"文学"的切入口，针对"文胜质"提出"八事"，从重形式的意象派那儿得到启发，以开启新文学的"形式"革命。胡适正是以这样的张扬"形式"的现代精神，主张革新"旧文学"的传统。而将此引入并用于批评中国文学之后，胡适又意在揭批中国文学传统的"言之无物"的重弊，明显又是把精神方面作为"文学革命"的重心。这种去"形式"的变化是十分耐人寻味的，需要我们对此过程进行细致梳理。

二、"精神"偏致

大致说来，胡适提倡"文学革命"经历了这样一个过程：孕育于留美期间，寄文至国内，在《新青年》发表《文学改良刍议》（1917 年），回国后同在此刊发表《建设的文学革命论》（1918 年），提出"建设新文学论"。在这一过程中，尽管打着"文的形式"的旗号，但是"形式"基本与"精神"（内容）并列使用，最终确立的是以"精神"而非以"形式"为"新文学"的总义。这最能从胡适"八事"的提出及历次罗列情况的变化中得到说明。

"八事"作为实行"文学革命"的八项条件，是胡适苦心研思的结果。

---

① 胡适：《谈新诗——八年来一件大事》，《星期评论》1919 年第 5 期。

胡适于 1916 年初与梅觐庄、任叔永就"要须作诗如作文"的问题进行"最激烈"的争辩。他在 2 月 3 日答梅觐庄的信后所写的札记中提出"三事"："略谓今日文学大病，在于徒有形式而无精神，徒有文而无质，徒有铿锵之韵貌似之辞而已。今欲救此文胜之弊，宜从三事入手：第一，须言之有物；第二，须讲文法；第三，当用'文之文字'（觐庄书来用此语，谓 prose diction 也。）时不可避之。"并指出，"三者皆以质救文胜之敝也"。① 此中之"质"当为"言之有物""讲求文法""须用文之文字"这"三事"，所谓"文胜"也就是指"无精神"之"形式"。此"三事"是后来所提"五事"之基础。胡适在寻得中国文学问题的解决方案后，于 4 月 13 日作《沁园春》，以表达当时的兴奋之情。这首词又陆续修改了 3 次，且在 4 月 17 日第三次改本后的自跋中说："吾国文学大病有三：一曰无病呻吟，……二曰摹仿古人，……三曰言之无物。……顷所作词，专攻此三弊。岂徒责人，亦以自誓耳。"② 与前答觐庄书所说不同，此跋专提"三弊"。除"言之无物"与前第一事相同之外，其余二事是新添的，这样"三事"扩充成了"五事"。8 月 3 日胡适作《尝试篇》，以表达实验主义文学观。至此，胡适关于"文学革命"的许多散漫思想汇集成一个系统。完整的"八事"在 8 月 19 日致朱经农的信中首次提出：

> 新文学的要点，约有八事：（一）不用典。（二）不用陈套语。（三）不讲打仗。（四）不避俗字俗语（不嫌以白话作词）。（五）须讲求文法（以上为形式的方面）。（六）不作无病之呻吟。（七）不摹仿古人。（八）须言之有物。以上为精神［内容］的方面。③

值得注意的是，在这里胡适明确标明（一）至（五）是"为形式的方面"，（六）至（八）是"为精神［内容］的方面"。在 8 月 21 日致陈独秀的信中，"八事"的次序也是如此，只是文字方面有微小变动，如把上述括号所标明的改为"此皆形式上之革命也""此皆精神上之革命也"。此信中还说："此八事略具要领而已。其详细节目，非一书所能尽，当俟诸他日

---

① 胡适：《日记（1915～1917）》，见《胡适全集》（第 28 卷），合肥，安徽教育出版社，2003 年，第 317 页。
② 胡适：《日记（1915～1917）》，见《胡适全集》（第 28 卷），合肥，安徽教育出版社，2003 年，第 356 页。
③ 胡适：《逼上梁山》，《东方杂志》1934 年第 31 卷第 1 期。

再为足下详言之。"① 这就是 10 月所写的《文学改良刍议》。当时胡适用复写纸抄了两份，分别寄给《留美学生季报》《新青年》两份杂志发表。此文对"八事"逐条进行解释，所列"八事"依次是：

> 一曰，须言之有物。二曰，不摹仿古人。三曰，须讲求文法。四曰，不作无病之呻吟。五曰，务去烂调套语。六曰，不用典。七曰，不讲对仗。八曰，不避俗字俗语。②

与前次提出的"八事"相比，这次有明显的变化：不仅删除了"形式"和"精神"两方面的注明文字，而且"八件事的次序大改变"，大致是将"精神"方面的三条置前，"形式"方面的五条置后，另外原属"形式的方面"的"须讲求文法"却置为第三条。显然，此时的"八事"已经不再遵从从"形式"到"精神"的逻辑排列，而是做了通盘处理，按胡适自己的说法，"这个新次第是有意改动的"③。

在《文学改良刍议》发表一周年之际，胡适发表了另一篇重要文章《建设的文学革命论》（1918 年）。在这篇"文学革命的最堂皇的宣言"④ 中，他首先把之前所主张的"破坏的八事"引来作为参考资料。不过这里所引的"八事"又指：

> 一，不作"言之无物"的文字。二，不作"无病呻吟"的文字。三，不用典。四，不用套语烂调。五，不重对偶——文须废骈，诗须废律。六，不作不合文法的文字。七，不摹仿古人。八，不避俗话俗字。

这里虽然沿用原来所说的"八事"，但是全部改用否定语气（"不"），而且二至七条的次序再次进行调整。胡适正是在这个"八不主义"的基础上进行重新总结，并归纳出四条："一，要有话说，方才说话。这是'不做言之无物的文字'一条变相。二，有什么话，说什么话；话怎么说，就怎么说。这是（二）（三）（四）（五）（六）诸条的变相。三，要说我自己

---

① 胡适：《友书·寄陈独秀》，《新青年》1916 年第 2 卷第 2 号。
② 胡适：《文学改良刍议》，《新青年》1917 年第 2 卷第 5 号。
③ 胡适：《逼上梁山》，《东方杂志》1934 年第 31 卷第 1 期。
④ 郑振铎：《文学论争集·导言》，见《中国新文学大系》（第 2 集）（影印本），赵家璧主编，上海，上海文艺出版社，1981 年，第 4 页。

的话，别说别人的话。这是'不摹仿古人'一条的变相。四，是什么时代的人，说什么时代的话。这是'不避俗话俗字'的变相。这是一半消极，一半积极的主张。"当然，该文的中心是提出"'建设新文学论'的唯一宗旨"，即所谓的"国语的文学，文学的国语"。"我们所提倡的文学革命，只是要替中国创造一种国语的文学。有了国语的文学，方才可有文学的国语。有了文学的国语，我们的国语才可算得真正的国语。国语没有文学，便没有生命，便没有价值，便不能成立，便不能发达。"① 至此，有关"新文学"的"形式的一面"与"精神的一面"完全被包含其中。这一"唯一宗旨"的提出，标志着胡适"转型意识的成熟"②。

综上所述，胡适先是将"形式"视为与"精神"（"内容"）相对的"文学革命"条件之一，后来将"形式"与"内容"两方面各条次序进行两次调整，并重点突出"精神"（"内容"）方面。《文学改良刍议》《建设的文学革命论》两文都是把"言之有物"置于首条。"物"即"情感""思想"，"为精神（内容）的方面"。但在致朱经农的信中，置于首条的却是属于"形式的方面"的"不用典"。这种情况表明"文学革命"的主体性条件发生了颠倒性的变化。尽管各次所提的"八事"中都保留了"形式的方面"，但是终究要依从"精神的方面"，"形式"仅仅只是一种策略性话语。正如陈均所说："在胡适的文学革命及新诗构想中，'内容与形式'之论虽为其视角，但其方案却分论之，一方面是在对象上重视'形式'，另一方面其目标是重视'内容'，以'形式'上的'新'达至'内容'上的'新'。"③ 显然，胡适具有自觉的"形式"意识，但是这种美感由于"文学革命"之于"精神"上的强大诉求而显得十分微弱。

另外，胡适在此时期似乎也十分忌用"形式"一词。除致朱经农的信之外，《文学进化观念与戏剧改良》（1918年）中有两处使用"形式"。其一："在社会学上，这种纪念品叫做'遗形物'（Survivals or Rudiments）。如男子的乳房，形式虽存，作用已失；本可废去，总没废去；故叫做'遗形物'。"其二："现在中国戏剧有西洋的戏剧可作直接比较参考的材料，若能有人虚心研究，取人之长，补我之短；扫除旧日的种种'遗形物'，采用西洋最近百年来继续发达的新观念，新方法，新形式，如此方才使中国戏剧有改良进步的希望。"④ 两处"形式"，一是指失去作用的，一是指与旧形式

---

① 胡适：《建设的文学革命论》，《新青年》1918年第4卷第4号。
② 胡明：《胡适思想与中国文化》，桂林，广西师范大学出版社，2005年，第148页。
③ 陈均：《中国新诗批评观念之建构》，北京，北京大学出版社，2009年，第158页。
④ 胡适：《文学进化观念与戏剧改良》，《新青年》1918年第5卷第4号。

相反的，都明显带有否定色彩。我们在胡适的其余文章中也几乎难以觅见该词，这个事实体现了胡适对"形式"一词使用的消极态度。

三、"文学"窄化

胡适对"文学革命"的提倡得到陈独秀、钱玄同、沈尹默、刘复、李大钊、鲁迅、傅斯年等人的积极响应。如陈独秀在《文学革命论》（1917年）中主张建设"国民文学""写实文学""社会文学"，而竭力排斥"贵族文学""古典文学""山林文学"。这是因为后三者有"公同之缺点"："其形体则陈陈相因，有肉无骨，有形无神，乃装饰品而非实用品；其内容则目光不越帝王权贵，神仙鬼怪，及其个人之穷通利达。所谓宇宙，所谓人生，所谓社会，举非其构思所及。"① 又如钱玄同在寄给陈独秀的信（1917年2月25日）中认为，胡适所陈观点"精美""为公言"，并盛赞"胡先生'不用典'之论最精，实足祛千年来腐臭文学之积弊"，同时他还对"八事"做了一些补充。② 这些见解都对胡适的主张起到了推进和深化的作用。当然，任何主张的提出都并非一帆风顺，有同情者，自然亦有反对者。如余元濬这样评价：

> 鄙意之最不敢表赞同如胡先生者，即其第三所列之"须讲文法"。盖以言语为"思想""情感"之代表。而文字又为言语之代表。我国文字之起源，有以异乎西人者。推其原因，亦根于二者不同之"思想""情感"耳。我国文字之所以向无文法之规就者，正所以表示我黄胄特种之"思想""情感"。即西人文字之有文法（Grammar），亦究竟不能在文字上占完全之地位。所谓"方言"（Idiom）者，亦起而占有其一部份之地位。况我国之方言，较之西人，更属繁琐乎。近时所出版之文法书（指我国现出版者言），大半属于强凑的，良以其规定之不易也。③

在"八事"中，胡适对"讲求文法"这一条的解释十分简约："今之作文作诗者，每不讲求文法之结构。其例至繁，不便举之，尤以作骈文律诗者为尤甚。夫不讲文法，是谓'不通'。此理至明，无待详论。"④ 而余元濬

---

① 陈独秀:《文学革命论》,《新青年》1917 年第 2 卷第 6 号。
② 钱玄同:《寄陈独秀》,《新青年》1917 年第 3 卷第 1 号。
③ 余元濬:《读胡适先生文学改良刍议》,《新青年》1917 年第 3 卷第 3 号。
④ 胡适:《文学改良刍议》,《新青年》1917 年第 2 卷第 5 号。

花了许多笔墨进行反对，主要理由是汉语具有自身的规定性。从语言的角度理解文法，本身并无不合理之处，但余氏在论证上陷入了循环。将语言的本质归于文字，而文字的内涵又归于"情感"与"思想"，实际上仍是胡适所说的"言之有物"。换言之，胡适所说的"形式的方面"被余氏当作了"精神（内容）的方面"。这亦表明：胡适所论具有强烈的"精神"指向，也是不接纳任何非革命性的"文学"言说的。关于此，陈独秀说得非常明确："今欲革新政治，势不得不革新盘踞于运用此政治者精神界之文学。"①

"文学"被设定为"革命"的一部分。在如何为"文学"立法的问题上，胡适还特别强调历史的视野。《历史的文学观念论》（1917 年）指出，一个时代的文学是不容被另一个时代抄袭的，因此"古文"是"古人已造古人之文"，"今文"是"今人当造今人之文学"。但从古今文学变迁之趋势看，又存在可"通"之处："白话之文学自宋以来，虽见屏于古文家，而终一线相承，至今不绝。"②可见，胡适一方面否定和批评"旧文学"，另一方面肯定和"发现"中国白话文学的传统。他把"文学"简单分成"新"与"旧"、"活"与"死"。所谓"文学革命"，就是要求从破坏"旧文学"入手，以建设"新文学"为目标。"新文学"相对于"旧文学"，前者是"活"的文学，而后者是"死的形式""死的文字"，是不能容纳"活的内容"的文学。《建设的文学革命论》（1918 年）指出："为什么死文字不能产生活文字呢？这都是由于文学的性质。一切语言文字的作用在于达意表情；达意达得妙，表情表得好，便是文学。那些用死文言的人，有了意思，却须把这意思翻成几千年前的典故；有了感情，却须把这感情译为几千年前的文言。"③在胡适看来，真正的文学应该与时代一起递进，且表现与反映一个时代的人的"情感"和"思想"，故建设"新文学"必须抛弃"旧文学"。但是作为"新文学"的"活文学"，又不是"空中楼阁"，它的建设必须利用"国语"。"国语的文学"是要使国语成为"文学的国语"，实现这一"根本的主张"就是"创造新文学"。对此，黄觉僧撰文《折衷的文学革新论》（1918 年）批评胡适之提倡"亦不无偏激之处"，主张"文以通俗为主，不避俗字俗语，但不主张纯用白话"的"折衷之说"。胡适则进行反驳，认为这是常人对他的意思的一种误解，因为他的要求首先就是"现在的中国人应该用现在的中国话做文学，不该用已死了的文言做文学"，等等。④

---

① 陈独秀：《文学革命论》，《新青年》1917 年第 2 卷第 6 号。
② 胡适：《历史的文学观念论》，《新青年》1917 年第 3 卷第 3 号。
③ 胡适：《建设的文学革命论》，《新青年》1918 年第 4 卷第 4 号。
④ 胡适：《答黄觉僧君〈折衷的文学革新论〉》，《新青年》1918 年第 5 卷第 3 号。

　　胡适所建构的"文学"是一个具有崭新内涵的现代新形象。大体看，这种对"文学"的想象是革命的、精神的，着重的是它的思想效益和理论建构，只是并未能够形成有效的创作实践策略。的确，胡适对作为审美艺术的文学有一些论见。如《再寄陈独秀答钱玄同》（1917 年）："适以为论文学者固当注重内容，然亦不当忽略文学的结构。结构不能离内容而存在。然内容得美好的结构乃益可贵。"① 又如答钱玄同的书信《论小说及白话韵文》（1918 年）："文学之一要素，在于'美感'。"② 再如《建设的文学革命论》（1918 年）："一切语言文字的作用在于表情达意；达意达得妙，表情表得好，便是文学。"③ 这些都是以艺术价值服务于社会功利需要为前提和基础的阐说。正如有学者指出的："文学革命在艺术判断上隐设了功能价值第一、艺术价值第二的前提。凡与改造社会的功能价值相一致的艺术价值，文学革命者是毫无保留承认的，与此不相一致者，是被有意无意忽略了，而如果被认为只能起消极作用，则一概绝对排斥。这样，对艺术价值的理解，出现了一种明显的窄化倾向。"因此，"文学革命是在传统的经世致用的逻辑基点上展开对文学的现代化追求的，而经世致用一旦找到具体方案，文学本身就不是最重要的了"。④ 表现在"新诗"提倡上，胡适既主张诗体解放和自由，又要求从旧体诗词汲取灵感。对此，有学者做了这样的评价："新诗的形式解放恰如一场贵族脱冕的狂欢，脱是脱下来了，但是刚刚脱下来，他们马上就感到还是穿上舒服一点，因为理论倡导是一回事，具体到创作实践往往会遇到一些意想不到的困难。"⑤ 理论与实践的脱节，亦表明"新诗革命"具有突出的"非诗性"："不是纯粹的文体革命，而是被严重地意识形态化（政治化）、世俗化（急功近利地实用化）的非诗的极端的文体运动，是利用了诗自身的文体革命潜能进行的政治体制改革和文化启蒙运动。"⑥ 胡适主张的"新文学"，表面上要求文学的形式的变革，实际上却是关于文学的内容、精神的变革。这种重精神轻形式的取向，是清末"诗界革命"的延续，它把文学推入更为功利化的轨道。它所造成的后果，必然是文学的范围日益变得狭窄，文学的艺术价值被边缘化甚至有被完全消除的危险。

---

① 胡适：《再寄陈独秀答钱玄同》，《新青年》1917 年第 3 卷第 4 号。
② 胡适：《论小说及白话韵文——答钱玄同》，《新青年》1918 年第 4 卷第 1 号。
③ 胡适：《建设的文学革命论》，《新青年》1918 年第 4 卷第 4 号。
④ 岑雪苇：《现代性迷误：从文学革命到革命文学》，《浙江学刊》1999 年第 6 期。
⑤ 魏继洲：《形式意识的觉醒：五四白话文研究》，北京，民族出版社，2011 年，第 134 页。
⑥ 王珂：《论新诗革命选择极端方式的原因及后果》，《汕头大学学报（人文社会科学版）》2003 年第 2 期。

随着"活的文学"转入"人的文学","文学革命"进入了另一个发展阶段。"五四"时期，反对对文学采用"新""旧"之称，要求以进化论重新解说的呼声高涨，于是产生了以"人"为本的"新文学"。这种把"文学"视为"人的文学"的主张得到了文学研究会同人们的积极响应。茅盾秉持综合表现人生的文学目的，声援写实主义。他致力于革新《小说月报》，发表《改革宣言》（1921年），提倡"为人生"的现实主义文学。[①]郑振铎宣称文学立于时代之前面，是改造人与地的原动力："惟有他能曲曲的将人们的思想与感情，悲哀与喜乐，痛苦与愤怒，恋爱与怨憎，轻轻的在最感动最美丽的形式里传达而出。"[②]与这种"为人生的艺术"论调相反，前期创造社奉守"为艺术而艺术"的主张。成仿吾在《新文学之使命》（1923年）中说："除去一切功利的打算，专求文学的全（Perfection）与美（Beauty），有值得我们终身从事的价值之可能性。而且一种美的文学，纵或他没有什么可以教我们，而他所给我们的美的快感与慰安，这些美的快感与慰安对于我们日常生活的更新的效果，我们是不能不承认的。"[③]郁达夫在《〈创造日〉宣言》（1923年）中说："我们想以纯粹的学理和严正的言论来批评文艺、政治、经济，我们更想以惟真惟美的精神来创作文学和介绍文学。"他痛恨"现在中国的腐败和政治实际，与无聊的政党偏见"，呼吁"真诚的精神和美善的心意"，以"自由"来开垦"世界人类共有的田园"。[④]这两个文学团体的主张，看似对立，其实仍都未摆脱内容与形式二元对立的思维惯性，只不过分别就其一元进行强调而已。"为人生"的"文学"所说的内容是"人生"，而"为艺术"的"文学"则是"人生的表现"，两者关于"文学"之本质的论述并无太大差别。实际上，文学艺术都是切身的、表现情感的，不可能完全和人生绝缘。正如徐复观指出的，艺术在本质上不存在"为艺术"还是"为人生"的分别，"真正伟大的为艺术而艺术的作品，对人生社会必能提供某一方面的贡献。而为人生而艺术的极究，亦必自然会归于纯艺术之上，将艺术从内容方面向前推进"。[⑤]可以承认，没有一种文学艺术能够超越时代，有的只是特定时代条件下的文学艺术。诚然，艺术具有独立性的一面，但是这并不意味着它可以祛除人性，远离人生、社会。即使那些"为艺术而艺术"的提倡者，也自觉地在"文学"的立场上进行调

---

① 茅盾：《改革宣言》，《小说月报》1921年第12卷第1号。
② 郑振铎：《〈文学旬刊〉宣言》，《文学旬刊》1921年第1期。
③ 成仿吾：《新文学之使命》，《创造周刊》1923年第2号。
④ 郁达夫：《〈创造日〉宣言》，《中华新报·创造日》1923年7月21日。
⑤ 徐复观：《中国艺术精神》，桂林，广西师范大学出版社，2007年，第32页。

整，这当是历史的要求与时代的造化使然。"文学革命"的推进，终而促使文学观念的集体式"转化"。确如钱中文等所言："'五四'前后时期的文学观念，由于主导意向在于建立思想一新的新文学，长期注重的是文学的他律问题。当文学革命转入革命文学的讨论后，文学的自律问题，自身方面的特征、问题，更是严重地被忽视了，文学开始在超越他律，向政教型文学转化。"①

第二节　"二徐之争"及现代主义命运

中国现代美术的发展，很大程度上得益于归国的美术留学生的推动。在"五四""写实"精神的召唤下，他们本着使中国的西画界产生"一个纯正的基调"的愿望而"本位努力"。②知识背景、理论立场、创作体验不一样，致使他们对写实性与表现性有各自的见解，引起纷争也是在所难免。观念差异、派别较量，在1929年发生的"二徐之争"中得到集中体现。这场论争以《美展》③为阵地，以徐悲鸿、徐志摩为主角，针对展览的具有现代主义性质的作品展开。徐悲鸿发表《惑》（第5期）、《惑之不解》（第9期）、《惑之不解（续）》（第11期），徐志摩发表《我也"惑"》（第5期）、《我也"惑"（续）》（第6期），另有李毅士发表《我不"惑"》（第8期）和杨清馨的总结《惑后小言》（第11期）。这些文章的主要内容，就是是否承认以塞尚（Paul Cézanne）为代表的现代派美术之价值以及现代派美术是否适合当时中国社会状况。展开的论争，尽管是在小范围之内，但是产生了积极的影响，"奠定了中国西画向多元化发展的基础，以后的诸多艺术观点和主张，都可以在这场论争中找到端绪"④。承前启后的意义，体现出这场论争的学术价值，值得我们从多方面进行评价。实际上，这场论争十分典型地反映出西方形式美学在中国的容受情况。"二徐"分别基于"写实主义"（写实派）、"现代主义"（后期印象派）的立场，致力革新、改

---

① 钱中文等：《自律与他律——中国现当代文学论争中的一些理论问题》，北京，北京大学出版社，2005年，第44页。

② 李超：《中国现代油画史》，上海，上海书画出版社，2007年，第200页。

③ 该刊由上海全国美术展览会筹备委员会编辑出版，全国美术展览会编辑组负责发行，主编是徐志摩、杨小蝶、杨清馨、李祖韩。8开8页，1929年4~5月共出版10期，另有第11期，为增刊。有关这次美术展览会的情况和研究，参见商勇：《艺术启蒙与趣味冲突——第一次全国美术展览会（1929年）研究》，石家庄，河北美术出版社，2015年。

④ 颜廷颂：《谈"惑"与"不惑"——1929年关于西方现代艺术的一场论争》，《艺苑》1993第4期。

造中国本土的艺术观念,却未能在形式美学问题上趋向一致。在 20 世纪二三十年代的中国语境中,形式论也不如表现论来得灵活,后者似乎更能体现艺术的审美功能和满足社会的功利需要。现代主义(广义的)在中国的特殊命运,由此可见一斑。

一、"尽形之性"

"二徐之争"是因徐悲鸿不愿参加首届全国美术展览会撰文而起,《惑》一文即为他"不参与盛会,并无恶意"的表白。"中国有破天荒之全国美术展览会,可云喜事,值得称贺。而最可称贺者,乃在无腮惹纳(Cézanne,按:今译塞尚)、马梯是(Matisse,按:今译马蒂斯)、薄奈尔(Bonnard,按:今译波纳尔)等无耻之作。"他用"庸""俗""浮""劣"等字眼分别否定马奈(马耐)、雷诺阿(勒奴幻)、塞尚、马蒂斯的作品;又称"美术之尊严蔽蚀,俗尚竞趋时髦",称法国现代派画家中,"多带几分商业性质"。他对引入如此之西方美术作品表示担忧,"不愿再见此类卑鄙昏聩黑暗堕落",同时又"不愿再见毫无真气无愿力一种 Art Conventionel 之四王充塞,及外行而主画擅之吴昌老"。他希望中国的艺术能够趋向光明正大的路途,发扬"非功利"的精神,而使一切买卖商人"无所施其狡狯"。[1] 对此,徐志摩在《我也"惑"》的回信中先是赞扬徐悲鸿,称他是现世上不可多见的"热情的古道人",且具有始终坚守"美与德"的艺术批评准绳的可贵精神;再是批评徐悲鸿,称他"谩骂"塞尚、马蒂斯是"意气的反动",是不合理的艺术批评态度,是一种不为历史认可的"偏见"。[2] 之后,徐悲鸿在《惑之不解》《惑之不解(续)》中又抓住徐志摩所说的艺术批评"真伪"问题进行了深入反驳,提出"形既不存,何云乎艺""智之美术""尊德性,崇文学,致广大,尽精微,极高明,道中庸""追索自然"等。[3] 这些文字极其笼统,却无不在表达写实主义的立场。

徐悲鸿是写实主义的坚定提倡者。"吾学于欧既久,知艺之基也惟描。"留学法国期间,他深入了解了欧洲传统绘画,加之受导师达仰(Dagnan)的影响,对学院派的写实技法十分推崇,特别喜欢古典主义画家,如在巴黎所编且在国内出版的绘集的序文(1925 年)中称赞普吕东

---

① 徐悲鸿:《惑》,《美展》1929 年第 5 期。
② 徐志摩:《我也"惑"》,《美展》1929 年第 5 期。
③ 徐悲鸿:《惑之不解》,《美展》1929 年第 9 期;徐悲鸿:《惑之不解(续)》,《美展》1929 年第 11 期(增刊)。

（Prudhon）的作品是"茹古典之精华，得物象之蕴秘"。①在与《时报》记者的谈话（1926年）中，他把西方形形色色的美术流派归纳为"写实""写意"两种类型，又把它们统一起来，视前者为后者的基础，后者为前者的理想。在此基础上，他把美术传统问题从欧洲转移到中国，强调从重"象"到立"境"都需要精细观察，并以此来判断艺术之高下。②《美的解剖》（1926年）关注中国美术的现代发展，希望以写实主义进行推动。其曰："必须重倡吾国美术之古典主义，如尊宋人尚繁密平等，画材不专上山水。欲救目前之弊，必采欧洲之写实主义。"③《在中华艺术大学讲演辞》（1926年）强调研究艺术务必"诚笃""观察精确"，要求把素描作为绘画表现的"唯一之法门"和向大师学习造型的方法，强调形色与神思。④总之，"写实"与"写意"在徐悲鸿看来都是具有古典性的。他将西方写实的古典性概念移植到中国，反对盲目创新、附庸新潮的浅薄做法。

徐悲鸿推崇欧洲近代的古典绘画，且借西返中，希望在中国古代绘画传统中寻找推进中国现代美术发展的资源。这种具有古典倾向的写实主义极易被误解，郑工称其为他的"迷误"或"矛盾之处"：

> 将"写实"视为一种手法，可以包容某些流派或主义；可将"写实"视为一种流派或主义，即"写实主义"（realism），却有了与其他流派或主义相异的美学特征。徐悲鸿既强调"写实"，又谈论"古典"，其概念多在手法与流派之间转换，而论其关系，则"古典"指的是写实主义的传统根源，那么，徐悲鸿的"写实主义"不就成了"古典主义"了吗？徐悲鸿知道两者之间的区别，他没这么说，但他所使用的概念逻辑上自然演绎出这么一个结论，而在他的创作中自然也会落入这种模式，成为古典式的写实主义或院体写实派。⑤

事实上，古典倾向的写实主义与现代主义并非格格不入，它们都追求现代价值。"现代"并非纯粹的时间性概念，而是代表一种与众不同的意识。从古典题材中寻找现代艺术理想，与现代派、现代主义的价值追求并无根本区别。"二徐之争"看似派别之争，实际是诉诸两种具有不同理

---

① 徐悲鸿：《悲鸿绘集》，上海，中华书局，1925年，序第2页。

② 《美术家徐悲鸿之谈话》，《时报》1926年3月28日。

③ 《徐悲鸿用无线电话演说美术》，《时报》1926年3月19日。

④ 徐悲鸿：《在中华艺术大学讲演辞》，《时报》1926年4月5日。

⑤ 郑工：《徐悲鸿的"古典"理想与写实主义》，《艺术百家》2014年第2期。

路的现代艺术风格。正如林文铮在《由艺术之循环规律而探讨现代艺术之趋势》(1929 年)中指出的,百年来欧洲艺坛变化不断,派别林立,但归纳起来不过是理想、写实两种精神相互倾轧,亦即"情感和理智之上下",如此而已。具体地说,写实主义艺术偏重"理性",理想主义艺术偏重"情感奔放"。这种情形,是"艺术演化之步骤"与"社会思潮之变迁"具有一致性的反映,故可以根据历代艺术的发展过程对艺术之必然趋势进行推测。[①] 艺术与时代思潮之间的密切关系不言而喻。从这方面看,徐悲鸿提倡写实主义,是对历史永恒观念的质疑和对道德价值的"反叛"。他真诚地呼唤"写实",或许使起步不久的中国美术变革面临险境,重新走上不求"形似"只重"主观"的末路的危险。但是,这对矫正迷乱的现代社会现状能够起到积极作用,从而成为一股调剂思想、安慰精神的力量。他宣扬写实主义,与他反对某些西方现代艺术,两者并不矛盾。此外,他的写实主义也深深影响了他的学生(吕斯百等)和当时的一批年轻人(董希文等),这也从一个侧面反映出这种主张在当时得到很大程度的认可。

明晓了徐悲鸿所提倡的写实主义,再去理解他在文中的具体表述就比较容易。徐悲鸿反驳徐志摩,称"真伪"不是"是非"的问题。他在《"惑"之不解》中说:

> 文艺上既有韵之一字,则无是非。同时又有一明字,则真伪应不容混淆。傀儡登场,不能视之为人。焉云不能定真伪?军阀政治,不得为共和。焉云不能定真伪?艺 Art plastigne 之原素,为 forme,色次之。果戆之不为弟弃者,以其形之存也。试问种种末斯之类(弟号之曰:人造自来派),何所谓形。形既不存,何云乎艺。[②]

此中的"Art plastigne"是法语,指"造型艺术"。"形",按其所示,是"原素"的意思,对应于同样是法语的"forme"。通常,该词汉译为"形式",且与本质(内容)构成一对范畴而被使用。其实,"形式"与"形"并非两个可以直接对等的概念。徐悲鸿把"形"与"艺"对举,将"形"作为"艺"的前提,即"形"存为先且"艺"依"形"而在。只是这个"形",并非我们通常所说的"形式",而是"形象"。如其在《美术联合展览会记略》(1927 年)中所说:"艺事之美,在形象而不在色泽;取色彩而舍形象,是

---

① 林文铮:《何谓艺术》,上海,光华书局,1931 年,第 96~97 页。
② 徐悲鸿:《惑之不解》,《美展》1929 年第 9 期。

皮相也。米开朗琪罗有曰：'佳画必近乎雕刻。'故务尽形之性，庶足跻乎华贵高妙之域；徒任色泽之繁郁，而放纵奔逸，是所谓浮滑，终身由之而不得入于道者：是无诚之果也。"① "尽形之性"就是"形既不存，何云乎艺"一说的来源。作为美术本位之追求，"尽形之性"不是追求表面、肤浅的东西，而是表现内蕴的东西。故这种写实主义仍注重内在体现，以追求内容化为艺术之理想。

　　显然，徐悲鸿的写实主义具有个性，是他个人的见解和立场。若想深入理解这一点，需要联系中国语境中的"写实主义"提倡背景。"写实主义"中的"写实"，就是如实地描写的意思。将"写实"作为观察世界的方法，进行艺术形象塑造，进而达到艺术真实，本是一种具有普遍意义的文艺主张。与此不同，"写实主义"是特定的概念，它是近代以来受新潮影响才出现的。所谓"今宜取欧画写形之精，以补吾国之短"（康有为《万木草堂藏画目》，1917 年）和"改良中国画，断不能不采用洋画写实精神"（陈独秀《美术革命》，1918 年），都是要求引入西方的写实精神进行创作，以免落入古人的窠臼。正是历史、时代呼唤一种写实精神，将其作为艺术革命的主张和衡量文艺是否具有进步性的标准。随着大批留学生引进西方绘画、西式美术教育，特别是西方写实绘画，中国画写实派应运而生。属于写实派的，是指那些"吸收了西方古典绘画的造型因素，即透视、解剖、光影等造型原理和手法的作品"②。所以，写实主义在中国的产生是艺术革新、社会改造的双重需要。在使用中，"写实派"总是与"理想派"（梁启超《小说与群治之关系》，1901 年；王国维《人间词话》，1908 年）、"罗曼派"或"表现派"（郭沫若《印象与表现》，1923 年）、"印象派"和"表现派"（丰子恺《新艺术》，1933 年）等一同出现。有与"理想主义"相对的"写实主义"（吕思勉《小说丛话》，1914 年）、"实际主义"（胡适《藏晖室札记·读白居易与元九书》，1915 年），还有称"古典文学"是"写实文学"（陈独秀《文学革命论》，1917 年）的，等等。③ "写实主义"一语本是用于对西方近代以来文艺发展阶段的一种概括。如愈之译述的《近代文学史上的写实主义》（1920 年）把近二百年欧洲文艺思潮的变迁划分为"古典主义""浪漫主义""写实主义""新浪漫主义"四个时代。其中的"写实主义"，又称"自然主义"，是 19 世纪中叶受科学的影响而兴起的，具有"科

---

① 徐悲鸿：《美术联合展览会记略》，《时事新报·学灯》1927 年 9 月 13 日。

② 邓福星：《20 世纪中国画的写实派》，《美术研究》1997 年第 4 期。

③ 参见俞兆平：《写实与浪漫——科学主义视野中的"五四"文学思潮》，上海，上海三联书店，2001 年，第 58~65 页。

学化""长于丑恶描写""注重人生问题"的特色。① 大体说,"写实主义"在中国有作为理论和方法的两种含义,且"写实精神""写实派""写实主义""实际主义",以及后来出现的"现实主义",都一脉相承,彼此之间是相通的。

"写实主义"从西方到中国已经发生了文化交错。中国本土化的"写实主义",在名称上除如上文所提及的之外,还有"自然主义""新写实主义"等多种。仅论及从"写实主义"到"新写实主义",紧随之而来的就是"形式"地位的严重动摇,甚至被抛弃使用。如丰子恺提倡一种西方的但又与之不同的"新写实主义"。他对中国艺术的未来有着诸多期许,写过两篇极为接近的文章,有些段落基本一致。一是《世界绘画的前途》(1934年),其中写道:"现在的绘画,向着'新写实主义'的路上发展着。新写实主义所异于从前的旧写实主义[十九世纪末法国 Courbert(库尔贝)等所唱导的]者,一言以蔽之:形式简明。换言之,就是旧写实主义的东洋化。"② 二是《艺术的展望》(1943年),其中写道:"故有人说:现在的艺术,向着'新写实主义'的路上发展着。新写实主义所异于从前的旧写实主义[十九世纪末法国 Courbet(库尔贝)等所唱导的]者,一言以蔽之:'单纯明快'。"③ 比较发现:发表时间相差近十年的两段文字有一个明显的变化,这就是在段末把"形式简明"改成"单纯明快"。略去"形式"二字,此改法颇耐人寻味。此外,"写实主义"由于从"自然主义"发展而来,故又称得上广义的现代主义,具有与"印象主义"一样的反传统特质。当代画家吴冠中说:"印象主义破坏了旧传统的形,那种抄袭自然的轮廓的形,塞尚试从这废墟上建筑现代化的形式感的大厦,是艺术的大厦,人类智慧的发展中需求的大厦,不再是自然物像的翻版。这是现代绘画的起点。"④ 可见"形"是传统的,"形式"是现代的。徐悲鸿坚持写实主义,固执使用传统的"形"而避用现代的"形式"概念。这种古为今用的重写方式难免造成话语冲突,引发误解,显然不如徐志摩的现代主义话语直接。西方现代派艺术是"形式"的艺术,以塞尚美术为代表,而徐志摩就是塞尚的知音。

二、"塞尚"之惑解

有意味的是,徐志摩并不直接批判徐悲鸿的写实主义,而是着重宣

---

① 东方杂志社:《写实主义与浪漫主义》,上海,商务印书馆,1923年,第2页。
② 丰子恺:《世界绘画的前途》,《前途》1934年第2卷第6期。
③ 丰子恺:《艺术的展望》,《文学修养》1943年第2卷第1期。
④ 吴冠中:《印象主义绘画的前前后后》,《美术研究》1979年第4期。

传现代主义。他在《我也"惑"》中赞赏徐悲鸿直言不讳、单刀直入的批评风格和"不轻阿附"的气节。但让他"惑"的则是徐悲鸿对塞尚、马蒂斯的谩骂似乎过于言重，并把这种谩骂类比于罗斯金痛骂惠勒斯、托尔斯泰否认莎士比亚与贝多芬。在他看来，塞尚、马蒂斯的画风被中国画家效仿，"那是个必然的倾向，固然是无可喜悦，抱憾却亦无须"。他还指出，塞尚在现代画术上正如罗丹在雕塑术上的影响，是早已不容否认的事实。对于徐悲鸿所指责的现代派画家"藉卖画商人之操纵宣传，亦能震撼一时"，他则为塞尚毫无保留地辩护："金钱的计算从不曾羼入他纯艺的努力的人，塞尚当然是一个……塞尚足足画了五十几年的画，终生不做别的事。"[1]在给现代派的辩解中，他还谈及艺术的评价标准问题。他在《我也"惑"》（续）中说道："技巧有它的地位，知识也有它的用处，但单凭任何高深的技巧与知识，一个作家不能造作出你我可以承认的纯艺术的作品。"他更是从艺术本体出发进行反驳："我们不该因为一张画或一尊象技术的外相的粗糙与生硬而忽略它所表现的生命与气魄。"[2] 对以塞尚、马蒂斯为代表的现代派之推崇，无不显示出徐志摩与徐悲鸿迥异的美学态度。

徐志摩撇开徐悲鸿所说的国画问题，花了大量笔墨评论以塞尚、马蒂斯为代表的现代派画家。现代派，一般指的是 19 世纪中后期以来在西方出现的一股艺术思潮，包括印象派、后期印象派、野兽派、表现派、立体派、未来派、达达派、超现实派、抽象派等等。这些流派接踵而来，更迭极快，故有了"现代派"这个统称。其中野兽派创始人是马蒂斯，其绘画风格如其画名《豪华、宁静、欢乐》（1904 年）。徐志摩只是对他补充评说，把重点放在对塞尚的评价，其中不乏溢美之词。塞尚是后期印象派的代表，被誉为"发现'形式'这块新大陆的哥伦布"[3]。他探索通过一种永恒不变的形式对自然进行表现，十分注重表现物象的厚度、画面的深度和物体之间和谐的程度，甚至放弃个体的独立和真实性。与那种将印象固定、依靠线条表现的印象派不同，他自觉运用色彩及形体表现性因素，从而达到抒发自我感受和主观感情的目的。静止、色彩、体量和和谐，这些构成了塞尚美术的形式美学特点。罗杰·弗莱（Roger Fry）在《塞尚及其画风的发展》（1927 年）中高度评价并命名了以塞尚为代表的"后期印象派"。留学英伦期间，徐志摩不仅结识了罗杰·弗莱，而且从他那儿得到"启迪性

---

① 徐志摩：《我也"惑"》，《美展》1929 年第 5 期。
② 徐志摩：《我也"惑"》（续），《美展》1929 年第 6 期。
③ 〔英〕克莱夫·贝尔：《艺术》，马钟元、周金环译，北京，中国文联出版社，2015 年，第89 页。

影响",把塞尚作为"人生追求的标杆"。[①]他把塞尚、凡·高等名家的套版印画片带回国内,并大力宣传这些新派画家。在这场论争中,他对塞尚毫不吝啬的赞美,虽然显得偏激,但是绝非盲目胡来、意气用事。对此更加清楚的认识,需要我们置之于"塞尚在中国"的特定情境。

在"二徐之争"之前,西方印象主义作品已在中国流传,对塞尚美术的译介也已逐步展开。这里就不得不提同样参加了此次美展的刘海粟。事实上,他比徐志摩更早地意识到后期印象派的独特风格,对塞尚美术备加推崇。受到从欧洲留学回来的蔡元培的鼓励,他坚定地把印象派、后期印象派作为重点研究的范围。1919~1920年,他两次赴日本考察参观,回国后发表许多阐扬新兴艺术的文字,编译《米勒传》和《塞尚传》(1920年),并出版《日本新美术的新印象》(1921年)。《美术》杂志第3卷第1号(1921年)"后期印象派专号",收入他的《塞尚奴的艺术》和琴仲的《后期印象派的三先驱者》、吕澂的《后期印象派绘画和法国绘画界》、俞寄凡的《印象派绘画和后期印象派绘画的对照》等四篇文章。他称塞尚(塞尚奴)的最大特长就是"能使心灵和自然调和成功的团块,处处发现他解去旧思想的束缚,戛戛独造",还赞他"实在是艺术界中的大师"。[②]足见他对塞尚的评价之高。在此种背景下,他清醒地意识到中国本土新艺术观念的缺乏,自觉地展开中西美术的比较,开始转向研究中国传统。如《石涛与后期印象派》(1923年)称,后期印象派是"悉本其主观情感而行",是"表现的""综合的""有生命的",而这些与石涛《画语录》的思想"完全契合","其画论,与现代库存新艺术思想相证发,亦有过之而无不及"。[③]这个"发现",显然出自一种民族文化自信心。他对中国美术现状始终存在一种危机感,要求"急起直追去从事艺术活动",以改变中国美术不如日本、西方美术的"后退"现象。然而,他所崇尚的西方现代艺术观念,竟然在三百年前的石涛那里就已经存在。可以说,他在20世纪20年代形成的"艺术生命表现""中西艺术合璧"等观点,都受到后期印象派的激发。经他的不断译介和宣传,加上他本人作为西画派在国内画坛的影响,使得"塞尚"在中国有了相当的知名度,为时人进一步接受和传播塞尚美术观念奠定了基础。不仅如此,一些从事传统绘画的美术家,也能从包括后期印象派在内的西方现代派当中得到启示。如陈衡恪在《文人画之价值》(1921年)中借用最近西方画坛派别现象,谈论文人画思想的演进有一个

---

① 田丰:《诗与画的联姻——徐志摩与西方后印象派绘画》,《嘉兴学院学报》2012年第2期。
② 刘海粟:《塞尚奴的艺术》,《美术》1921年第3卷第1号。
③ 刘海粟:《石涛与后期印象派》,《时事新报·学灯》1923年8月25日。

从"形似"到"实质"的阶段，并以此体现中国文人画的特殊意义。所以，将塞尚美术引介到中国，并不是一个纯粹的知识传递事件，而是在中国本土文化中寻求现代认同的契机和实践。这是对新文化运动时期"合中学而为画学新纪元"（康有为，1917 年）、"美术革命"（陈独秀，1918 年）等主张的一种自觉回应。徐志摩大力推介后期印象派的塞尚，与徐悲鸿将西方写实绘画引入中国的行为，都是为了改变传统文人画以及因循守旧的绘画现象，两者异曲同工。正如有学者评价的："他们都认为自己发现了历史命运或者人本身，并且在自己的实验田里实践他们的理论。"①

现代意义上的"形式"是一个有关审美自律性的概念，唯有对此有敏锐眼光、自觉意识的人才能洞察到，汪亚尘便是其一。他的金鱼画将西方印象主义方法与国画的笔意结合起来，别开生面，艺术价值很高，堪称经典，这在很大程度上归功于对形式美学的注重和不断思考。1921 年从日本留学归来后，他在《时事新报》《东方杂志》《申报》《美术》等报刊上发表大量艺术评论，探讨各种"艺术"问题，其中就包含了这方面的真知灼见。《所谓艺术家》（1921 年）指出，"纯正艺术"来自艺术家"专一的艺术欲望"和"热情的情感"，于是呼吁"中国的塞尚"早点出现。②《艺术和鉴赏》（1923 年）指出，有一类欧洲画家"依直接的感兴去探究自然"。其中的这段话颇有先见："单凭形状、色彩、构图、笔触上领会的，没有什么画题。……他们从广阔的意义上观察技巧，又从快感的团块（Mass）上看出美感，制作方面看到的构图、轮廓、明暗的色调等等……全然用直截爽快的感觉去描写，没有什么议论、伦理、哲学、物事、时间、数目等等的拘束；单像沉醉那样感觉到一时的愉快，充满到画面上去。"③《艺术和社会》（1924 年）指出，"美"和"情感"是艺术的要素。"艺术所追求的，是形式和精神上的美，……由艺术可以常常得到美的陶醉，可以救我们出世间的烦恼而入于快乐之境，得着享乐的生活"；"艺术上有外观和内容，外观的就是美，内容的就是情感，换句话说：美的要素是外延的，情的要素是内在的。"④ 在 20 世纪 20 年代，能够像他这样注意到"形式"且有明确"形式"意识的，并不在多数。即使是徐悲鸿，他将塞尚美术的"止"贬损为"止于浮动"，不能理解现代艺术的"未完成性"，更未能参透西方现代艺术的"截断之法"和"经营置位"，而对石涛绘画的平面构成、线条韵律也视

①　封钰：《"美术革命"语境中刘海粟的先驱意义》，《美术》2018 年第 4 期。

②　汪亚尘：《所谓艺术家》，《时事新报·艺术周刊》1921 年 4 月 6 日。

③　汪亚尘：《艺术与赏鉴》，《时事新报·艺术周刊》1923 年 10 月 14 日。

④　汪亚尘：《艺术与社会》，《时事新报·艺术周刊》1924 年 6 月 29 日。

而未见。他推崇欧洲 19 世纪的历史画、人物画，只是抱着师夷之长以唤起民众、救国图存的宏愿。

塞尚的技巧、手法看似稚拙，给人一种十分特殊的感觉，殊不知，这是艺术主观强烈、高深到一定程度才能达到此地步的体现。通常的审美习惯，就是重视精神感觉的时候，往往会忽视形式所带来的美感。如何品评艺术的美，这是一个艺术批评的问题。蔡元培并未直接表明自己介入了这场论争，但他发表在《美展》第 7 期的《美术批评的相对性》（1929年）显然有所针对。他指出，所谓的"有目共赏"并非普遍的。"习惯与新奇""失望与失惊""阿好与避嫌""雷同与立异""陈列品的位置与叙次"等影响批评效果，"一时的批评，是相对的而非绝对的"。同样的美术作品，并非人皆共赏。所以，"批评"也并非"单凭经验""纯恃主观"，而是一种理性行为。[①] 从注重美术普及的美育角度立论，反对将美术批评问题简单化，这亦具有明显的警告意味。"远看西洋画，近看鬼打架"这类谐说的出现，根本原因在于民众对于初入中土的印象主义美术缺乏正确的理解。西方现代派艺术是艺术观念发展的自然结果，内蕴着形式美学现代演化的逻辑。只有对西方美学的"形式"传统有深入领会，才能进一步洞察到西方艺术的现代特征。"形式"问题绝非简单易解，对形式美学的追求也并非易事，在西方如此，在中国亦如此。在 20 世纪 30 年代的中国出现的现代艺术运动潮流中，决澜社是最具代表性和影响力的社团之一，对现代艺术的精神与形式之追求也极为纯粹。然而，它的历史十分短暂，从1930～1935 年仅仅存在五年时间，在举办第四次画展之后便自行解散。追求"形式"却止于"形式"追求，或许这是在时代这尊巨人面前一种无奈的现实。

三、"表现"取向

徐悲鸿婉拒徐志摩的邀请缺席美展，认为法国现代派画家多带几分商业性质，且引入它对中国美术改革并无益处。而徐志摩认为，不应该因为外相的粗糙而忽略现代派美术所表现的生命与气魄。两人各执己见，似乎不可调和。最早对他们的意见不合进行评判的是李毅士。其发表的《我不"惑"》指出，徐悲鸿是"艺术家"的态度，是主观的，而徐志摩是"评论家"的口气，相对理性，所以两人"讲不拢来"。[②] 据此，许永宁做了进

---

① 蔡元培：《美术批评的相对性》，《美展》1929 年第 7 期。
② 李毅士：《我不"惑"》，《美展》1929 年第 8 期。

一步分析，认为"不仅来自二徐的身份与立场的一种错位，更重要的是隐匿在其后的对'艺术'与'美术'概念的含混认识所导致的分歧"。[①]应当说，这种分析是切合的。20世纪20年代，中国美术界思想活跃、观念庞杂，派别众多。其中，推崇、学习油画的并不在少数，形成了所谓的欧洲派（刘海粟、徐悲鸿、林风眠等）和日本派（陈抱一、丁衍庸、关良、倪贻德、刘狮、徐咏清等）。两派由于师法不同，因此追求不同的艺术风格，于是要求在中国本土范围内寻找一种相应的实践土壤，这表明彼时中国油画已发生了"从写生中心向风格多元的历史转型"。[②]此种变化也并不适合被某种"思潮"或"主义"来概括和反映。从实际情况看，"表现"被普遍地用于说明文学、艺术的本质和特征，是一种更为通行的说法。故从"表现"（表现派、表现论、表现主义等）这一视角可以进一步审视"二徐之争"。

艺术具有创造性。突出这种特点，就需要把它与"表现"联系起来看待。意大利美学家克罗齐提出直觉说，把"艺术"与"直觉""创造""表现"直接等同起来。宗白华也承认艺术是创造的观点。《美学与艺术略谈》（1920年）指出，艺术是"自己表现"，即"艺术家底理想情感底具体化，客观化"。[③]用"表现"反映艺术的内在特质，这是中西美学家的共识。历史上把它作为体系中的核心概念的，首推德国表现派。该派特别强调艺术是"精神"而不是"现实"，是"表现"而不是"再现"，故竭力主张"主观现实"。这种表现论，不仅改变了西人对美术的看法，而且对世界美术观念的发展产生了深刻影响。"五四"以来，西方的现代主义理论和各种流派蜂拥而入，表现主义成为一些文艺社团、理论流派的主张和依据。如创造社，就是主张一种"自我表现"论。郭沫若在《印象与表现》（1923年）中认为，"表现"不同于"印象"，表现是"把自然的物象，如实地复写出来，惟妙惟肖地反射出来"，而印象是"把自我的精神运用客观的物料"的"自由的创造"。[④]他把自然主义、写实主义都归入印象主义范畴，从而显示出"为艺术"的艺术论旨趣。如文学研究会，主张"为人生"的文学表现，强调用艺术的方法表现人生。茅盾（沈雁冰）在《自然主义与中国现代小说》（1922年）中认为，"自然主义"追求文学的"表现"作用，"一方面要表现

---

① 许永宁：《概念的含混与争论的错位——1920年代"二徐之争"的一种再考察》，《绵阳师范学院学报》2018年第6期。

② 李超：《中国现代油画史》，上海，上海书画出版社，2007年，第104页。

③ 宗白华：《美学与艺术略谈》，《时事新报·学灯》1920年3月10日。

④ 郭沫若：《印象与表现——在上海美专自由讲座演讲》，《时事新报·艺术》1923年12月30日。

全体人生的真的普遍性,一方面也要表现各个人生的真的特殊性"。[①]他虽然对"自然主义"有些微词,但总的说来肯定了它的求"真"精神,因为这对中国现代小说的发展具有借鉴意义。两大社团都不排斥使用"表现"这样的用语。此外,汪亚尘的说法更为极致。他在《论创作的艺术》(1925年)中指出,艺术之创作是"作家全人格之反映",不用说现代派探索"表现之道",即使是"努力于美之再现"的写实派,也是"把人格之表现,当做唯一的目的"。他甚至把"表现"推向极端:"艺术的绝顶并不是美,而是表现!美,不过是属于表现而起的现象而已。"[②]可见,"表现"是一个包容性极强的概念。凡文学、艺术皆是表现,这样理解并无不妥。

把艺术作为表现,它的基础仍在对"自然"的理解。西方之所以产生如此多样、复杂的现代派艺术,都是因为从自然中得到了灵感。对自然的形象、色彩、构成的注重,分别形成"忠于自然"的写实派、"服从自然"的印象派和"绝对不服从自然"的表现派。三派的形成都起于对自然的观察,只是表现的形式不同而已。徐悲鸿把"追索自然"作为"美术之大道",反对现代派标新立异,斥责法国印象派之后的现代诸流派之作"无耻",故又提出"智之美术"。徐志摩眼中的塞尚也是一个重视自然表现的艺术家。他认为,形式是艺术最基本的表达元素,塞尚的作品最切合以形式表达"自然"这一理想。两人分别推崇的写实主义、现代主义都强调表现自然。显然,这也是表现主义的应有之义。《牛津艺术词典》(1988年)这样解释:"(表现主义)这个术语在艺术史和艺术批评中应用于那些反叛传统的自然主义观念,赞同通过形式或色彩的变化和夸张强化艺术家的情绪表现的艺术。在宽泛的意义上,该术语可以用来描述任何时期或地域中那些把强烈的主观反应提高到对外部世界观察之上的艺术。"[③]表现的问题包含形式的问题,且贯穿艺术活动始终,故表现是艺术的共性,作为它的过程、产物或技巧皆可。"表现"的艺术论是一种非常实用的艺术主张,可以指主观地表现自然、人生、社会生活的思潮、理论,又可以作为与"写实"的艺术论对立的创作方法,因此使用起来比较灵活。

艺术表现也事关艺术未来和时代发展。林风眠在《东西艺术之前途》(1926年)中指出:"西方艺术,形式上之构成倾于客观一方面,常常因为形式之过于发达,而缺少情绪之表现。……东方艺术,形式上之构成,倾

---

① 沈雁冰:《自然主义与中国现代小说》,《小说月报》1922年第13卷第7号。
② 汪亚尘:《论创作的艺术》,《时事新报·艺术周刊》1925年3月19日。
③ 转引自徐行言、程金城:《表现主义与20世纪中国文学》,合肥,安徽教育出版社,2000年,第9页。

于主观一方面。常常因为形式过于不发达，反而不能表现情绪上之所需求。"他还认为，艺术都是"人类情绪冲动"的"形式表现"，不同的只是寻求表现的形式在"自身之外"还是在"自身之内"的差别，故相异而各有长短的东西艺术应沟通和调和。① 这里从表现、形式的角度比较东西方艺术的差异，从融合的视野指明了中国艺术前进的道路，是一种典型的折中派（或融合派）观点。"五四"以来在引进西方艺术和改良中国画的问题上的立场，除此之外，还有西化派（或改良派）、国粹派（或传统派）。三派虽然在现代美术观念上有分歧，但是都坚持中国本位观，致力于促进中国艺术的现代发展。从"二徐"所关注的具体对象看，徐悲鸿兼及中国画和油画，而徐志摩只论及油画。他们虽非直接针锋相对，但起码都关注油画。而这个"油画"，其实是"中国的油画"，指向的是西画中国化的问题。面对涌入的各种西方现代美术流派，接受者总会形成一种中国本土的视角，而这种视角又必将随着时代的变化而得到加强。20世纪30年代以来，中国美术界依然存在诸多论争，但是已经集中到艺术功能问题上。相应地，艺术表现论发生了从本质论到特征论的明显转向。把"表现"属性提升到特征论，可以把"写实""再现"等概念纳入进来，如此艺术表现论就被统一为艺术认识论。显然，单纯的表现论已经不适合时代的发展，"写实主义"亦已演变为"现实主义"，并成为主流。于是，对"内容与形式"的理解就有了诸如"内容是形式的内容，而形式是内容的表现"的说法。② 依此看，"二徐之争"正好处在这个"转向"过程中的关键位置，因此具有过渡意义，成为具有标志性的艺术事件。

综上所述，这场针对展览的具有现代主义性质的作品的"二徐之争"，表面上无关"形式"（至少并未在文中出现"形式"一词），却处处藏有形式美学的玄机。形式美学是关于形式的美学研究。中国的形式美学，在近代以来受到西方形式美学的严重影响。无论是"形式美学"还是"形式"，它们都不是土生土长的概念，而是外来的产物。它们从异域进入中土，经历了一个逐步接受的过程，而此中伴随着对理论的先行理解、汉译方式的选择、非艺术因素的干扰等，产生"误读"是必然的。如这次论争中并未

① 林风眠：《东西艺术之前途》，《东方杂志》1926年第23卷第10号。
② 参见徐行言、程金城：《表现主义与20世纪中国文学》，合肥，安徽教育出版社，2000年，第6～10页。

注意到塞尚美术产生世界影响的古典倾向和东方因素。^① 另外，徐志摩以一种委婉的方式劝评徐悲鸿，多少消解了这场论争的激烈程度。两人未能直接利用"形式"话题展开对话，事实上这的确是难以达成的。在 20 世纪二三十年代的中国语境中，艺术形式论无法与艺术表现论、艺术功能论和艺术认识论等量齐观，也没有这种话语存在的足够空间。"形式"概念及形式论被遮蔽的情况，是西方形式美学在中国艰难容受的体现，更是中国形式美学发展之曲折的反映。

第三节　"文学的美"：诗意的规训

中国美学在 20 世纪 30 年代中后期进入了理论探索时期。各种国外美学对中国美学建设起到了积极的促进作用，其中马克思主义美学成为一股革命性、主导性的力量。但是，在中国真正确立马克思主义美学，需要学人的不断努力，特别是需要与各种对立力量进行较量。周扬就是这样的一位积极传播马克思主义美学，致力建设"新美学"的自觉者。1937 年，围绕"文学的美"的问题，他与梁实秋、朱光潜展开论辩，尤其对朱光潜观念论美学进行大力挞伐。这次论争持续了半年时间，共产生了四篇文章。1936 年 12 月 9 日，梁实秋写了《文学的美》一文，并发表在 1937 年 1 月 1 日《东方杂志》新年特大号上。2 月 22 日，朱光潜在《北平晨报》发表《与梁实秋先生论"文学的美"》。2 月 25 日，梁实秋同在该报发表《再论"文学的美"——答朱光潜先生》。^②6 月 15 日，周扬在《认识月刊》创刊号上发表《我们需要新的美学——对于梁实秋和朱光潜两先生关于"文学的美"的论辩的一个看法和感想》，对这场论辩进行总结性批评。正如马驰评价的："周扬在这里是试图用马克思主义的认识论来解释美的问题，来厘清内容与形式的关系问题。"^③ 从"形式"概念演变来看，这一场争论具有

---

① 当代学者王天兵呼吁"艺术应该回到塞尚，回到庄子"。他认为，塞尚在西方现代艺术家中是"最为特殊"的一个，抛弃了西方古典艺术的俗见之美、模仿之美，而追求东方式的道极之美、表现之美。这种"抽出时代性、跳出历史序列、回避技术含量"的特点，改变了西方艺术的美学标准和传统向度，显得十分神秘。故仅从西方艺术史的角度很难读懂他，而必须借助中国文化，从东方视点来检视。（见《华美狼心》，王天兵著，北京，东方出版社，2008 年，第 80～103 页）
② 《文摘》1937 年第 1 卷第 2 期转载了梁实秋的《文学的美》，《月报》1937 年第 1 卷第 4 期同时转载了梁实秋的《再论"文学的美"——答朱光潜先生》和朱光潜的《与梁实秋先生论"文学的美"》。
③ 马驰：《艰难的革命：马克思主义美学在中国》，北京，首都师范大学出版社，2006 年，第 179 页。

转折性意义。特别是周扬的观点和立场，以"形象"（image）替代"形式"（form），具有"去形式"倾向，表明"形式"这一外来概念在经过长时间的本土化实践之后，已显示出本土气息。然而，把本具有诗意的"形式美"规训为内容化的"形象美"，强调社会生活的历史化，又预示"美学"（周扬称为"艺术学"）在中国必将经受特殊的时代考验。

一、"形式"限度

梁实秋是这场论争的发起者。他在《文学的美》中提出了富有深意的问题："文学的美究竟是什么？""美在文学里占什么样的地位？"这两个看似分离的问题，实际上是相互关联的。"文学的美"既是"文学"的问题，又是"美"的问题。对于"美是什么"这个"形而上学的永远纠缠不清的难题"，他抛开了一切前见，只依"常识判断"，并将其置换成"什么是文学的美的条件"。他从克鲁契（按：今译克罗齐）直觉论中的"指陈艺术不是'物质的事实'"出发，认为要讨论什么是文学的美，只能够从文字上着眼，这是其一。其二，如果要在文学里寻找美，那么这个美大致讲来不外乎图画美、音乐美，可是这两种"美"在文学中又是"有限度的"。他承认文学里面的美，但又认为美在文学里面只占一个次要的地位，即它是不重要的，因为思想和情感才是文学里面两个重要的成分。至于美在文学里的地位，他又这样说："他随时能给人一点'美感'，给人一点满足，但并不能令读者至此而止；因为这一点满足是很有限的，远不如音乐与图画，这一点点的美感只能提起读者的兴趣去做更深刻更严肃的追求。"[①] 总之，"文学的美"无论是在内容上还是在效果上都是有限的。

梁实秋回答这两个问题，正是把文学看作一种特殊的对象，即"有机的整体"。他否认美学与文学的相通，认为美学的原则往往可以应用到图画、音乐上，就是不能够应用到文学上去。文学与图画、音乐等艺术类型有区别，主要表现在文学是以文字为媒介的。因此，"文学的美"只能从"文字"上找具体的例证。诚然，"文字不是文学"，但是"文字是文学的形体，离开了形体文学便不能存在"；而"文字"这种符号经过适当的选择与编排，便能产生"图画美""音乐美"。"我们在读文学作品的时候，我们首先感觉到它的音节，例如字音的清浊、尖圆、平仄、急徐、宽窄，在我们的听觉上都有其各别的激刺。就作品的整个而论，其腔调节奏之抑扬顿挫，其韵脚、韵首、双声、叠韵之重复和谐，亦均能给读者以一种听

---

① 梁实秋：《文学的美》，《东方杂志》1937年第34卷第1号。

觉上的快感。"承认"文学的美"的存在，但是这种存在又不是文学客观具有的，它必须借助图画、音乐才能实现。另外在谈到"文学作品的美"时，他列举了小说的结构，戏剧的布局，辞赋律诗八股文的排比、对偶，还有外国文学中的"双关语"（pun），认为它们都能够给读者带来美的、妙的、快感的或情趣的美感。

梁实秋肯定文学的美的形式的存在，又承认它必然与思想、情感等内容有机统一，这是一种"有限"的文学形式观。他在《文学的纪律》（1928年）中说道：

> 形式是一个限制，唯以其能限制，所以在限制之内才有自由可言。形式的意义，不在于一首诗要写做多少行，每行若干字，平仄韵律等等，这全是末节，可以遵守也可以不遵守，其真正之意义乃在于使文学的思想，挟着强烈的情感丰富的想像，使其注入一个严谨的模型，使其成为一有生机的整体。①

这种"文学有机论"看似辩证，实际上具有偏执性。正如庄锡华所评价："梁实秋的文学观一是倾向于人生，一是强调审美的形式规范，由此两点，他对左翼文艺脱离审美的虚假浪漫主义自然是极度不满，也许因此而表现出理性的偏执。"② 梁实秋几乎完全以一种道德的标准衡量"文学的美"。他认为，"美"并不是单纯的形式，文学的"美"统一于"好"之中。因此，徒有"美"而无"好"的"文学"，便不是真正的"文学"。诚然，"文学的美"是"形式"的，但根本上是"道德"的。他如此偏执于"文学的美"的问题，就是要在道德的框架中寻求文学的一种独立价值。

"美"常常被用来描述文学的特性，其本身其实是一个十分抽象的概念，对它的理解因人而异，"文学的美"亦如此。胡适在致钱玄同的函（1920年10月14日）中回答了"什么是文学"："语言文字都是人类达意表情的工具；达意达的好，表情表的妙，便是文学。"他一方面承认怎样才是"好"与"妙"是"很难说"的，另一方面提出了文学有三个"要件"："第一要明白清楚，第二要有力能动人，第三要美。"而所谓的"美"就是"'懂得性'（明白）与'逼人性'（有力）二者加起来自然发生的结果"。他不仅强调文学的语言及其作用，而且把"美"与"好"连缀在一起，即认为"美

---

① 梁实秋：《文学的纪律》，《新月》1928年创刊号。
② 庄锡华：《常态人性与梁实秋的文学思想》，《文学评论》2008年第5期。

的"就是"好的","好的"也就是"美的"。① 朱自清(佩弦)否定"五四"以来长期坚持的文学为人生之主张。在《"文学的美"——读 Puffer 的〈美之心理学〉》(1925 年)中,他这样说:"这里美的是一种力,使人从眼里受迷惑,以渐达于'圆满的刹那'。"② 这是从审美心理学角度解释"文学的美",即认为"文学的美"是一种"力"、一种"暗示"。在《文学概论讲义》(1930~1934 年)中,老舍认为文学的责任是艺术的,故把道德几乎完全排斥开去,而美是包括文学在内的一切艺术的要素,因而没有道德的标准。"感情与美是文艺的一对翅膀,想象是使它们飞起来的那点能力;文学是必须能飞起的东西。使人欣悦是文学的目的,把人带起来与它一同飞翔才能使人欣喜。"③ 他视"感情""美""想象"为文学的三个特质。与胡适、朱自清、老舍不同,梁实秋更重视文学的情感与道德。他不像胡适那样将文学的"好"与"美"先分开再并置,也不像朱自清那样去突出文学的艺术表现之美妙,更不像老舍那样把"美"与"道德"看作文学的不相容的两种特质,而是竭力把文学的各种特质集合起来看待。他奉欧文·白壁德(Irving Babbitt)的人文主义为圭臬,标举古典主义和自由主义,致力于在至善至美的人性论中获得"文学"的本义,把美感与道德感相提并论。

《文学的美》集中体现了梁实秋以道德为内涵的"文学的态度"。该文在开篇引用自己多年前发表的《浪漫的与古典的》(1926 年)中的一段文字之后这样说:"我不但反对'唯美主义',反对'为艺术而艺术'的主张,我甚至感觉到所谓'艺术学'或'美学'(Aesthetics)在一个文学批评家的修养上不是重要的。"在结尾亦这样斩钉截铁地说:"我并不同情于'教训主义'。'教训主义'与'唯美主义'都是极端,一个是太不理会人生与艺术的关系,一个是太着重于道德的实效。文学是美的,但不仅是美;文学是道德的,但不注重宣传道德。凡是伟大的文学必是美的,而同时也必是道德的。"④ 从一头一尾两段文字中,我们能够深刻体会到梁实秋对待文学批评的一种坚决态度。他反对纯粹的形式主义,反对纯粹的道德主义,甚至反对折中主义的办法。归根到底,这种批评是道德的。把道德性而非形式性设定为评价"美的文学""伟大的文学"的标准,必然在具体的文学批评实践中产生无法克服的矛盾。

---

① 胡适:《什么是文学——答钱玄同》,《胡适文存(一)》,上海,亚东图书馆,1921 年,第 297~301 页。
② 佩弦:《"文学的美"——读 Puffer 的〈美之心理学〉》,《文学》1925 年 3 月 30 日(第 166 期)。
③ 老舍:《文学概论讲义》,苏州,古吴轩出版社,2017 年,第 53 页。
④ 梁实秋:《文学的美》,《东方杂志》1937 年第 34 卷第 1 号。

二、"image"维度

在梁实秋道德批评中，"形式"是一个非常"有限"的存在。文学的"美"仅仅归于图画、音乐的成分，但文学本身又是与图画、音乐不可沟通的"艺术"。这种片面性引起了朱光潜的怀疑、诘问和批评。朱光潜首先将梁文归纳为"一个基本观念"，即"文学的道德性"："文学所以特异于其它艺术的就是它的道德性。其它艺术可以只是美，而在文学中美并不重要，最重要的是道德性。"而后反问："美学原理是否可以应用在文学上面？""文学的美是否只能从文字上着眼？"文学异于其他艺术是否在于"与道德有关"？ [①] 在这三个问题中，朱光潜对第二个问题用力甚多，按后来梁实秋的说法是"批评得较为详细" [②]。

朱光潜指出，梁实秋的"文学的美只能从文字上着眼"这一观点"最为创见，也最易引人怀疑"。梁实秋把"文学的美"归结到"文字的美"，但又包含"图画美""音乐美"，此中确有自相矛盾的地方。"从文字所给的声音和图画两方面讨论'文学的美'，恐怕还是像一般分析技巧者一样，只能注意到形骸而遗去精髓。这种办法本来是你所反对的，但是你认定文学的美只能在音乐图画上见出，恐怕要被逼走上这条路。"对此，朱光潜特别以"图画"为例说明自己"怀疑"的原因：

> 问题的焦点在你所指出的"图画"两个字。它可以指（一）画家的作品（picture），可以指（二）心中的视觉意象（visual image），可以指（三）心中的一切意象（mental image），包涵视听嗅味触运动诸器官所生的印象在内，也可以指（四）心中一切观照的对象（object of contemplation），即一般人所说的"意境"。 [③]

这个原因牵扯到"意象"这个复杂的概念。梁文中并没有使用"意象"一词，而只是提出"意境"的问题："艺术的'意境'是要用眼睛来看的，离开了视觉便无所谓'意境'。文字所构成的'意境'虽然是不可目睹，只在想像里存在，然而也是在心里构成一幅可目睹的印象。" [④] 因此，"意象"的引入事关朱光潜批评梁实秋的美学理路，值得我们从这一方向把握朱光潜

① 朱光潜：《与梁实秋先生论"文学的美"》，《北平晨报》1937年2月22日。
② 梁实秋：《再论"文学的美"——答朱光潜先生》，《北平晨报》1937年2月25日。
③ 朱光潜：《与梁实秋先生论"文学的美"》，《北平晨报》1937年2月22日。
④ 梁实秋：《文学的美》，《东方杂志》1937年第34卷第1号。

的观点。

"意象"一词在朱光潜的美学处女作《无言之美》（1924 年）中即有使用："所谓文学，就是以言达意的一种美术。在文学作品中，语言之先的意象，和情绪意旨所附丽的语言，都要尽美尽善，才能引起美感。"[①] 他在给青年的信《论多元宇宙》（1929 年）中指出，"美术的宇宙"是独立自主的，"美术品只是直觉得来的意象，无关意志，所以无关道德"。[②] 这两处的"意象"，前者针对"文学"而言，相当于"物象"；而后者针对"美术品"而言，相当于"印象"。后来他在《诗的隐与显》（1934 年）中把"意象"与"情趣""声音"作为诗的三个息息相关、不可拆分的要素。"我以为诗的要素有三种；就骨子里说，它要表现一种情趣；就表面说，它有意象，有声音。我们可以说，诗以情趣为主，情趣见于声音，寓于意象。"[③] 这里的"意象"是就表面而言的，却又与内容即"情趣"结合在一起。意象与情趣的契合问题在《诗论》（1948 年增订本）中得到更明确的说明。依据移情原理，"诗的境界"是"内在情趣常与外来的意象相融合而互相影响"的产物。所谓的"情趣"与"意象"的结合，就是"情"与"景"的结合。"情景相生而且相契合无间，情恰能称景，景恰能传情，这便是诗的境界。每个诗的境界都必有'情趣'（feeling）和'意象'（image）两个要素。'情趣'简称'情'，'意象'即是'景'。吾人时时在情趣里过活，却很少将情趣化为诗，因为情趣是可比喻而不可直接描绘的实感，如果不附丽到具体的意象上去，就根本没有可见的形相。"[④] 不仅是诗，画亦如此。"诗与画同是艺术，而艺术都是情趣的意象化或意象的情趣化。徒有情趣不能成诗，徒有意象也不能成画。情趣与意象相契合融化，诗从此出，画也从此出。"[⑤] 总之，"意象"在朱光潜的诗学、美学中具有核心地位。朱光潜借此批评梁实秋的观点，这一点并不令人感到意外。

再反观梁实秋。他把视觉性作为"意境"的一般特征，进而把文字所生成的意境也描述为可视性的"印象"，从而把文学的"美"的一部分界定为一种"图画美"。这明显又把以语言、文字为媒介的文学与以线条、色彩等为媒介的图画笼统地置于艺术的范畴之内。使用媒介之不同，是划分

---

① 朱光潜：《无言之美》，《民铎杂志》1924 年第 5 卷第 5 期。

② 朱光潜：《给青年的十二封信》，上海，开明书店，1929 年，第 37 页。

③ 朱光潜：《诗的隐与显——关于王静安的〈人间词话〉的几点意见》，《人间世》1934 年第 1 期。

④ 朱光潜：《诗论》（增订版），南京，正中书局，1948 年，第 50～51 页。

⑤ 朱光潜：《诗论》（增订版），南京，正中书局，1948 年，第 125 页。

艺术类型的重要依据。而梁实秋却把媒介的区隔性特征作为艺术的本质来看待，即只注意到文学与图画之间的差异，没有认识到这种差异仅仅是彰显文学（诗）、图画作为艺术之独特性所在。殊不知，决定艺术本质的并非媒介本身。这就不难明白朱光潜在《诗论》中论文字、语言之于思想情感时反对"表现说"而是采用"暗示说"的缘由。在他看来，两者之间不是被动与主动、内与外或先与后的关系，根本上是"平行一致"的。"诗的特殊功用就在于部分暗示全体，以片断情境唤起整个情境的意象和情趣……严格地说，凡是艺术的表现（连诗在内）都是'象征'（symbolism），凡是艺术的象征都不是代替或翻译而是暗示（suggestion），凡是艺术的暗示都是以有限寓无限。"① 可见朱光潜所着重的是情感思想和语言之间连贯性、实质与形式之间完整性，故其所说的"暗示"与"表现"并不相同。当然，《诗论》把诗与画"拎"出来单独进行比较，并不是为了寻找两者之间的真实差异，而是为"诗"辩护。因此，在与梁实秋的讨论中，一旦涉及悲剧和长篇作品问题，朱光潜就宕开而去，不做详评，只论及与情感本相联系的"意境"。

在朱光潜发表批评文章之后，梁实秋又撰文回应，对朱光潜所提出的意见逐条辨析，其中仍然对"图画"的问题耿耿于怀。他这样辩解："我用'图画'二字是广义的，是包括你所说的四项而言，不过我觉得视觉是最灵敏的感官，它包括的最广，Addison 讲'想像之快乐'不也是最注重视觉一官吗？你所用的 image 一字以及'象'字，不都是属于视觉范围之内的吗？"② 其实，朱光潜并没有全面否定梁实秋的说法，而是认为他所说的"图画"只指视觉的，未必全面，因为这排除了文学中的情感经验、人生社会现象和道德意识。作为"观照对象"，这些重要部分也都是使文学的"美"成为可能的部分（不过只是必要的条件）。以其中的道德为例。梁实秋把"文学的美"导向道德的境界，这是朱光潜颇不以为然的。《文艺心理学》（1937 年再版）中有两章专门讨论文艺与道德的关系。其中指出，"一流的文艺"并不必然是道德的，重要的是把这一问题置于美感经验之中、前、后的进程中，从作者与读者的观点出发进行具体考察，因而不可一概论之。"美感经验"，一方面涉及"美感"还是"美"这一形而上学的问题，另一方面是具体的审美活动如何可能的问题。按克罗齐的美学观点，"美感"是"形相的直觉"。可以桌子为例，说明儿童虽然不成熟但是具有

① 朱光潜:《诗论》（增订版），南京，正中书局，1948 年，第 77～78 页。
② 梁实秋:《再论"文学的美"——答朱光潜先生》,《北平晨报》1937 年 2 月 25 日。

直觉性质的审美感知："桌子对于他只是一种很混沌的形相（form），不能有什么意义（meaning），因为它不能唤起任何由经验得来的联想。这种见形相而不见意义的'知'就是'直觉'。"直觉与知觉、概念不同，"'美感的经验'就是直觉的经验，直觉的对象是上文所说的'形相'，所以'美感经验'可以说是'形相的直觉'"。[①] 另外，比《文艺心理学》稍迟完成的《诗论》又以观赏梅花为例说明审美的直觉性特征："在凝神注视梅花时，你可以把全副精神专注在它本身形相，如象注视一幅梅花画似的，无暇思索它的意义或是它与其他事物的关系。这时你仍有所觉，就是梅花本身形相（form）在你心中所现的'意象'（image）。这种'觉'就是克罗齐所说的'直觉'。"[②] 克罗齐是形式主义美学家。他的直觉论是朱光潜用于反对梁实秋观点的重要理论资源。"文学是一种纯粹的艺术"，这一句总结性的话也完全反映了朱光潜形式主义美学的立场。

三、"形象"认同

与朱光潜、梁实秋之间协商式讨论不同，周扬以十分郑重、严谨的方式评价这场论辩。他对梁实秋提出的一些非常有价值的观点表示赞许，同时对其批评朱光潜时不够彻底的做法表示失望。他直指朱光潜的观念论美学是一种唯心主义哲学的全面体现，并从梁实秋的文中引出一个"重要"的"解释"：

> 梁先生在回答朱先生的文章中解释他所谓"图画"是广义的，含有 image 的意思，这解释是重要的。因为 image（形象）已不只是一种形式，而也含有作者的主观了。[③]

这段话中有一个醒目的英文词"image"，按其所示是"形象"的意思。如前所述，朱光潜认为这个英文词是指"意象"（按：另外把"form"译成"形相"），而这个"意象"又是具有"形式"意味的。显然，周扬译之为"形象"就是在表达对"形式"的不满。"文学的美"并不全在"形式"，还有与之密切相关的"内容"。在形式与内容关系问题的解答上，他试图把美学作为一种艺术学，从审美认识论的角度进行言说。只从"形式"而离开

---

① 朱光潜：《文艺心理学》（再版），上海，开明书店，1937年，第4～7页。
② 朱光潜：《诗论》（增订版），南京，正中书局，1948年，第47页。
③ 周扬：《我们需要新的美学——对于梁实秋和朱光潜两先生关于"文学的美"的论辩的一个看法和感想》，《认识月刊》1937年创刊号。

"现实内容"谈论"美",这是无意义的。"美不能形式主义地去理解,道德也不能看成抽象的概念,艺术作品的思想内容是借形象而具体化了的内容。"①形式、内容都不能单独地成立,它们是互为条件的,此中离不开作为中介的"形象"的作用。就"形象"而论,它不仅具有消解纯粹、虚无的形式之意义,而且能够为文学容纳广阔的、具体的社会生活提供一个不可或缺的表达载体。

那么究竟什么是"形象"呢?不妨从它对译的"image"谈起。在英语中,该词的意涵并不固定,本身就是变化多样的。大致说来,其在17世纪以前指"人像"或"肖像",在17世纪指书写或言语中的"比喻"(figure),后来又发展成"可感知的"名声或特色之意涵。在文学中的专门意涵是"一种独特的或代表的类型之……'表象'"。②汉译词,除"形象"之外,还有"影像"(如胡适、朱自清)、"想像"(如胡适)、"意象"(如茅盾、朱光潜)等等。③陈希曾着重指出"image"与"意象"的不稳定关系:"到了20世纪,由于受到西方心理学、哲学和文艺学等学术的影响,中国诗学'意象'的含义比较繁杂,呈现与古代意象有别,但是又有千丝万缕的联系;与西方现代意象有事实联系,但是又立足本土文化,不完全等同西方的image这样一个复杂的意义走向。现在要指认或辨别谁率先在哪个层面使用中国古代'意象'或西方现代'意象',几乎不可能,因为当时意象被广泛引入文艺评论和研究当中,内涵变化多端,飘忽不定。"④可见,两者本身都是非常复杂的概念,作为对译词的时候更不可能变得清晰。我们只能承认"意象"是译词之一,"形象"也是如此。这两个汉译词的含义非常接近,有时的确不太容易详尽区分开来。在文论与美学中,通常认为意象是形象的高级形态之一,后者比前者更为基础,使用上也更为普遍。

事实上,把"image"译为"形象",并非只是用汉语再现英语这么一个简单的翻译问题。正如有学者指出的:"就双语间的表达对应问题而言,它必然涉及语言和文化的历史,双语表达对应所表现出的共时性关系实际上暗含在一种历时的理解之中,即涉及对历史的理解问题。"⑤显然,周

---

① 周扬:《我们需要新的美学——对于梁实秋和朱光潜两先生关于"文学的美"的论辩的一个看法和感想》,《认识月刊》1937年创刊号。

② 〔英〕雷蒙·威廉斯:《关键词:文化与社会的词汇》,刘建基译,北京,生活·读书·新知三联书店,2005年,第224~225页。

③ 参见马建辉:《中国现代文学理论范畴》,兰州,兰州大学出版社,2007年,第37~62页。

④ 陈希:《中国现代诗学范畴》,广州,中山大学出版社,2009年,第117~118页。

⑤ 王进、高旭东:《意象与IMAGE的维度——兼谈异质语言文化间的翻译》,《中国比较文学》2002年第2期。

扬为反对、批判朱光潜美学，坚持把"image"译成"形象"，也是有特别考量的。为更好地说明这一点，需要把"典型"（type）这一西方概念纳入进来进行比较分析。西方典型论的核心是一个由"形式"（form）、"形象"（image）、"理想"（ideal）组成的三角形构。"西人面对形象时，注重的是形象中较稳固的形式，而何以具有这样而非别样的形式，又是由理想决定的。不管西方文化在各个历史阶段有怎样的差异，典型的这个基本核心一直未变，随时代的变化而变化的只是它的具体形貌。"①"五四"时期，西方"典型"概念被译入，却在中国经历了一个"错时又错位"的兴衰替变过程，包括"转型""构型""定型""变型""再构"五个时段。中国文化中并不存在与西方"典型"完全对等的概念，仅有"性格"等与之接近的理论传统。②即就构成"典型"的三个因素 form、image、ideal 而论，它们的汉译情况都比较复杂，更遑论作为整体的观照。但是能够肯定的是，汉译的"形式""形象""理想"三个概念都包含"想像（象）"的成分和要义。想象既是心理过程，又是心理产物。如茅盾（沈雁冰）在《告有志研究文学者》（1925 年）中所言："意象可说是外物（有质的或抽象的）投射于我们的意识镜上所起的'影子'；只要我们的意识镜是对着外物，而外物又是不息的在流转在变动，则我们意识界内的意象亦必不断的生出来，而且自在地结合，自在地消散。"③作为结果的想象与作为过程的想象，两者是统一的，且必然都有一个起点的问题。不同的想象来自不同的起点，造就不同的文学观念。梁实秋批评浪漫主义之"混乱"，而周扬承认浪漫主义"尤重想象"。他们虽然对浪漫主义都持共同的"想象"理解，但是理解的基础其实并不一样：一是古典主义，一是现实主义。周扬对"形象"的认同，就是一种基于现实社会的想象性认同。他选择使用的 image 的意思，已经非常接近现实主义的"典型"，只是在文中并没有一次使用这一概念。

作为一个马克思主义者，周扬撰写此文的主要目的是借助梁实秋之文批判朱光潜的唯心主义美学，从而找到建立"新美学"的起点。朱光潜美学被视为与"新美学"相对立的"旧美学"，由于存在割裂文艺与现实的关系的失误，故而需通过建立"新美学"弥合两者的关系。"新美学要从客观的现实的作品出发，来具体研究艺术的发生和发展的社会的根源，它的本质和特性，它和其他意识形态的关系。与创作批评和实际活动保持最密切

---

① 张法：《中西美学与文化精神》，北京，中国人民大学出版社，2010 年，153～154 页。

② 王一川：《"典型"在现代中国的百年旅行——外来理论本土化的范例》，《中国文学批评》2021 年第 4 期。

③ 沈雁冰：《告有志研究文学者》，《学生杂志》1925 年第 12 卷第 7 期。

的关系,协助文学艺术的实践,是新的美学的最大的特色。"[1]"新美学"不是抽象的、观念的美学,而应当是历史的、社会的美学。周扬本着马克思主义美学的物质生活论,将文学视为生活的反映,使之"臣服"于特定的社会生活,以此避开那种空洞的形式主义美学观。他一直对大众化、民族化问题有浓厚的兴趣。《关于文学大众化》(1932年)提出,作家要利用旧的民间形式传达进步的思想,改造大众落后的意识。《对旧形式利用在文学上的一个看法》(1940年)要求作家在向大众学习中改造自己。从强调作家对民众的引导到强调作家的自身改造,这一变化体现了周扬对民族形式问题的深入思考。1938~1942年发生的文艺"民族形式"运动,是一场有意识发起的、文学与政治相结合的运动。它以民族主义为诉求,以民族国家的文化建构为目的,力求在民族化与现代化的悖论中开拓中国文艺的新道路。所谓"民族的形式,新民主主义的内容",这一新民主主义文化理论不仅是对"五四"新文化进行马克思主义及其中国化改造的产物,而且为中国文艺开创出现代性的新模式,影响深远。[2]时代的苛求终究将导致历史效果的差异。梁实秋偏执于道德批评,朱光潜持以文学纯粹论,他们后来就受到了极大的争议。相比之下,由于在文学、美学的立场上保持了与时代同步的先进性,周扬被公认为马克思主义美学在中国的积极传播者和建构者之一。

本章小结

从"五四"时期以"文的形式"为口号的"文学革命",到1929年以"二徐之争"为代表的现代美术观念探索,再到1937年围绕"文学的美"论争而展开的"新美学"建设,这一过程体现出"形式"概念被容纳、接受之艰难。或被替换,或被遮蔽,或被规训,"形式"之命运如此多舛。自胡适开始,文学艺术的形式就被置于它的内容(精神)的对应面,此后两者逐渐走向对立。内容成为主导因素,使得文学的美也被建构为一种内容的美、精神的美、形象的美,文学逐渐脱离自治而走向他治。尽管就内在理路而言,文学艺术的双"治"始终处在较量和平衡当中,但是在具体的中国现代社会、政治语境中,文学艺术的他治取向占据上风。文学艺术的形

---

① 周扬:《我们需要新的美学——对于梁实秋和朱光潜两先生关于"文学的美"的论辩的一个看法和感想》,《认识月刊》1937年创刊号。
② 参见石凤珍:《文艺"民族形式"论争研究》,北京,中华书局,2007年,第10~11页。

式往往被消融在它们的意象、形象、典型当中，其审美性特征和本体性地位得不到有力突出。所以，根本的还是要从哲学、美学这样更高的层面，而不是一般的文学艺术实践层面来理解形式与内容的关系。正如聂振斌所言："关于形式与内容的关系，是一种哲学认识论的规定性，并不完全适用于艺术—审美的实际，因为艺术—审美所要求的形式应是感性的，美感的，能引起想象，而不是一般形式；所要求的内容是具有生命意识的内容，而不是认识论所要求的纯客观内容。"①

---

① 聂振斌:《论形式美》，见《文化本体与美学理论建构——聂振斌美学论文集》，聂振斌著，北京，首都师范大学出版社，2009 年，第 311 页。

第三章 中国现代美学体系试构中的"形式"反刍

　　美学上最显著最有特色的问题是形式美的问题。只要有感官的愉悦，例如对颜色的愉悦，而且对事物的印象中各个成份都是可喜的，我们就无须再去寻找我们感到的魅力的理由。……但是，化形式美为成份美，却不是易事，因为改变一下最简单的线条的关系，以创造效果或变换效果，这未免是太容易遭反驳的试验。况且，若要满足世俗的舒适，就会得出结论说，所有大理石房屋都是一样美的。①

　　中国现代美学经约半个世纪的发展取得了诸多成果，尤其是从萧公弼发表系列论文《美学》（1917年，按：今称《美学·概论》）以来至1949年的三十余年，一批以"美学"为名目的教材、著作涌现出来，显示出外来的美学进入中国后的一种反响情况，同时标示为中国的美学的知识理路和建构路径。从美学知识的丰富性、与外来美学理论结合的密切性、自身美学体系建构的成熟度看，陈望道编著的《美学概论》（1927年），李安宅、蔡仪分别所著的《美学》（1934年）、《新美学》（1947年）是十分突出的。三书的美学体系建构，既大量吸收外来美学，又融入自我见解，可以说是经过个人反复消化得来的。这种反刍性特点同样体现在对外来美学"形式"概念的借用、转化及再创造上。

　　本章以分别代表20世纪20、30、40年代中国美学理论建构方式的如上三书为重点，考察"形式"概念的历时性变化，并在此基础上进一步对中国现代美学本体建构路径问题进行反思。本体建构事关一种美学体系的合法性存在。在外来哲学、美学的影响下，中国现代美学人追求美学本体，但在很大程度上通过"重写"的方式来实现。重写，并非简单地进行增加或删减，而是一种修辞性行为，在现代性转义中具有"首要的意

---

① 〔美〕乔治·桑塔耶纳：《美感》，缪灵珠译，北京，中国社会科学出版社，1982年，第55页。

义"①。事实是，外来的形式美学在异域的国土进行传播，介入中国本土各
种本体论美学建构中，但是几乎没有也不可能形成与之同样形态和内涵的
中国形式美学。对此的考量，需要我们持现代性眼光。同时，还需要我们
结合相关的美学论著进行整体审视和细致分析，并由此深入领会到建立从
"问题美学"到"本体美学"的"中国美学"之意义。

第一节　鉴而辨之的"形式"：关于陈望道《美学概论》

　　20 世纪 20 年代是中国现代美学的初步繁盛期。正如聂振斌所言："任
何一个新学科都没有如'美学'那样格外受到重视，其思想传播和学术研
究，都远不如'美学'那样发展迅速，卓有成效。"②一些美学人已经有了相
当自觉的学科意识，尝试建构作为学科的美学体系。他们大多精通外文，
又有留学经验，广泛接触日本和欧美的美学思潮，回国之后以译、编、著
等不同方式传播、普及"美学"。陈望道③编著的《美学概论》（1927 年，
以下简称"陈著"）就是这一时期的一项重要成果。如作者所言："本书底
内容，自然也如一般的简约的书一样，须多借重于各个专家底著述，不过
都曾经过以我自己底见解和经验，别择别人底言语，而加以连贯……"④
陈著所"借重"的专家著述主要是吕澂、黑田鹏信分别所著的《美学概论》
（1923 年）、《美学纲要》（俞寄凡译，1922 年）以及蔡元培的美学言论、
美育主张，而所体现的"自己底见解和经验"当以"美底形式"说最为突

---

① 　美国学者弗雷德里克·詹姆逊（Fredric Jameson）认为，理解现代性问题的关键是"叙事的
　　选择，以及讲述故事的其他可能性"。依据古典修辞，现代性是"一种独特的修辞效果，或
　　者说一种转义"。现代性的特点就是自我指涉性，即它的出现标志着"一种新的修辞，与先
　　前的修辞发生断裂"。从这个意义上说，现代性理论就是"转义的投射"，这种转义"是以
　　这种或那种形式的改写，是对先前的叙事范畴进行强有力的置换"。（见《单一的现代性》，
　　〔美〕弗雷德里克·詹姆逊著，王逢振、王丽亚译，天津，天津人民出版社，2005 年，第
　　13～16 页。
② 　聂振斌：《中国近代美学思想史》，北京，中国社会科学出版社，1991 年，第 221 页。
③ 　陈望道（1891～1977），浙江义乌人，翻译家、美学家、教育家、修辞学家、语言学家。译
　　著有《共产党宣言》《马克斯底唯物史观》《社会意识学大纲》《伦理学底根本问题》《艺术
　　简论》《自然主义文学底理论的体系》《苏俄文学理论》《帝国主义和艺术》《实证美学的基
　　础》等 46 种（见《陈望道译文集》，上海，复旦大学出版社，2009 年）；专著有《美学概论》
　　《因明学概略》《作文法讲义》《修辞学发凡》《文法简论》等 5 种〔见《陈望道文集》（第 2
　　卷），上海，上海人民出版社，1980 年〕。
④ 　陈望道编著：《美学概论》，上海，民智书局，1927 年，"编完之后"第 1 页。

出，堪称"我国最早的探究形式美的美学论著之一"[①]。

早在上海夏令讲学会上的讲演（1924年）中，陈望道就这样说道："美底形式，随处可以审览，不过普通人多不留心，故遇美亦不能知其为美。"本以"遇美能知其为美"，此次讲演就"美底要求""美底机关""美底形式""美底体性""美学底变迁"进行概说。[②] 这份"美学纲要"，实际上就是后来的《美学概论》的基本框架。陈著的章目依次为"美和美学""美意识概论""美底材料""美底形式""美底内容""美底情感""美的判断"。其中不仅专立"美底形式"一章，而且与"美底内容""美的判断"等诸章构成递进关系。这些反映出对包括形式在内的各种审美问题进行鉴别、辨析的写作旨趣。值得注意的是，陈著从心理学角度解释"形式美"，不仅如此，它还特别从社会学的视野突出"美底形式"之意义。围绕"美底形式"，陈著建构了以"美""美的境界"为核心的美学体系。

一、"形式"：美之存在

外来概念"形式"经20世纪以来王国维的美学译介、胡适的"文学革命"倡导等逐渐泛用开来，从而成为一个流行的中国现代文学、美学术语。陈著提出"美底形式"一说，可谓正逢其时。那么什么是"形式"呢？"美底形式"一章的开端写道：

> 形式一语，在艺术学上共有两种不同的意义：一指艺术底外形。如说塔，有三重塔、五重塔、七重塔、十三重塔等形式，诗有五言、七言、长短句、自由诗等形式时，所用的形式两字，就是属于这一种的意义；所谓形式无异于所谓体制。而第二种的意义，却是指事物所有的结合关系。如有红绿两种色彩，将这两种色彩红左绿右排列起来又将它红右绿左排列起来，两种排列结合关系底不同，在美学上也就称为形式底不同。美学上说的形式普通都是指这一种意义的而言。我们现在要说的也就是这一种意义的形式。[③]

这里从艺术学角度区分两种意义上的"形式"，且明确指出美学上的"形式"当是指"事物所有的结合关系"，而不是"外形""体制"。一般来

---

① 贺昌盛：《中国现代文学基础理论与批评著译辑要（1912—1949）》，厦门，厦门大学出版社，2009年，第41页。

② 陈望道：《美学纲要》，《民国日报·觉悟》1924年7月15、16日。

③ 陈望道编著：《美学概论》，上海，民智书局，1927年，第84～85页。

说，后者是指事物的外在形状或对象的组织方式、框架结构，此即通常意义上的"形式"，但它们充其量只是构成"美的境界"的材料而已。在"美底材料"一章中，陈著就组成"美的境界"的材料的"最为重要"的视觉和听觉进行了说明，其中视觉上的"美的材料"就是"色彩"和"形"。"形"是"仰仗视觉器官的眼睛而觉知"。"只既是形，必有境界。所谓境界，却必不出种种的线。"① 这说明"形"只是构成"美"或"美的境界"的必要条件，而只有"形"的事物不必然就是美的事物。一个事物之所以使人产生"美的情趣"，说到底是以情感为基本，而状态情感的不同，便产生了崇高（Sublime）、优美（Grace）、悲壮（Tragic）、滑稽（Comic）等诸多"形相"。可以看出，陈著具有一种清醒的形式美学意识，十分注意区分使用"形式""形""形相"。

以上三个概念都凝结了艺术（审美）形式方面的意蕴。皆知，"形"（xing）既可以作为动词，又可以当名词。"形，象形也"（〔汉〕许慎《说文解字》），此意为"使之成形"。"形者，生之具也"（〔汉〕司马迁《史记·太史公自序》），这里是指事物的形式、形状。"形式"由"形"与"式"合成，但两者在古代汉语中一般都是单独使用，较少出现连用的情况。"形"本身就包含"式"的意思。现代汉语有回避单音字的趋势，所以"形式"基本替代了"形"或"式"，包含了"下俯地理，仰观天文"和"人与自然，形影不离"的义理。② "形相"之"相"，与"象"有交叠之处，都是指那种可感知性。比较而言，"相"多指具体形貌和存在样态，而"象"更偏重那种混沌不分的整体的印象。在指向艺术形式的时候，"形相""形象"很难严格区分开来。中国美学中的"形"与"象""气""神""韵"等范畴，都强调一种内在意蕴，即作为审美者的体验、妙悟，此已经将物质性与精神性统一起来。西方美学中大抵也有"形式"与"形相"的说法。如希尔德勃兰特称之为"实际形式"（actual form）与"知觉形式"（perceptual form），认为前者是绝对的、抽象的，后者是现实的、具体的。③ 可见，"形式"观念中西皆有，但在语词表述、本质追求上有差异。陈著之所以使用三个概念，当是为了把"形式"与"形""形相"进行区别。

"美底形式"说的核心要义在于把形式作为美的存在方式。形式美是一种最朴素、最常见的美的类别。形式之所以为美，就是因为它是一种规

---

① 陈望道编著：《美学概论》，上海，民智书局，1927 年，第 59 页。
② 王文元：《字义疏举》，北京，中国社会科学出版社，2015 年，第 27～28 页。
③ 参见汤凌云：《中国美学中的"幻"问题研究》，合肥，安徽教育出版社，2015 年，第215～216 页。

律性的美。"美底形式"一章讨论形式意义、形式法则、形式原理（原则）等各个问题，指出不同的事物具有不同的结合关系，因而具有反复与齐一、对称与均衡、调和与对比、比例等多种常见的形式法则。所谓"形式原理"即指"繁多的统一"（unity in variety，按：亦译"多样的统一""变化的统一"）。这种具有对立统一性的美的对象，大抵存在于部分与全体或者部分与部分的关系之间。至于形式为何引起美感的问题，第六章第三节又有进一步的解释：

> 形式感情是对于形式而起的感情。即对于形式原理的"繁多的统一"以及对于反复、比例、对称、均衡、调和和对比等许多形式法则而起的感情。这种感情，也是要那形式原理形式法则等形式鲜明地显出的时候，才鲜明地起来；形式不鲜明时，是不很起来的。而且常与材料感情混和在一起，每每不能区别何处为止是材料感情，何处为止是形式感情。①

从中我们能够看出一种明确的关于"形式"的美学观念，即注重形式之于美的意义，把形式美视为包蕴了情感的形式。尽管形式是作为美的客观产生、存在方式，但是作者并没有简单地把形式作为单纯的客观的物质形式，而是赋予它一种主观性、情感性。形式情感之所以难以达成纯粹性质，是因为它始终与材料等混合在一起。"这等形式情感，在一般的素人间常在最后起来，而且也最无力；但在艺术家及艺术批评家之间，却与材料感情相前后起来，且有相当的力量的。"② 这些都充分表明"形式美"是一种值得关注和具有重要功用的"美之存在"的方式。

论及"美之存在"，不得不提"美底形式"与"美在形式"。实际上，这是两个不同的概念或命题。后者把美的本质归结为形式，即认为形式是美的本质，所隐含的提问方式是"美是什么"。陈著并不是从这个"哲学上的事实"出发，而是从"怎样才美"的问题入手。它把美的问题视为"只是自然人体艺术上具体的东西"，而不是与"真是什么""善是什么""世界是什么""人生是什么"等相类似的抽象问题。"故与其说它是哲学上的问题，倒还不如说它是说明科学底对象。"③ 的确，"美是什么"的问题对20世纪20年代中国普通民众来说是十分费解和棘手的问题，因为"美学"在当时

① 陈望道编著：《美学概论》，上海，民智书局，1927年，第158页。
② 陈望道编著：《美学概论》，上海，民智书局，1927年，第161页。
③ 陈望道编著：《美学概论》，上海，民智书局，1927年，第12页。

尚属一门新颖的学科。要让普通民众了解"美学",就是要让他们遇"美"而知其所以"美",这才是陈著的写作兴趣所在。说到底,"美底形式"与"美在形式"是两种形式美学论说。不同于后者把形式作为美意识的本质,承认一切美皆为形式之美,前者仅仅把"形式"作为美之存在的一种方式,即"形式"并非美之为美的根本,而只是美意识的一种特质。正如作者在《美学概论的批评底批评》(1928 年)中所言:"我们讲美意识底'要素'或'特质'只是讲美意识底全外延上都有这一种的成素或性质,并不曾以它为原理为价值底标准来评判各种艺术底高下。"[①] 特质的,而非本质的,这是陈著理解"美""美意识",进而理解"美底形式"的基本依据和重要前提。

二、内容美:形式依赖

出于美意识的特质而非本质的考量,陈著还从"内容"角度进行说明,将它不仅用作"美"的分类,而且作为"美"的重要特征来看待。第一章"美的种类"把"美"分为"形式美"和"内容美"两种,并指出"这是一个重要的区别"。[②] 第四章"美底形式"、第五章"美底内容",两章篇幅约占全书的三分之一。这里既专设一章"美底形式",又另辟一章"美底内容",可见"美底内容"之于"美""美底形式"的重要性。说到底,美在内容,而不是在形式,形式只是一种表现手段。

> 在美学上,形式固属重要,但艺术家所要表现的,到底还是内容。从表现底本意上讲,自应以这内容为主。至于假借材料,整顿形式,不过是表现意义内容的一种手段罢了。[③]

"内容"本身是抽象的概念。在陈著中,美的"内容"大体指"自然"和"人生":"自然之中,简直可以说没有一件东西不可以做美底内容";"人生,也是无论人生自身及其再现,都可以做美底内容"。按心理的分类法来分别时,它可以分为"知"和"情"两类。"知的内容"又可以分为"直接内容"和"间接内容","情的内容"又可以分为"主观感情"和"客观感情"。论及此,作者顺便介绍了"感情移入"观点。从这些说明来看,陈著十分强调"内容"的意蕴,尤其是将"内容"具体化。如将它进行层次划

---

① 陈望道:《美学概论的批评底批评》,《北新》1928 年第 2 卷第 7 号。

② 陈望道编著:《美学概论》,上海,民智书局,1927 年,第 8 页。

③ 陈望道编著:《美学概论》,上海,民智书局,1927 年,第 121~122 页。

分，分出"第一内容""第二内容"或"外内容""里内容"；又如把"间接内容"划分成"联想层""类型层""象征层"。这些是吕著、范著中所没有提及的，也是陈著注重"说明"的体现。第六章"美的感情"着重说明美的事物的主观的情感一面，又将它分为"材料感情""形式感情""内容感情"，以分别对应前三章"美底材料""美底形式""美底内容"。这样，"美"就被划分为"材料""形式""内容"三个层次，而"形式"正处于"美"的中间层次。

陈著采用"形式"与"内容"这对视角说明"美"，易为常人所理解。但是也正是这种简便的划分，导致了美、美感问题的简单化。由于"美底形式"与"美底内容"两章侧重于一般论述，因此从事心理学研究的潘菽进行了这样的批评：

> 我觉得把这种形式和内容去解释所谓美感似乎也搔不着痒处。我们知道这种形式并不是美的对象所独具的，这种内容也不是所谓美感所独具的。所以这种形式和这种内容必是和审美作用的根本理由没有关系的。这种种形式和这种种内容假如是和别的东西所共同的，那末美之所以为美就当别有所在。[①]

潘菽对陈著颇不以为然，并断然反对从形式和内容两方面解释美的方法。诚然，美并不就是形式美或内容美，美之所以为美也并非因为它就是形式的或内容的。潘菽从审美心理角度质疑陈著，认为美感的产生应该有一个特殊的心理机制，故提出从本质的而非特质的角度来理解美和美感，而这恰恰与陈著写作的初衷相悖。陈著着力的是美、美感的表现形式，要求人们对形式美有正确的认识，内容只是人们认识美的重要维度之一而已，即"有用"是确立美的形式与内容的前提之一。如其所言："对于美的形式法则讲的那么详，就是因为我记得曾经见过一本讲'美的装饰'的书上所讲的法则很不对。"[②]

前面已指出，陈著借重于吕著较多。吕著章目中只有"美的形式原理"，并无"美的内容"，相关内容被分散到各章中。其中指出，"美的价值"是异于一般价值的"特殊者"。"第一美的价值必属于物象；第二又必属物象固有；第三此固有价值又必与生命相关；第四欲体验得之必用美的

---

① 潘菽：《美学概论的批评》，《北新》1927 年第 2 卷第 4 号。
② 陈望道：《美学概论的批评底批评》，《北新》1928 年第 2 卷第 7 号。

观照（Aesthetische Anschauung）。"故此，美作为物象之价值能够生起人的快感，而快感的生起一定以适合心之本质为根据，因为人心的本质最显著的特征之一是统一。"形式原理之曰美的，正在其同时能为内容原理之故。易辞言之，正以其形式能使吾人起统觉时经验一种他人格感情耳。""内容"即"人格感情"，"形式美"即一种"起统觉时经验一种他人格感情"之美。吕著以立普斯"感情移入"观点解释"美的形式"，并承认"感情移入之内容皆由对象之特质而定"。[①] 这些都与陈著将形式作为内容的表现手段的观点形成差异。另外，陈著主要是把美学当作"说明科学"，与吕著偏于心理学解释不同，又与范著（范寿康《美学概论》，1927 年）偏于哲学视角不同。三著都以任课时的讲义为底本，其中范著的材料"以采诸日本阿部次郎之《美学》为尤多"[②]，这又与吕著相同。陈著除适当吸取心理学之外，还注重社会学分析，这是吕著、范著所不及的。

三、趣味、境界及修辞

如前所述，形式是美的存在方式，不过仅作为表现意义、内容的手段。从这两方面看，陈著只是把它作为用于"说明"美的一种方式，即承认美的事物具有美的形式，但是它又由内容所决定。而美的对象既可能是形式的美，又可能是内容的美，总之贯穿其中的都是美的情感。陈著大体以心理学方法进行谈论，事实上又不限于此。据作者交代，写作《美学概论》之前曾"采用黎普思（按：通译立普斯）底学说，编成一本"，但"不久即自觉无味"，便抛弃了原稿。[③] 这种对纯粹心理学美学的不满，反映在陈著中就是预备从心理学转向社会学。首章已提出"美感的生长发达"问题，即"美感也有高下和进化，不免随着时代不同，环境不同而有歧异"，后来在批评潘菽的文章中认为"这两句话非常的重要"[④]。故在末章"美的判断"中揭示美的一种"暗示"意义，从而把它引向了社会学视野。

陈著首先把"美的判断"分成"理解判断"和"价值判断"，认为前者往往超出美的判断本身，而后者即"以判断美的事物或现象自身底美的价值为主"。作为"价值判断"的"美的判断"又分为"美的印象"与"美的判断"两个阶段。后一阶段旨在"将美从非美中区别出来"，此亦即"狭义的美的判断"。如果按心理学美学的解释，这差不多是"趣味"问题。但是，

---

① 吕澂：《美学概论》，上海，商务印书馆，1923 年，第 26 页。
② 范寿康：《美学概论》，上海，商务印书馆，1927 年，自序第 1 页。
③ 陈望道编著：《美学概论》，上海，民智书局，1927 年，编完之后第 2 页。
④ 陈望道：《美学概论的批评底批评》，《北新》1928 年第 2 卷第 7 号。

陈著又明确反对把"趣味"当作一成不变的东西，认为它是"以变化作经常，以不变为变态"。

> 趣味底生长发达，又不止是在一个一定的形式之内，经过了一定的经路而进展的，它也常开展自己、增大自己，常要开创了种种新的形式与种种新的快美以丰富自己。所以趣味底生长发达，并不像动物发育底径路模样地作直线形，而是植物生育底方式模样地作散射状的。趣味也差不多都像那把无数的枝条散射在四面八方而生活的植物一样地，无时不作着散射状的发达。所以美的判断，真以个人的趣味为标准时，那标准也并不是甚么单一的或者绝对的，只是复数的，相对的。
>
> 在那所谓个人的趣味之中，如果详加分析，当然也很可以看出它所受的社会的情形底影响。可以看出当时的社会思潮意识底影响，可以看出当时的经济政治等的影响，也可以看出当时自然的背景底影响。或者分析底结果，竟如马克思们以经济的关涉于人底生活为最重要，就以它为第一个意识底成因，以为意识趣味是随经济组织底进步而进展，或者也未尝不可。[①]

从上述两段话能够看出，陈著对"美的判断"这一问题的认识已经发生了从"个体"向"社会"的转向，体现出唯物的、进步的思想倾向。此中还批评那种机械的形式主义、教条主义，称那种把亚理氏多德（按：今译亚里士多德）《诗学》所述的各种法则应用于演剧，如同应用欧几里特（按：今译欧几里得）的几何学原理于几何。在作者看来，这种做法完全是"迷信"，因为如今应当"信仰"的是"意识趣味是随着经济组织底进步而进展的"。这种"趣随经济说"明显具有美学社会学的意味。把"美底形式"说最终引向"趣味"说，也明显是对现实生活的观照。"趣味"本身是一个接近"美感"的概念。在中国现代美学家中，傅斯年、梁启超、俞寄凡等提倡"趣味"的学说，都主张生活美化，使生活变得更富有趣味。总之，这种用以改造人生、社会的美学观的提出是切时的。在遇"美"而不知"美""美学"的时代，只有从大众生活实际出发，才能更好地理解美与现实生活之间的直接关系。

陈著一再有"美的境界"的说法。第二章"美意识概说"是为了在分析

---

① 陈望道编著：《美学概论》，上海，民智书局，1927年，第192～193页。

美的诸种经验之前对构成美意识的诸要素进行说明。该章指出，美意识有客观、主观两个方面，前者以"具象性""直观性"为特色，后者以"静观性""愉悦性"为其要素。"凡所谓美者都是从具象的直观的对象经由感觉所呈的特殊的形式和内容所生的静观的愉悦的心境。"① "美"既是"特殊的形式"，又是"内容所生心境"。显然，"美的境界"因"美"而起，它是一种至上的、理想的状态。这种认识饱含了作者摒弃乏味、诉求趣味的生活意愿。正如有学者指出的："陈望道的美学中，'美''美的境界''艺术'并没有严格的区分。也许在他的心目中，这三者在本质上是相通的。"②

"美的境界"也被视作"修辞的境界"。作者自称写作《美学概论》主要是"受吴煦岵先生底诱导"，同时作为"因系修辞学等研究底副业"。③ 如此看来，美学研究似乎只是作者当时的兴趣，并未作长久之计。《美学概论》出版之后，作者几乎没有再撰写美学方面的论著，只是在1928～1930年期间翻译了青野季吉的《艺术简论》、平林初之辅的《文学与艺术之技术的革命》等几部与美学有关的著作。至于1939年出版的卢那察尔斯基的《实证美学的基础》（与虞人合译），也是在这期间翻译的。但是写作《美学概论》这一"副业"，对作者本人来说意义重大。1932年出版的《修辞学发凡》是《美学概论》的"实践版"。其中特别将"美底形式"引入修辞研究当中，从而打通了美学与修辞学的界限。其中提出的修辞现象既是变化的又是可以统一的，消极与积极修辞两种表达方式及对立统一之美，辞格、辞体的整齐变化之美，还有辞趣之美，等等，这些观点都可以在《美学概论》中找到相应依据。④ 作者的美学素养使得其修辞学理论基础变得更加厚实；就此而言，美学又是一门实用性很强的学问。

作者与美学的结缘颇得时代风气感染。蔡元培在民初提出"新教育"的方针，在"五四"前夕发表"以美育代宗教"的演讲，影响广泛且深远。但是这种美育论的基础主要是以康德、席勒等为代表的西方美学理论，在当时的中国这些毕竟是新知识，即便"美学"本身也仍是新的、发展中的事物。要使民众接受"美育"，必得普及"美学"，正所谓"谈美育必先知美学"。在提倡美学、主倡美育的蔡元培的启发下，作者对于美学也有自己

① 陈望道：《美学概论的批评底批评》，《北新》1928年第2卷第7号。
② 陈望衡：《20世纪中国美学本体论问题》，长沙，湖南教育出版社，2001年，第179页。
③ 陈望道编著：《美学概论》，上海，民智书局，1927年，"编完之后"第1～2页。
④ 参见宗廷虎：《探索修辞的美——〈修辞学发凡〉与美学》，见《〈修辞学发凡〉与中国修辞学：纪念陈望道〈修辞学发凡〉出版五十周年》，复旦大学语言研究室编，上海，复旦大学出版社，1983年，第395～410页。

的思考，不过有一个逐步认识和深入理解的过程，从发表在《民国日报》副刊《觉悟》上的多篇文章（署名晓风）中就能够看出。作者先是在《我也不懂》（1921 年）中提及朋友向他说起某人、某说的哲学和美学 "简直神秘不可懂" 时自称 "不懂"[①]；再是在《美学纲要》（1924 年）中把 "研究美学" 说成是 "实为最有兴趣之事"[②]；再后来就是精心写作并出版这部《美学概论》。蔡元培所说的美学、美育是美感的，对此他也是全面接受并进行了阐发。《美感的快感与非美感的快感》（1922 年）指出，美感是 "快乐和功利相一致的，名画悦目，决不损心"；美感 "可以分别看小说看戏剧读诗者心情底蒙昧与清明，也可以应用在恋爱论上看佢究是爱欲或爱情"；美感 "为美学所研究，也可为美术所激发"。[③] 作者还一度称在美学中有两个人的美学最爱读，之一就是立普斯（另一是卢那卡尔斯基）。而之所以如此，是因为立普斯是美感论者，提出美的移情说，主张美善不可分。这些都体现出作者对美学的重视，视其别有功用，只可惜在他看来这种 "美的价值" 并不为时人所深刻认知。由此再看这部《美学概论》，"美底形式" 说固然是它的特色，但是在实际上又导向了美感问题。从 "形式" 到 "美感"，这种转换值得关注。

最后仍需指出，陈著对一些美学基本问题未能顾及，几乎没有什么具体的文学艺术作品作为解释依据；对于 "境界" 仅有其名而实无详释，容易造成读者理解上的困惑。不过这些都无损该著的积极意义。它所建构的美学体系体现出鲜明的个人色彩和特定的时代特征，对于当下的中国美学研究也具有启示。正如有学者指出的："能否更深入地打通包括美学同修辞学、艺术学等近邻学科对语言（文学）和其他具体艺术门类的描述与反思，从望道先生瞩目于 '美感' 问题的美学建构方式中，接着 '怎样才美' 和 '说明科学' 的思路，继续 '往下说'？这是望道先生《美学概论》留给当代美学界的一条重要而值得探索的道路。"[④]

---

① 晓风：《我也不懂》，《民国日报·觉悟》1921 年 2 月 18 日。
② 陈望道：《美学纲要》，《民国日报·觉悟》1924 年 7 月 15、16 日。
③ 晓风：《美感的快感与非美感的快感》，《民国日报·觉悟》1922 年 1 月 10 日。
④ 朱立元、栗永清：《陈望道与中国现代美学——写在陈望道先生诞辰 120 周年之际》，《复旦学报（社会科学版）》2011 年第 2 期。

第二节　若显若隐的"形式"：关于李安宅《美学》

李安宅①所著的《美学》（1934 年，以下简称"李著"）是一部颇受西方美学影响，又具中国化特征的美学著作，代表了 20 世纪 30 年代中国美学研究的一项成果。诚如今人所评价："李安宅的美学就其研究的导向看，他没有走入 30 年代鼓吹的'政治化'的歧途，没有被当时流行的庸俗的社会学所侵扰，而是坚守住艺术的本位，侧重于就艺术的审美特征和情感反映进行探讨的。"②故李著值得重视和深入评析。从该著目录看，除"绪论""附录"之外，主体部分分上、中、下三编共十章。绪论部分是对"美学"性质的说明。三编分别是"价值论——甚么是美""传达论——怎样了解美""各论——几个当前的问题"。大致是：先从美的价值判断出发，从"什么是美"过渡到"怎样了解美"，再把"千头万绪"的美学问题划成"价值论"和"传达论"（认识论）两大范围，分别进行讲述，最后就"表现与内容""美的范畴与悲剧""批评与信仰"三个当时在国内有争论的问题进行辨析。附录部分分"西洋美学变迁大势"和"参考书目"两部分，后者所列均为西方学者的论著。如此的"美学"框架，可谓有立有破，体现出个人见解。尤其值得注意的是，李著"参考最得力"的是吕嘉慈（按：今译理查兹）、克罗齐、克莱夫·贝尔等西方美学家的著作。③这些都是西方形式主义美学的代表，无疑给李著增添了某种"形式美学"意味。鉴于此，借助李著考察"形式"概念当是有意义的。不过，李著并没有像陈著那样细述"美的形式"或开辟专门章节讨论"形式美"，亦未直接使用"形式"概念，而多从"表现"或"传达"的立场表达自己的美学主张。这种隐蔽的情况，并不意味着"形式"概念对其美学体系建构毫无意义，实是显示自己在解决美学问题时采取的一种策略、方式。从写作背景、基本内容看，李著对美学的考量主要是一种基于意义学的审视，始于对语言这一重要社会

---

① 李安宅（1900～1985），河北迁安人，一生致力于民族学、社会学、藏学研究。主要著作有《仪礼与礼记之社会学的研究》《知识社会学》《藏族宗教史之实地研究》《边疆社会工作》等 10 余种。译著有布罗尼斯拉夫·马林诺夫斯基（Bronislaw Malinovski）的《巫术·科学·宗教与神话》《两性社会学》等。《美学》是他的早期著作，1934 年由世界书局出版，纳入张东荪主编的"哲学丛书"，现已编入《语言·意义·美学》（成都，四川人民出版社，1990 年）一书，作为"李安宅社会学遗著选"一种。该书由李安宅的著作《语言的魅力》《意义学》《美学》和译作美国爱德华·萨丕尔（Edward Sapir）的《语言的综合观》共 4 册编辑组成。
② 杨淑贤：《一部直通读者呼吸感受的著作——评李安宅的〈美学〉》，《西南民族学院学报》（哲学社会科学版）1997 年第 5 期。
③ 李安宅：《美学》，上海，世界书局，1934 年，第 116～119 页。

现象的关注，注重的是 "美的价值"（内容）和 "美的传达"（表现）两个问题；而在艺术批评问题上，李著又强调批评主体信仰的 "真实"，因而反对各种形式美学的批评方法。

一、"形式"：美之意义

《美学》一书是 1931 年李安宅在哈佛大学时完成的，当时理查兹教授已转至该校任教。理查兹曾于 1930 年来到中国，先后在北京大学、清华大学、燕京大学讲授 "文艺批评""意义的逻辑" 等课程。那时他已出版《文学基础》（合著，1921 年）、《意义与意义》（合著，1923 年）、《文学批评原理》（1924 年）、《科学与诗》（1926 年）、《实用批评》（1928 年）等著作。作为理查兹的学生，李安宅颇受老师的影响，这可以从他的《语言底魔力》（1931 年）、《意义学》（亦称《意义学尝试》，1933 年）、《美学》（1934 年）中体现出来。《美学》"绪论" 中这样声明："本人对于美学的研究，系因剑桥大学教授吕嘉慈先生的指导与他所介绍的书籍，才有相当门径。"[1] 而写作《美学》一书是在完成《语言底魔力》《意义学》之后不久，因此许多内容承前启后或互为利用。理查兹把语言分为 "理智的" 和 "情感的" 两种，前者指向 "科学"，后者指向 "诗"。李著把 "情感的语言" 作为美学研究的出发点，以此区别那种把 "美" 这个抽象的概念作为出发点的美学研究。"美学过早地抬出 '美' 来，就等于心理学抬出 '心' 或 '机能'，生理学抬出 '生命'，经济学抬出 '用'，数理哲学抬出 '点'，生物学抬出 '生殖力'，心灵分析抬出 '无意识'，都是堕性底表现，都是急于求结果与急于造系统底诱惑。"[2] 一般人往往对 "美学""美" 这两个词存在误解。李著的绪论部分就批驳了 "科学立场或功利主义立场" 和 "粗浅的艺术立场" 两种误解，而上部价值论部分对 "美" 的各种定义（评论美与不美的标准）逐一进行了批驳，又引用理查兹等人的《美学基础》一书，对 "美" 的各种界说逐一进行辨析。而这部分内容实际上是由《语言底魔力》中的一段话扩展而来的：

> 例若说，"美" 这一字，任何艺术批评家与其他与艺术有关系的人，都要不断地用它。这个驳那个，那个赞这个，及问美是甚么东西，乃竟言人人殊。然而彼此谈说，毫不疑惑地相信乃是一件东西，

---

[1] 李安宅:《美学》，上海，世界书局，1934 年，第 16 页。
[2] 李安宅:《美学》，上海，世界书局，1934 年，第 24 页。

不是相反的或不相干的东西。据吴德（James Wood），欧格顿（C. K. Ogden），吕嘉慈（I. A. Richards）等研究，所说的美，历来已有十六种不同的说法，约分三大类：一类以美为绝对客观的东西，如美就是美，或形美，或质美，都是外面的殊特东西，不与观者和环境相干；一类以美为关联于某种另件东西，如美即自然之描写，美即天才之创作，或美即理想（或真理等）之表现，美即幻境之产生，或有所表现者即美，能有好的社会影响者即美之类；一类以美为某种心理状态，既非形质之客观体，也非与另件东西有关系的东西，如产生快感者为美，激动情感者为美，引起协和态度者为美之类。第一类有两种，第二类有七种，第三类也有七种；然而谈美的人都是单纯地相信着彼此心目中都是同一东西，毫不虑到竟会这样驴唇不对马嘴。中国文人每易打架而不问事实，这样的笼统习惯总是原因之一。[1]

这里以"美"字为例说明语言作为一种重要社会现象的研究价值。语言在形式上是唯一的，但它的内容、意义是丰富多样的。李著指出，要避免对语言的误解，必须进行意义分析："欲除语言文字障，当研究语言文字对于思想的关系，与语言在人类学上发展的路程。"意义学研究思想与语言的关系，它所着重的不是语言之"名"而是其生成的过程："研究这种过程，是逻辑的问题，因为它关乎思想底轨范；也是心理学的问题，因为它关乎思想轨范所以存在的心理根据；更是社会人类学的问题，因为它关乎思想，语言，事物，自然环境与社会环境的关系。"[2]基于这种语境观，李著的上部"价值论"，便是对"美"的意义分析。而这部分内容实际上又成了他的另一部著作《意义学尝试》的一部分。该书上编为"给思想一个打破因袭格局的认识"，下编为"给语言文字一个研究的技术与例案"，其中"美"就是三个案例之一（另外两个是"意义""信仰"）。具体分析时，又否定了"凡是特殊'方式'者都美""凡善于利用质料者都美""凡属表现都美"等各种观点，而唯独认为"凡使我们态度中和者都美"的界说可以作为"指导艺术批评的标准"和"美学价值讨论的基础"。从这些看来，李著运用语义学分析方法（也就是英美新批评所发扬的那部分），把语言置于优先考虑的地位，着重思考的是作为一种语言的多重意义蕴含。其中"形式"概念虽然没有被直接承认，但是被有效消解在对关于美的界说的

---

[1] 李安宅：《语言底魔力》，《社会问题》1931 年第 1 卷第 4 期。（此文同年由友联社出版单行本）

[2] 李安宅：《意义学》，上海，商务印书馆，1934 年，自序第 1 页。

各种分析当中。

全面调查李著文本,我们几乎难以发现"形式"这一用词。一般可用之处,李著大多转换成了另外的语词。"形式"的对译词是"Form",但是这一英文词又有"表面""方式"等多种汉译词。"艺术家凭借言语文字,节调声音,形色方式等表面质素(Formal elements)以供给鉴赏人可靠材料;鉴赏人又凭借这些材料作为经验记号(Sign)唤起相关的反应,摒除不相关的反应;都是两面合作,成就一套传达工夫,以使彼此了解。"① 此中译为"方式"。"只有克罗奇才发挥了黑格尔底含义,指明这些分别不是美底'种类'不同,乃是美的质素不同。他以为任何美的东西必以情感意志为质材(Matter),用可以了解的'方式'(Form)来表现。只是质材或只是方式都不能美。"② 此中译为"方式"。这段话出现在"附录甲"的《西洋美学变迁大势》[译自加利特(Cattitt)所编的《美学论丛》的"绪论",牛津大学出版社,1931年]。此处把"质材"与"方式"相对(对应的英文词就是"Matter"与"Form")。作者还特意注明:"译文括弧以内,均系译者所加注释。"具体到该词使用的语言组合,除"质材"与"方式"之外,还有"方式"与"内容",等等。一般来说,这些组合关系是统一的,不过并不能将这种统一性作为"美"的定义:

> 普通说"诗意",西洋说"审美感情",都易因为语言文字底魔力,使人误会有个绝对的"诗意"与绝对的"审美经验"。至于"诗是文之有声韵可歌咏者也"……"内容与形式相合起来"一类的西洋定义;"入神""风骨""气"一类的中国艺术用语;"寓变异于统一之中""匀称""楷式"一类的西洋用语,哪个足以使你便于了解? ③

如此看来,李著反对以"形式"用语谈论"美",更是质疑关于"美"的各种定义。这表明,那种试图通过语言定义的方式说明"美"的本质的做法是不可取的。当不同文化形式的语言用于表述"美是什么"或"什么是美"时,并没有真正体现出美学的真理,反而遮蔽了问题本身,此谓"语言障"。语言的魔力在于它是多义的,语言的意义是处于特定的语境中而呈现出的一种意义。因此,把某种单一的定义作为普遍的真理更是以偏概全的做法,不值得信赖。

---

① 李安宅:《美学》,上海,世界书局,1934年,第61页。
② 李安宅:《美学》,上海,世界书局,1934年,第111页。
③ 李安宅:《美学》,上海,世界书局,1934年,第57页。

二、表现或传达的问题

　　"形式"本是用于理解"美"的不可或缺的维度之一。"人面对审美对象，感受到美感，进而思考什么东西让对象显出美，一个明显可感的特征就是事物的形式。"① "形式"是构成事物之所以为美的重要方面之一，"形式美"亦是需要我们最先直面的问题之一。然而，李著并不承认存在什么"形式美"。首先，美学是一种心理学，艺术批评只是心理学的一种。这就基本排斥了那种把"美"视为事物特有属性的看法。"美"并不在于事物固有的形式，而在于事物引起的愉悦感，相对合理的说法是一种"心理上的中和的态度"。其次，即使"形式"存在，也总是与"内容"联系在一起的。"内容没有方式，纵能自赏，也无从共见；方式没有内容，纵有格局，也没有生命。"② 这就是说，不存在无内容的方式，亦不存在无方式的内容。因此，"美"并不就在"内容"或"形式"（方式），它实在是"表现"的问题。"凡是美的内容，不管用甚么方式表现出来，总是美的经验，成为美的艺术品，足以引起程度不相上下的美的反应"；"倘若艺术价值不在心理态度，而在表面质素的结构，便真要有如普鲁东（Proudhon）对于诗与密尔（J. S. Mill）对于音乐所有的杞忧一样，以为字与音底可能组合一旦用完，诗与音乐就得寿终正寝了"。③ 这些足以说明李著把美学作为艺术审美心理学，认为"形式"问题就是"表现"问题。

　　的确，"形式"与"内容"是统一的。但是李著的重点并非在此，而是基于"内容"与"表现"这对范畴展开言说。如其所说："内容是价值论底范围，表现是传达论底范围。"④ 这正好对应上篇"价值论——甚么是美"和中篇"传达论——怎么了解美"。如果说上篇是为"美"寻得一个合理的看法，那么中篇就是为这个看法提供详细的阐释，即把这一看法贯穿到审美心理过程的讨论当中。中篇主要谈论三个问题，即"鉴赏艺术的心理过程""了解艺术的条件""正当欣赏底难关"。李著以诗为例，把艺术鉴赏的心理过程分为"视官的感觉""听觉象""意象""思想""情感""经验"等六步（完全借用了克罗齐的直觉论）。这是就读者而言的。若从作者而言，则是路径相逆。艺术批评所讨论的也就是这一相逆心理过程。结合读者和作者两方面来看，艺术的本质就是传达，即如何使艺术家与鉴赏人获

---

① 张法主编：《美学概论》，北京，北京师范大学出版社，2009年，第250页。
② 李安宅：《美学》，上海，世界书局，1934年，第80页。
③ 李安宅：《美学》，上海，世界书局，1934年，第81页。
④ 李安宅：《美学》，上海，世界书局，1934年，第80页。

得合作。但在"正当"的艺术欣赏中，鉴赏人不易得到艺术家的实情，故将面临许多"难关"，主要来自"诗的意义""固定象""固定象以外关于字所代表的象""不相干的记忆影响""习惯成套的反应""反应过量""反应停止""入主出奴的情形""将手段当作目的""批评理论的偏见"等十个方面。这些困难足以使鉴赏者误入歧途，难见作品的"庐山真面目"。相反，注意这些困难将"恬淡无为地游于艺术之宫，当也致力有据，不致漫无着落"[1]。可以说，中篇是从心理学视角讨论了如何实现从一般艺术欣赏到理想欣赏的实现。表现或传达成功与否，就成为衡量艺术是否美的标准。艺术表现或传达只与内容有关，或者说，形式的问题就是一个表现或传达的问题。

李著的下篇"各论"首先是对中篇"传达论"的补充，着重就艺术是侧重内容还是表现的争论进行辨析，并指出这一争论的产生是因为"语言的滥用"。"内容"与"表现"本身就是两个不易分判的词："内容一词常将题材，质素，直观，心理态度等弄在一起；表现一词常将方式，作法，技术等弄在一起。"严格地说，两者不能单独成立。内容"便是表现出来的内容，内容譬如讲爱，讲忠，讲快活，表现的方式譬如律诗，绝句，颜色，形态，与音调"。[2] 缺少方式的内容无从共见，缺少内容的方式也就没有生命。艺术或美的活动（具体指创作与欣赏）是表现的活动。此中"表现"，有时指表现一项工夫（表现过程），有时指表现出来的成绩，有时指表现的技术，它是多义的。

李著还特别分析"题材"如何成为"内容"的问题。一般人常把题材归为内容，殊不知题材并不就是内容。题材，又分题与材。只说前者时，表明艺术品的题目，但并不在艺术品以内；只说后者时，才表明艺术品的内容，为艺术品所包含。"内容与方式相对待。内容即意境或心理态度，方式即颜色与音调之类；不过内容与方式均在艺术作品以内，欣赏内容是借着方式，欣赏方式是借着内容。艺术品之所以成为艺术品便靠着这种在想像则可分在实际则是打成一片的内容与方式来'表现'一项可贵的人生经验。"[3] 将"题"与"材"混在一起，则就具有了不同的程度，逐渐近于"内容"，直至"题材"与"方式"不分，此时"题材"才是真正的"内容"。至于"方式"超越"题材"的艺术意境，还是以"题材"与"内容"不分为前提。这些论述，不仅提供了内容（题材）与形式相统一的证据，而且回答了什

---

① 李安宅:《美学》,上海,世界书局,1934 年,第 78 页。
② 李安宅:《美学》,上海,世界书局,1934 年,第 80 页。
③ 李安宅:《美学》,上海,世界书局,1934 年,第 83～84 页。

么是艺术或美的问题。

三、艺术批评与"信仰"

李著所认定的"美学范围"是"在艺术上或态度上研究美丑或心理健康与不健康的理想"①。一方面，肯定"艺术的美"的独特性，"艺术底美，并不是日常见不到的美，只比日常一般的态度更广更深而已"②。另一方面，肯定艺术的人生规定性，"乃在能够影响整个的人生态度"。如艺术欣赏与创作过程是与人的生命意识相统合的；根据"在生命里面自己受用的美"可以划分出"庄严""悲壮""优雅""智"四种美（即艺术美）的类型，等等。总之，"美学"无不涉及"美""美感""艺术"三大问题。就"艺术"而言，又必然涉及本质、创作、欣赏与批评等几个环节的问题。李著反对对艺术进行任何形式上的批评："然在批评界里，常有一个偏见，以为非得某种形式，不算好的艺术。这样将手段看成目的的错误，与说穿着一样衣服的人都是好人或说都是坏人，或说凫底腿短是退化了的鹤，或说李白是放浪了的杜甫，都是同在一条水平线上。"③ 不仅如此，那种通过语言修辞进行的文艺批评也要反对。如其所言："雅与不雅，美与不美，都不是修辞的工作。修辞只是帮助传达的工具，但常被人看作好丑雅鄙底本身，所以文艺批评与文学本身都被弄得本末倒置；只有华辞，而无美文。"④

一般来说，艺术批评是指以艺术品为中心而兼及一切艺术活动、现象的理性评判活动，它涉及批评的依据、标准等问题。从艺术批评的历史看，它无疑充满了各种误解，"批评所有根据怎样杂乱无章"。李著对包括道德批评在内的各种批评理论进行了驳斥，强调以艺术为对象的批评。"批评底对象便是艺术，便是艺术所具有的价值，那就是作者所有的心理态度与鉴赏人所引起的心理态度；批评底职责只是裁判价值底高低，那就是裁判作家与鉴赏人底心理态度是否有价值并有多大价值；这样的批评，不与骂人相干——自然也不是恭维人，倘若有所注解，也是帮忙传达作用，以便裁判价值。"⑤ 这就是说，艺术批评的重心在于艺术价值，即艺术家与鉴赏者的心理契合程度。艺术家创作艺术品，而鉴赏者接受艺术品，因此从艺术家到鉴赏者必须经过传达作用。但从具体情况看，艺术传达

① 李安宅：《美学》，上海，世界书局，1934年，第4页。
② 李安宅：《美学》，上海，世界书局，1934年，第37页。
③ 李安宅：《美学》，上海，世界书局，1934年，第51页。
④ 李安宅：《美学》，上海，世界书局，1934年，第44页。
⑤ 李安宅：《美学》，上海，世界书局，1934年，第95～96页。

存在难关，"传达作用，并不十分容易"。传达之所以不能引起鉴赏人的心理共鸣，主要原因之一就是信仰问题，因为这个"信仰"是不包括"用作手段的事故"，"不是艺术所包含的信仰，当然不是欣赏艺术的必要条件"。面对"一切伟大的艺术实在被人不限时间不限空间地深切欣赏着"的事实，"信仰"的意义必须搞清。李著排除了"信仰对象""信仰关系"两种可能，认为只能分析"信仰状态"，它区分了"可以证明的信仰"和"想像中的当然"，且认定只有后者才是"欣赏包含信仰的艺术所必具有条件"，可以"用在各种不同的见解之上"，"是欣赏艺术所需要而且随时可以办得到"。不同于"可以证明的信仰"，"想像中的当然"不受思想规律支配，不以逻辑为根据，"乃是自有根据——以意志，情感，欲望等互相激荡为根据"。"艺术家认真地努力人生意识，并用外表质素加以表现（成功艺术品），所以想像中的当然所有的条理，当归认真的艺术家去寻求。"① 可见，李著将"形式"（外表质素）视为成功艺术家的表现媒介，亦是纯粹把想象作为工具来看待。

李著把艺术批评的实现归于艺术家信仰的问题，显然是有所针对的。作者曾翻译理查兹的一篇演讲稿，载于《专题研究》（*The Symposium*）杂志第 1 卷第 4 期（1930 年 10 月），并作为《意义学》的一章（即第六章"信仰"），又照搬到《美学》一书中。之所以将"信仰"引入意义学和美学，特别是艺术批评中，又是与"科学"问题有着密切联系的。作者交代，自己之所以写作《美学》，主要是基于"粗浅的科学观念与粗浅的艺术观念很流行的时代"。"科学"的流行，造成了功利主义，常人对艺术、美存在极大误解。《语言底魔力》就以"科学"为例说明"纯粹思想界的文字障"："你说'科学'好，他就张口'科学'，闭口'科学'！科学就会发达了。科学一词所代表的是什么，他是管不着的。"② 其实，批判"语言的滥用"现象和追究语言意义的精神，恰恰显示了作者的一种真正的科学立场。钱锺书充分肯定理查兹重视现代科学的研究方法："老式的批评家只注重形式的或演绎的科学，而忽视试验的或归纳的科学；他们只注意科学的训练而不能利用科学的发现。他们对于实验科学的发达，多少终有点'歧视'（不要说是'仇恨'），还没有摆脱安诺德《文学与科学》演讲中的态度。"他高度评价理查兹的《文学批评原理》，称它"确是在英美批评界中一本破天荒的书"。③ 追随理查兹的李安宅，亦是把"准确性"作为艺术批评的要求。此种科学

① 李安宅：《美学》，上海，世界书局，1934 年，第 102 页。
② 李安宅：《语言底魔力》，《社会问题》1931 年第 1 卷第 4 期。
③ 钱锺书：《美的生理学》，《新月》1932 年第 4 卷第 5 期。

化，自然包括心理学、生理学那种借助实验科学的理论、方法的接受和运用，当然也包括对言说之"力"或"姿态"的客观性、肯定性的态度。这就是要求科学地评估语言的目的、指向，而不是它的命题结构，亦即对语言的意义、词语的形式和结构的把握应从话语意向和效应上展开，而不是相反。就此而论，李安宅的美学思想亦是十分深刻的。

第三节　别而不离的"形式"：关于蔡仪《新美学》

蔡仪①所著的《新美学》（1947 年，以下简称"蔡著"）是 20 世纪40 年代不可多得的一项美学成果，被誉为"现代中国美学史上的经典之作""为 20 世纪中国哲学美学提供了一个典型的范本"②。这自然与该著在后来的影响有关，但更重要的是其自身的一种创新性。作为蔡仪的美学成名作，《新美学》表明了他个人对美学基本问题的鲜明态度，尤其是提出了"美在典型"一说。这是 20 世纪五六十年代"美学大讨论"当中学界之所以把蔡仪标为客观派代表的主要依据。但是，该说并非在《新美学》中首次提出。此前围绕艺术问题，提出现实主义艺术的基本原则的《新艺术论》（1942 年），已经初步提出了"艺术典型"说。③当时作者原计划还有几章，讨论"美和美感的变化及艺术的史的根源"，而且其中大部分已经有了初稿，只是因为"言说"这些问题有困难，加上篇幅的限制，所以最终放弃了。这些遗憾在《新美学》中得到了弥补，如其所言："为着避免重复，只将《新艺术论》中的要点及没有论到的问题，分别附入本书相关各处，一则以作《新艺术论》的补充，一则以求本书的完整。"④当然，《新美学》的着力处在于批判"旧美学"和建构"新美学"。如其交代："旧美学已完全暴露了它的矛盾，然而美学并不是不能成立的。因此我在相当困窘的情况中勉力写成了这本书。这是以新的方法建立新的体系，对于美学的发

---

① 蔡仪（1906～1992），湖南攸县人。撰有论著《新艺术论》《新美学》《中国新文学史讲话》《唯心主义美学批判》《论现实主义问题》等十余种，主编高校教材《文学概论》《美学原理》和刊物《美学论丛》《美学评林》等。

② 薛富兴：《分化与突围：中国美学 1949～2000》，北京，首都师范大学出版社，2006 年，第35 页。

③ 《新艺术论》于 1942 年由商务印书馆（重庆）出版第 1 版；1950 年由群益出版社（上海）出版第 2 版（增订本）；1958 年由作家出版社（北京）出版第 3 版，并改名《现实主义艺术论》；后又恢复原名，收入 1982 年上海文艺出版社（上海）出版的《美学论著初编》（上）。

④ 蔡仪：《新美学》，上海，群益出版社，1947 年，第 1 页。

展不会毫无寄与吧。"① 所谓"以新的方法建立新的体系",是基于"旧美学"的"形式主义"性质而言的。本着批判和尝试的精神,蔡著建立起完全不同于"旧美学"的"新美学",这从它的目录即可反映出来。除序外,主体部分共六章,分别是"美学方法论""美论""美感论""美的种类论""美感的种类论""艺术的种类论"等。与 20 世纪 20 年代吕澂、陈望道、范寿康各自的《美学概论》,30 年代朱光潜的《谈美》和李安宅的《美学》相比较,蔡著采用了完全不一致的框架结构,体现出对美学基本问题的思考深度和阐说力度。当然,《新美学》之"新"也体现在其没有直接提出,甚至使用如"形式美"这样的概念,而是提出了一个与之接近或等同的概念"单象美"。尽管这一概念在后来遭到洪毅然、吕荧等人的批评,但是从"形式"概念本土化过程看,不可不说它是其中的一个重要环节。蔡著如何处理与"形式"相关的美学问题,值得我们回顾、总结与反思。

一、"形式"仅为美的条件

蔡著把美的本质这一问题的解答作为"新美学"能否成立的前提。在蔡仪看来,只有回答了这一问题,才能建构出一种不同于"旧美学"的"新美学",而"旧美学"的错误恰恰在于对此做出了错误的回答,使用了错误的方法。蔡著谈美学从美学方法论开始,指出美学至今仍然没有得到发展,"主要美学思想还在彷徨歧路,误入迷途,美学的最主要的对象不但没有认清,而且为多数哲学家及美学家所疏忽;美学的根本的问题不但没有解决,而且为多数哲学家和美学家所混淆"。而这种情形的发生原因就是"方法的错误"。方法即途径。因此,把握美的本质,即从美学的途径这一重要的问题开始。形而上学的美学派、心理学的美学派、客观的美学派,"或者由主观意识去考察美,或者只由艺术去考察美,但是艺术的美是凭借主观意识所创造的,而主观意识的美感又是客观美存在的美的反应,所以结果都是失败了"。因此,正确的美学(或者说新美学)的途径是"由现实事物去考察美,去把握美的本质"。这是认定"美在于客观事物",故"由客观事物入手便是美学的唯一正确的途径"。②

在关于美学的本论即"美是什么"这一问题上,蔡著指出旧美学往往不是论美,实际上是论美感。由于混淆了美和美感的区别,从而把美感当作美,如此美就是主观的,而不是客观的,因此,这些"'主观的美'

---

① 蔡仪:《新美学》,上海,群益出版社,1947 年,第 1 页。
② 蔡仪:《新美学》,上海,群益出版社,1947 年,第 16~17 页。

论"不仅是矛盾的，而且是错误的。在蔡仪看来，美是客观的而不是主观的，美的事物之所以美是在于这事物本身而不在于我们的意识的作用。正确的美感的根源在于客观事物的美，"美的东西就是典型的东西，就是个别之中显现着一般的东西；美的本质就是事物的典型性，就是个别之中显现着种类的一般"。① 至于"美感"这"美学上一个很重要的问题，也是一个很烦难的问题"，蔡仪认为过去的关于美感的理论都是不正确的。"美感的发生，是由于事物的美或其摹写和美的观念适合一致。而这所谓美的观念，又不是观念论的美学家或艺术理论家一样认为是根源于最高理念或绝对精神；相反的，它是根源于客观事物。换句话说，它是客观事物的摹写，也就是对于现实的认识。"②"美感是快感发展起来的，却不是完全同于快感。""美感是精神欲求满足的愉快。"③ 这些见解，具有强烈的肯定色彩，显然也是具有针对性的。

蔡著中关于"美""美感"的论断，完全建立在对西方美学和朱光潜美学，即"形式主义的美学"的批判的基础之上。"美论"一章所列举的西方美学家依次有费希纳、立普斯、康德、克罗齐、黑格尔、柏拉图、亚里士多德、采辛、霍嘉兹，他们都是"主观的美"论与观念论的代表。"美感论"一章所列举的西方美学家依次有邦格腾（按：通译鲍姆嘉通）、克罗齐、布洛、莫伊曼、费希纳、立普斯、谷鲁司、闵斯特堡、浮龙李，他们是形象直觉说、心理距离说、美感态度说、感情移入说、内模仿说等的代表。这些关于美、美感的各种论说，所说的美的对象的特性大致可以概括为八种：变化的统一、秩序、比例、调和、均衡、对称、明确、圆满性。但在蔡仪看来，尽管他们都承认美具有特征，但是这些不全是美的特性。"可是除了变化的统一和秩序之外，比例和调和，均衡和对称，虽然没有一个是事物的美的本质的条件，而一般的说尚不失为美的一个条件，只是这些都是关于形式方面的，或偏于形式方面的，在这里可以看出这些美论主要的就是形式主义美学的理论。"蔡仪的解释是："客观事物的美，不仅在于形式方面，也在于内容方面，或者说在于事物的各种属性条件的统一之上，内容和形式的统一之上，而形式主义的美学单重形式，所以他们的美论是错误的或不完全的。"④

蔡著所选择的这些西方美学家基本来自朱光潜的《文艺心理学》（以

---

① 蔡仪：《新美学》，上海，群益出版社，1947年，第68页。
② 蔡仪：《新美学》，上海，群益出版社，1947年，第129页。
③ 蔡仪：《新美学》，上海，群益出版社，1947年，第160页。
④ 蔡仪：《新美学》，上海，群益出版社，1947年，第67页。

下简称"朱著")。朱著所表达和建立的美（感）论，在蔡著中同样遭到批判。蔡著认为，朱光潜是"主观的美"的集中代表，"几乎收罗了'主观的美'论各派的意见"。对朱光潜的"美在心物关系"说，蔡仪又这样批评道："一方面说美不仅在心，一方面又否认物为美感根据的刺激，而说美是经过心灵创造的，物象不过是心灵创造美的工具，那么美的最初的根源，岂但不仅在物，简直是不在物了。"① 这是把"美"与"美感"混淆，"认为美是主观的，其论证是矛盾，又和有些人的承认美有客观性不同"。至于朱光潜的心理距离说、审美移情说，同样存在这方面的问题。总之，蔡著认为，朱光潜由于依据了一些"错误"的理论，进行了"错误"的分析，因而得出了"错误"的结论。

蔡著在批判朱光潜美学的过程中还特别对两个问题进行了详细说明：一是美的客观的标准问题。朱光潜认为，大多数人认为美纯粹是物的一种属性，"正犹如红是物的另一种属性"。蔡仪则认为，朱光潜的这个比喻说法是不对的，承认红是物的客观属性，又否认美是物的客观属性，实不免自相矛盾。在他看来，物的属性或条件是客观的，它之所以能够引起正确的美感，是因为这物本身就是美的。可见物的属性，不只是美的条件，而且就是美感的根源。朱光潜又认为，如果美是客观的，那么应该就有客观的标准。蔡仪则认为，客观的标准是绝对的，美感是主观的，因此也只有客观性才能作为美的标准。二是"黄金分割率"问题。朱光潜的解释是"因为它是能寓变化于整齐的一个基本原则"。但蔡仪认为，"变化的统一或秩序不是美的特性"，因为符合这种特征的东西在现实中并不存在。"任何事物都是变化的统一，故只以变化的统一是不能规定着美的；也就是凡变化的统一的事物，不必就是美的事物，变化的统一也就不是美的原则了。"② 至于黄金分割率的长方形之所以为美，朱光潜认为是"长边却长到恰好处，无不过无不及的毛病"。蔡仪则认为，所谓"长到恰好处"应该有一个客观的标准，朱光潜的解释"只是同义语的反复"而已。而且，"变化统一"这一原则抽象而笼统，并没有确定"变化"和"统一"二者的对比关系。因此，所谓的"变化的统一"，不是美的"主要原素"，也不是美的"基本原则"。

蔡著将美的本质规定为事物的典型性，即个别事物中所显现的种类的普遍性。"美就是美的本质表现于事物的特殊的现象之中。于是美的本质

① 蔡仪：《新美学》，上海，群益出版社，1947年，第46页。
② 蔡仪：《新美学》，上海，群益出版社，1947年，第58页。

表现于事物的现象，也就得通过许多美的条件"；"变化的统一和秩序，不是美的条件，只是一般事物的属性条件，即美的事物的一般的属性，亦即关联着美的本质"；"变化的统一和秩序对于美的本质是有关系的，但其间的关系是和一般的美的条件对于美的本质的关系不同。……所以它们不是美的条件"；黄金分割率的线段之所以美，是因为包含比例。任何事物之间都有这样的比例；这样的比例是它们的普遍性，于是包含有这样的比例是美的，表示这样比例的线段，也是美的。"总之，比例和调和、均衡和对称，它们的成为单纯现象的美的条件，或事物形式上的美的条件，正是因为它们表现着种类的普遍性，表现着美的本质。"[1] 蔡仪处处肯定美的客观性、普遍性和必然性，承认"美在典型"。"美的事物就是典型的事物，就是种类的普遍性，必然性的显现者。在典型的事物中更显著地表现着客观现实的本质，真理，因此我们说美是客观事物的本质，真理的一种形态，对原理原则那样抽象的东西来说，它是具体的。"[2] 将美仅仅作为客观的事物或具有一种客观性的"典型"，这种关于美的本质的立论，也在某种程度上制约了形式美感产生的可能及其意义。

二、"偏于形式"的单象美

如果说概念、范畴能够体现一种美学理论创新性的话，那么建构不同于"旧美学"的"新美学"，也就必须摒弃"旧美学"的一些概念、范畴，甚至更新、创造一些"新"的概念、范畴。蔡著中"美的本质""美的认识"等提法，就表现出与"旧美学"的不同。为了表示与过去观念论美学坚决划清界限的决心，蔡著放弃利用朱著中使用的"崇高""滑稽""悲""喜"等范畴。对于美学中惯常使用的"形式美"范畴，自然也是弃之不用，却创造性地采用"单象美"的说法，且把它作为美的一个"种类"来看待。蔡著大谈"种类"问题，全书六章中后三章均为"种类论"，篇幅约占全书的一半。除第五章"美感种类论"外，第四章"美的种类论"和第六章"艺术的种类论"分别论述"单象美"和"单象美的艺术"。

何谓"单象美"？这是美的一种分类中的一个种类。蔡著考察美的种类的出发点来自美的基本规定："所谓美的事物，就是种类的属性条件较之个别的属性条件是优势的事物，也就是'个别里显现一般'的典型。"依据这个规定，美的种类可以有两种划分，其中一种是"客观事物的构成状

---

[1] 蔡仪:《新美学》，上海，群益出版社，1947年，第79页。

[2] 蔡仪:《新美学》，上海，群益出版社，1947年，第80页。

态及由客观事物产生条件"。据此又可以将美的种类，依次划分为"单象美""个体美""综合美"。它们的区分主要基于客观事物及其属性条件的高低。属性条件具有层级，从高级到低级，"低级的属性条件便都是单纯的现象了，如形体、音响、颜色、气和味、温度和硬度等都是"。"单象"是一种"纯粹的东西"，"单象美"即纯粹的"美"。一方面，单象美是"低度的美"，"它们的典型性相当的弱，也就是它们的美相当的低"。不仅如此，这种美是"偏于形式的美"，"于是我们的意识对于它的反映，主要的凭借感性作用者多，凭借知性作用者少"。① 另一方面，单象美是"独自的美"，"它是不能离开个体而独立存在的实际的东西，而是当作个体的属性条件从属于个体的"。而且这种美与个体美不同，"单象美是密接于现象范畴的，或者说是偏于形式的美，但是个体美却不是偏于形式的美，而是实际存在的客观事物的形式和内容统一的美"。至于综合美，它是由个体美构成的，是"偏于内容的美"，且"引起的美感非常之强，可能是超快感的"。②

何谓"单象美的艺术"？蔡者把单象美看作"低度的美"，这只是等级上的而不是价值上的区分。单象美作为种类的存在意义，除在与个体美、综合美比较中体现出来之外，还有就是它们都是艺术的种类。"严密的现实事物的美的分类，只是按照事物的构成状态，分成单象美，个体美和综合美这三种。这是美学上一个重要的关键，也是艺术分类上一个值得注意之点。"③ 艺术分类的正确标准，就是根据艺术所反映的客观现实的这种美的种类，即艺术便有与此三种美相应的不同的艺术种类。利用单象美，"可以加强其典型性，增高它们的美"，成为"单象美的艺术"。可以从两方面来说。一方面，单象美可以成为艺术的美。"单象美在现实之中往往是低级的，但艺术的创造原来就是客观事物的美加工，客观事物的典型性的加强。因此一般说来，客观现实的单象美虽是低级的，而艺术则由于它自身迴环变化，或相互适当配合，可能成为高级的艺术的美。"④ 另一方面，单象美自有反映的艺术。客观事物的单纯现象虽然很多，但有些现象的种类关系非常单纯，不能构成单象美，只有形体、音响、颜色这三种有单象美，于是就有反映它们的艺术。其中，音乐是以现实的音响美为基础而创造的艺术，建筑、跳舞是以现实的形体美为基础而创作的艺术，图案

① 蔡仪:《新美学》，上海，群益出版社，1947 年，第 181 页。
② 蔡仪:《新美学》，上海，群益出版社，1947 年，第 184 页。
③ 蔡仪:《新美学》，上海，群益出版社，1947 年，第 249 页。
④ 蔡仪:《新美学》，上海，群益出版社，1947 年，第 250 页。

是以现实的形体和颜色的美为基础而创造的艺术。此外，还有书法，它是"一种接近图案的艺术"。这些单象美的艺术以客观事物为基础，使它自身迥然变化或相互适当配合，以增高它的美，就正是利用单象美的比例和调和的关系，"因为惟有这样，比例和调和的关系更加强化，而成为艺术的美"。① 当然，这也包括"均衡和对称"的关系。关于单象美的规律，蔡著中有这样一段总结性的话：

> 单象美是密接于现象范畴的，是偏于形式的，于是引起的美感是接近于快感的，所以现实中的单象美，多是悦耳娱目的。但单象美的艺术，已将现实的单象美增高，因此美感也加强，于是高级的单象美的艺术，已不仅是叫我们悦耳娱目，并能叫我们惊心动魄，不用说这是很强烈的美感。②

由此可见，蔡著对"单象美""单象美的艺术"的论证十分烦琐。细细思索，此种划分三种美的形态、艺术种类的方式仍然基于"形式"与"内容"这对惯用的范畴。比《新美学》稍早出版的《新艺术论》把"形式"（认识）与"内容"（表现）视作构成艺术的两种最重要的因素，承认它们之间是"统一"的关系，且认为两者的密切关系只用于说明艺术。"所谓艺术的形式是一定的艺术内容的形式，艺术的内容是一定的艺术形式的内容，艺术的形式和内容是统一而不可分的，艺术的内容决定艺术的形式，而艺术的形式也反作用于艺术的内容。所以艺术的价值，不单是取决于它的内容，也取决于它的形式，更完善地说，是取决于内容和形式的统一。"③《新美学》贯彻了这一思想，只是舍"形式美"而用"单象美"，并把它与"个体美""综合美"并列，这样"内容美"就无须再谈。

可以承认，美的种类的三分法避免了那种简单的二元论模式。但也就是这种建立在客观论前提下的三分法遭到了批评，特别是"单象美"的提法多为人所诟病。洪毅然在《新美学评论》（1949年）中质疑《新美学》，批评蔡著"以非常繁琐的解释求与典型之说相贯通"。《新美学评论》分上篇、中篇、下篇，分别是基于蔡著的"检讨""商榷""臆说述要"。其中"中篇"是对美的定义之"典型说"、美的认识之"观念说"、美的分类之"单象美"的商榷。当中指出，蔡著按照客观事物的构成状态分为单象美、

---

① 蔡仪:《新美学》，上海，群益出版社，1947年，第261页。
② 蔡仪:《新美学》，上海，群益出版社，1947年，第262页。
③ 蔡仪:《新艺术论》，重庆，商务印书馆，1942年，第81页。

个体美与综合美的分类"殊觉新颖，值得讨论"。又具体指出，蔡著所说的"纯粹现象的美"，"举叶脉的线条构成为例以说明之，无疑地就是客观事物的形相方面各种色彩、线条、形状、音响等等本身独自所具备的美，亦即其本身独自所具备的典型性了"。对此则断然指陈它的不合理之处："然而一切事物之形相方面的色彩、线条、形状、音响等等独自的美，即形式美（Formal beauty），蔡先生一方面既反对形式派美学并否定形式美，而一方面却又在美在种类论中立此单象美一个形式的美的范畴，实不免自相矛盾。"故"蔡先生于其美的各类论中立单象美一类，不但是自相矛盾的，而且是不能成立的"。在这里，我们可以明显看出洪毅然本人对"形式美"之存在价值是肯定的。他反对蔡仪提出的"单象美"之所以为"美"的根本言说，这是因为"纯粹现象"的"单象美"毕竟并不存在。凡美皆系各种形式的表现，却非纯粹形式，"而必与其内容本质不可分地统一着"。① 可见，试图撇开、消除没有"内容"的"形式"观念，这绝非一件容易达成的事情。

三、"丑"：负典型的转化

蔡著独辟章节"单象美"和"单象美的艺术"，试图否定形式主义美学，实际上这种否定很不彻底。正如吕荧在《美学问题——兼评蔡仪教授的〈新美学〉》（1953 年）中指出，蔡著"基本上还是没有脱离旧美学的窠臼"。② 其中关于"美的种类论""艺术种类论"的基本原则仍是在"形式主义的美学"理论里，"不仅原则相同，纯自然观点的观察美和美的事物，然后形式主义的加以分类，而且在个别的具体论点上也有许多一致之处"。③ 如此看来，"形式"必然是无法避免的问题。蔡著就是把"形式"作为"单纯现象"之条件；也就是说，所谓的"单象美"仍然是以"形式"为条件的"美"。但论及美学中的"形式"，它又往往被认为是一个具有双重性的条件。形式可以是构成美的因素，而且是重要的因素，但同样的形式也可以是构成不美或丑的因素。④ 作为美的条件的形式，既可以是美的，又可以是丑的，或者说美的、丑的因素都可以包含在形式之中。故这里涉及如何从"形式"角度解释"丑"的美学问题，具体包括：一是美与丑之间具

---

① 洪毅然:《新美学评论》，见《陇上学人文存·洪毅然卷》，洪毅然著，兰州，甘肃人民出版社，2010 年，第 12～13 页。
② 吕荧:《吕荧文艺与美学论集》，上海，上海文艺出版社，1984 年，第 412 页。
③ 吕荧:《吕荧文艺与美学论集》，上海，上海文艺出版社，1984 年，第 431～432 页。
④ 参见蒋孔阳:《美学新论》，北京，人民文学出版社，2007 年，第 72～73 页。

有何种关系？二是丑的现实何以有美感的发生？三是艺术何以表现丑的形象？这三个问题，蔡著做了一些正面解释和补充说明。[①]

"美"与"丑"是针对现实生活而言的，是对社会或文学艺术所做的两种相反的审美价值评判。一般来说，这两个范畴是相对的、共生的，而不是绝对的、排斥的。蔡仪在《新艺术论》中曾提出"以真为美"的观点，认为美的一定是真的，而且是"具体的形相的真"。那么究竟什么样的"具体的形象的真"才是美的呢？要理解美之"真"，还需要从美的反面"丑"入手。

> 若是单纯地提出美的性质作形而上的规范的解答，或者单纯地举出美的作用作无原则的经验的解释，是难得正确的结论。那么我们为便利计，不妨先且从反面来考察吧。美的反面是丑。所谓丑是什么呢？这是我们所知道的，所谓丑的就是反常的、特异的。譬如人的相貌，或者是嘴歪了、脸麻了、背驼了，我们认为这是丑，就是因为嘴、脸、背是反常的、特异的。也就是因为我们一般的人大多数都不是这样，而少数人是这样，所以觉得丑。那么不丑呢，便是正常的、普遍的。[②]

> 虽然不丑并不一定是美。但是丑和美是相反的东西，丑和不丑也是相反的东西。在这样的命题之下，丑和美，丑和不丑是异质的东西，而美和不丑则是同质的东西；那么美和不丑，虽有差异，却不是质的差异，而是量的差异。[③]

上述所议最主要的一点是把美与丑对照起来看待。说到底，丑仍然可以是美的，和与之相对的美在本质上具有同一性。对此，《新美学》继续进行发挥，提出美或丑的分别，但并非针对现实（客观）事物本身，而是针对客观事物的种类关系的简单或复杂而言的。"客观事物因为种类关系的复杂错综，所以它的种类的属性条件和个别的属性条件的统一关系也是非常复杂错综，因此而产生种类的属性条件是优势的事物，和个别的属性条件是优势的事物，于是该种类的事物才有美的和丑的之分。""客观事物的种类关系愈简单，则该事物便愈近于没有美丑之分。"[④]

---

① 蔡著中经常出现"值得注意的两点""补说的一点"等文字。
② 蔡仪：《新艺术论》，重庆，商务印书馆，1942年，第179~180页。
③ 蔡仪：《新艺术论》，重庆，商务印书馆，1942年，第180页。
④ 蔡仪：《新美学》，上海，群益出版社，1947年，第88~89页。

　　至于为什么从丑的事物之中会产生美的理想，蔡著一方面承认这是一个难题，"从来的人所难于解答的"，另一方面做了自己的解释。这个解释又包括三个方面：其一，美的认识或美的观念是在日常生活中不断地对于事物的悠长的认识过程中获得的；其二，美的观念是以概括事物的种类为基础而构成的，丑的客观事物虽然是以个别性为优势的，但是并非没有普遍性。"一般的丑的事物，往往只有部分的属性条件是以个别性为优势的，另一部分的属性条件可以是以普遍性为优势的，因此根据那些普遍性是优势的部分，也未尝不可以构成一个相对的美的观念。"其三，美的观念和丑的观念是同时发生的，本来两者是相对而言的，人们概括事物的普遍性，同时也得以认识事物的特殊性，这种普遍性和特殊性在认识过程中是"同异交得"，以普遍性为优势的美和以个别性为优势的丑，在认识过程中也是"交得"的。总之，"没有丑便没有美，就客观事物而言是如此，就主观观念而言也是如此"。①

　　至于艺术表现丑的形象的问题，蔡著认为是典型的"加强"或"典型性的转化"问题。丑的形式不仅体现在自然的形式中，而且普遍存在于社会现象中。艺术反映自然，也反映社会。自然中丑的形式，可以成为艺术反映的对象，因为美感是相对的，与现实形式无关。艺术又必然反映现实社会中的黑暗、丑恶、腐败的人物、社会事件等对立关系。这些就是"负的典型"，即根据现实社会中负的部分而产生的各种丑的现象。所以，在某一种特殊的规定之下，事物所属的种类范畴可以互相转化，互相推移，也就是事物的典型性可以互相转化，互相推移。"在日常现实中我们认为不美的事物，而在艺术中可以转化为美的。这种现实的不美之转化为艺术美，一则固然是由于典型性的加强，二则还在于这典型性的转化。"②

　　从上述对"丑"的相关问题的美学解答来看，蔡著完全基于其所持之说"美在典型"。蔡仪美学是一种客观论、唯物论，强调美的本质在于典型，在于事物的一种客观性，如此美感的问题就被整合为美的问题。把美学视为认识论问题，强调主客两者既区分又联系，这种矛盾致使蔡仪在观念论美学取舍上持犹豫态度，即一方面猛力抨击这种美学的"唯心"之处，另一方面在立论过程中又认为它具有某些可取之处。这种态度，也自然反映在他对康德"依存美"、黑格尔"理念"等论说的利用上。作为一部马克思主义美学的论著，蔡著对马克思主义的理解、运用仍不够充分，终究与

---

① 蔡仪：《新美学》，上海，群益出版社，1947年，第150页。
② 蔡仪：《新美学》，上海，群益出版社，1947年，第91～92页。

蔡仪本人当时没有系统地接受有关。须知，蔡仪接受马克思主义思想主要是在留学日本期间，而当时日本的马克思主义则是十分零碎的。尽管如此，蔡著仍有其时代特色，亦自有出彩之处，尤其是对典型论的主张和运用。就"形式论"而言，《新艺术论》对艺术的形式与内容的关系进行了完整论述，已经达到一个新的认识高度，但是又在《新美学》中试图摒弃各种形式论美学，否定形式美、自然美的价值和意义。此类的问题存在，加上受到外界的批评等诸多原因，促使蔡仪决心改写《新美学》。① 至于改写的《新美学》是如何具体表述这些问题的，当属于中国当代美学研究的领域，这里不再讨论。

第四节　中国美学本体之"重写"：一个问题的反思

以上三节分别论陈、李、蔡三著，皆因它们在形式论方面各有特色。作为众多中国美学原理论著中的三部，它们的形式论仅是各自美学框架中的一部分，而"形式"亦并非其所建构的美学之本体。本体是本质的、本原的、自组织的，是用于表述概念系统的概念。美学本体则是能够统摄美学一切问题的本质性的、根本性的概念。本体论是西方传统哲学、美学的灵魂，且成了20世纪以来中国哲学、美学建设的依傍，循此也势必走进本体论。② 在这一问题上，中国现代美学人都有十分自觉的探索意识，并确立起以"境界""情感""生命""人生""社会""典型"等为核心词的本体论美学。③ 显然，我们不能将它们与西方美学中的各种本体论等量齐观。西方美学由形式思维所统摄，有关美的一切问题都可以在"形式美学"的框架中得到合理解释。西方美学，如果说传统的是"形式的桎梏"，那么近现代以来则是经历了从现代主义"形式的泛滥"到后现代主义"形式不可解"的困境。④ 相比之下，中国美学的历史根本无法用"形式"这样的本体范畴把古今发展贯穿起来，更何况"美学"来自西学，本就是译介的产物。从这个方面说，美学在中国必然是一个被重写的过程。这种"重写"

---

① 蔡仪从1960年开始对《新美学》进行改写，最终第1卷于1983年出版，第2卷于1988年出版，合称《新美学》（改写本）。有关改写《新美学》的原因、过程等情况，见《唯心主义美学批判集》（1958年）、《美学论著初编》（1982年）、《蔡仪美学论文选》（1982年）、《新美学（改写本）》第1卷（1983年）等论著的序文，集中见《蔡仪文集》（第10卷）（北京，中国文联出版社，2002年）的序跋部分。

② 参见俞宣孟：《本体论研究》（第3版），上海，上海人民出版社，2012年，第6～12页。

③ 陈望衡：《20世纪中国美学本体论问题》，长沙，湖南教育出版社，2001年，第10～20页。

④ 方文竹：《形式含义的演变与西方美学本体论》，《中国人民大学学报》1998年第3期。

表现在多个方面，如译入"美学"和各种外国美学，置换美学观点和范畴，重组美学理论和体系，"改造"美学思想，当然也包括像文艺作品跨类那样的文本改编。在中国美学的现代性语境中，"重写"是一种重建中国美学本体的表达机制，是一种格外值得我们关注的中国本土想象方式。反思这一问题，必然有助于我们理解中国现代美学，提高对中国美学的认识站位。正是通过译入、介入、嵌入三种"入"径的"重写"，中国美学被赋予了一种深刻性，亦值得我们真正将其作为本体美学来期待。

一、在译入中拓展

"重写"并非无中生有，而是基于先在文本的再创、改写。美学文本重写同样如此，它需要有可资借鉴、参考的源文本。美学是西学。有了西学的资源和参照，才有可能建构起中国的美学。中国古代有丰富的美学思想，但"有美无学"。至于"有美有学"，则是在晚清政治变革、教育改制的背景下发生的，由 19 世纪末 20 世纪初一批先得西学风气的学人引入和初步确立，并在 20 世纪 20 年代以来得到不断发展。在这一发生、发展过程中，对国外美学的译介起到了重要作用。从一些代表性的美学家那儿、体系性的美学论著作当中，我们几乎都能明显看出外来美学的影子。王国维、蔡元培的美学论著中广布着以康德、叔本华、席勒等为代表的德国古典美学思想见解。立普斯美学、克罗齐美学分别成为吕澂《美学概论》（1923 年）、朱光潜《文艺心理学》（1936 年初版，1937 年再版）的重要学术资源。经统计，20 世纪 20～40 年代，国内出版的美学作品有 143 种，其中译著 70 种。[①] 译著的数量约占一半，这个比例足以体现外来美学的重要程度。让美学在中国得到创建以及拓展，急需吸收外来的美学知识，借重外来的学术思想、学术规范，当然还要对外来的美学进行"重写"。在这个过程中，译介不可谓不重要。

整体看，20 世纪 40 年代之前汉语界对国外美学的译介十分多样，但并不系统，像康德的《判断力批判》、黑格尔的《美学》都是迟至 20 世纪 60 年代才正式出版。尽管如此，西方美学中那些重要的美学家、美学理论、美学论著都已程度不一地被介绍进来。这种局面的形成，很大程度上得益于一些"中介"。这里以《民铎杂志》第 2 卷第 2 期（1920 年）刊发的一篇未署名的《关于美学之名著介绍》为例略做说明。该文罗列"美学入

---

① 此数据来自牛宏宝等著的《汉语语境中的西方美学》（合肥，安徽教育出版社，2001 年）和蒋红等编著的《中国现代美学论著、译著提要》（上海，复旦大学出版社，1987 年）两书。

门"8种，"关于美学专门研究之参考书""关于心理学的社会学的美学之参考书"各22种。这个书目在选择、编排上较混杂，但基本涵盖了重要的西方美学论著，较全面地反映了西方美学的历史和现实发展概况，说明当时的中国学人保持了一种世界眼光。可惜的是，这份在中国历史上较早出现的美学书目当中，竟没有任何来自日本的美学论著。众所周知，中国美学的现代发生与日本关系颇深。"美学"之名，最先译出的是日本学者中江兆民，他用汉字把法国学者维龙（Veron）的 *Esthétique*（1878年）译为《维氏美学》（1886年）。而这种经汉字文化改造和重构的西方的美学，成为中国近代的新知识。① 最先译入的系统性美学著作是日本学者高山林次郎的《近世美学》（刘仁航译，1920年）。该书分两编，上编"美学史一斑"概述从古希腊至黑格尔的美学，下编"近世美学"介绍德国情感美学之代表克尔门（Kirchmann，按：今译基希曼）等在当时中国少有人接触的五人的理论。流行的较全面阐说哲学、心理学、社会学或艺术学的美学方法，最初也有译自日本学者的成果。如《东方杂志》所载的译文《美学所研究的问题及其研究法》（1922年），原作者是日本现代美学的重要奠基者和开拓者大塚保治。该文指出，"审美的事实"是"心理的事实""社会的事实"，它们"在其根底上都与人生底价值有密切关系"；心理学的、社会学（艺术学）的和哲学的三种观察点的研究，只是"分工的研究""发达底路径上一时的现象"，它们"既然都是以审美的事实为其对境，也自有正当的理由可以综合起来，组成浑然统一的学问"。② 有关"美学"的译名、论著、方法等都有日本的背景，美学成为近代以来中日文化交流的重要内容。王国维、刘仁航、滕固、俞寄凡、陈师曾、吕澂、黄忏华、鲁迅、李石岑、郭沫若、范寿康、陈望道、邓以蛰、徐蔚南、倪贻德、钱歌川、沈启予、徐朗西、陈之佛、岑家梧、马采、蔡仪等都曾经在日本留学，接受西方现代学术思潮。他们在回国后致力于传播和研究，从而推进美学、艺术学学科在中国的逐步发展。美学在中国主要经由日本这一中介才得以兴盛起来。日本学人接受德国"美学"，而中国学人又接受日本"美学"，这种情况无疑加深了中国"美学"的重写特点。

引入国外美学，为推动中国美学的现代发展提供了重要的专业知识和学术范式。正如张法指出的，参照、借鉴西方美学，也可以使得中国的

---

① 参见王确：《汉字的力量——作为学科命名的"美学"概念的跨际旅行》，《文学评论》2020年第4期。

② 〔日〕大塚保治：《美学所研究的问题及其研究法》，鸿译，《东方杂志》1922年第19卷第23期。

美学能够与西方的美学保持一致，主要体现在从西方产生出来时形成的"美、美感、艺术"三个基本部分同样存在。[①]"美学"作为外来的学科，为中国人所理解，首先面临的是"美学是什么"或"什么是美学"这个根本问题。从西方美学史看，把美的本质作为美学的优先解决任务具有相当顽固性。从古希腊到黑格尔时代，大批美学家都执着于此问题，但是难以取得统一意见。正如有学者所言："在这期间所形成的认识主体、形式主体与心理主体及其各种表现与变异形式，都不过是在一种结构关系中选出连自己也有些怀疑的对象并加以自圆其说的结果。美的本体在这种争论中并没有得到澄清，而是更加捉摸不透了。"[②] 即使近代以来，情况同样如此。西方美学史堪称关于"美"的问题史、论争史。当西方的美学以知识形态共时地进入中国时，一些先进的中国美学人曾做出多种选择，但总体上看也是把美学当作"美"的美学。他们将"美的情感"（萧公弼《美学·概论》，1917 年；熙初《美学浅说》，1920 年）、"美的法则"（舒新城《美学》，1920年）、"美的事实"（黄忏华《美学略史》，1924 年）、"美的人生"（张竞生《美的人生观年》，1924 年）、"美的科学"（徐庆誉《美的哲学》，1928 年）等作为美学的研究对象或学科特性。蔡元培在为金公亮编译的《美学原论》（1936 年）所作的序文中也这么认为，"何者为美""何以感美"固然重要，但美学研究的根本问题还在于"美是什么"。[③] 中国现代美学人对美学本体之追求，由此亦可见一斑。

中国的"美学"起初就是按照西方范式建立起来的。按照"美学之父"鲍姆嘉通的观点：美学是哲学的分支，与逻辑学相对，是一门研究感性认识的新兴科学。这门"感性学"译入中国的时候依旧首先是"美的哲学"。美学学科在中国的初步确立，实以三本同名《美学概论》（吕澂，1923 年；范寿康，1927 年；陈望道，1927 年）的出版为标志。它们都以"美学是研究美的哲学"为总定义，肯定"美"具有统一的内涵，并做了界定。吕著指出，"美"是"美学的对象"，美学研究"美的原理"，包括"美意识、艺术和价值"。范著指出，美学是研究"美的法则的学问""关于人类理想之一就是美的理想方面的法则之科学"。陈著指出，美学是"关于美的学问"，以"美""自然、人体、艺术""美感、美意识"为研究对象。吕著、范著偏于主观倾向的美学价值论，注重心理学美学；而陈著偏于客观论，

① 张法：《美学的中国话语：中国美学研究中的三大主题》，北京，北京师范大学出版社，2008年，第404～405页。

② 杨晓峰：《美学本体、美育和审美信心》，《贵州大学学报（艺术版）》2005年第4期。

③ 金公亮编译：《美学原论》，南京，正中书局，1936年，序第1页。

注重客观论的社会学研究方法。① 三著所建构的"美学",都保持了外来的"美学"的性质、研究对象。其中吕著出版最早,对外来美学吸收更加明显。"是篇专取立泊士之说,而多依据日本学者阿部次郎、稻垣末松、大西克礼、管原教造、石田三治诸家之书,拣取要义,提举大纲。"② 之所以偏好立普斯(立泊士)学说,又是因为"感情移入"与吕氏本人所拟建立的唯识学的美学在宗旨上十分相近。吕著由"美学之对象及方法""美的价值""美的形式原理""美的感情移入""美之种类""美的观照及艺术"六部分构成。这个框架,又为后来的范著、陈著提供了参考。这种影响,实为我们考察中外美学关系和中国本土美学阶段性发展提供了绝佳案例。

如上情况表明:美学在中国的兴起和初步发展,就是通过大量译入外来的美学,将具有权威性质的国外美学作为参照对象,进而将之具体化到中国本土美学的创建中。这正是一个以译介为主的创建过程。译介,并不能简单地等同于翻译,它是比较文化视野中的翻译,是跨文化交流的实践活动,具有创造性的意义。英国当代学者蒙娜·贝克(Mona Baker)指出,翻译是参与叙事过程的建构方式,即赋予意义的积极过程。"在翻译文本和话语的建构的过程中,译者有意或无意地参与了对社会现实的建构、磋商或质疑。"③ 这种翻译观极其有助于我们对译介的深入理解。美学之译介是一种跨时空的建构,能在中国的语境中使文本的叙事意义更加凸显,亦能引导读者将它和现实生活中的叙事联系起来,如此美学在中国本土也不断得到拓展。换言之,中国现代美学的展开,与持续不断的美学之译入密切相关。

二、在介入中深化

国外美学为中国的美学之建构提供了知识、原理与方法,具有范本意义。但译入的国外美学只有介入中国本土理论、思想的建构,才能产生实际意义。美学作为一门学科在中国创建、作为一种思想在中国发展,需要多方面力量的支援,尤其需要以中国本土视角进行阐发和融合。译入、介入都是十分重要的行为,都为展开"重写"提供了空间及其可能。在这个过程中,一批中国美学人提出了诸多本土化命题和主张,发表或出版了诸

---

① 参见祁志祥:《中国美学全史(第 5 卷):现当代美学》,上海,上海人民出版社,2018 年,第 25～43 页。

② 吕澂:《美学概论》,上海,商务印书馆,1923 年,述例第 1 页。

③ 〔英〕蒙娜·贝克:《翻译与冲突——叙事性阐释》,赵文静主译,北京,北京大学出版社,2011 年,第 160 页。

多具有体系性的论著。就几位经典的中国现代美学家而论，他们在美学上颇有建树，但又采用不同方式建构美学。梁启超先后提倡"新民说""趣味说"，通过发表一系列的论文、演讲，形成了值得后人总结并被高度认可的政治型美学，但是从未正面谈及"美学"二字。王国维标举"境界"，在诗学、美学方面成就卓著，且以中西化合的方法开创了中国学术研究的先河。他的长篇论文《红楼梦评论》（1904 年）是一篇文学评论，《人间词话》（1908～1909 年）是具有浓郁传统特色的评点论集，两者都很难说是鸿篇巨制。蔡元培以哲学、美学、心理学、伦理学等为基础，大力提倡美育。1920 年秋，他在湖南长沙做了七次讲演，题目分别是"何谓文化""美术的进化""美学的进化""美学的研究法""美术与科学的关系""对于师范生的希望""对于学生的希望"。1921 年秋又在北京大学讲授"美学"课程，开始撰写《美学通论》，包括《美学讲稿》《美学的趋向》《美学的对象》等，但这部"通论"未能在其生前正式出版。即使是"以美育代宗教"，虽经反复提倡，历经二十年之久，惜终未成书，成为他一生的"憾事"。王、梁、蔡三大家似乎都并不着意于美学理论、体系的建构，而是特别注重将西方美学的新观念、新思想引入进来，用于改造社会、启蒙人生。倘论"重写"，他们更多的是着眼于对日常生活主体即民众的"改造"问题。相比较而论，后起的朱光潜、宗白华更为自觉地追求中国现代美学体系建构，特别提出人生艺术化思想，代表了 20 世纪三四十年代中国美学建设的突出成就。而这种成就的取得，又在很大程度上通过"重写"美学文本而达成。

朱光潜在留学英法期间（1925～1933 年）完成了《给青年的十二封信》《诗论》等八部书稿，除一部关于符号逻辑派别的遭火失佚外，其他的都先后得以出版。其中《文艺心理学》《谈美》具有明显的互文关系，后者是前者的"缩写本"[①]。《文艺心理学》，副标题为"附近代实验美学"，英文稿于 1932 年完成，此后由开明书店出版中文版，1936 年 7 月初版、1937 年 2 月再版、1939 年 1 月第 3 版、1946 年 9 月第 7 版。《谈美》，副标题为"给青年的第十三封信"，初稿完成约在 1932 年 4 月，是年底由开明书店正式出版，此后又不断再版：1935 年 1 月第 4 版、1948 年 12 月第 18 版。从写作、出版的时间看，《谈美》《文艺心理学》有重叠。再版的《文艺心理学》共 17 章，其中第 1～6 章谈美感经验的性质，第 7～8 章谈文艺与道德的

---

① 朱光潜：《作者自传》，见《朱光潜全集》（第 1 卷），合肥，安徽教育出版社，1987 年，第 5 页。

关系，第 9～14 章谈美、艺术的问题，第 15～17 章谈美学的四个基本范畴，另外有三个"附录"。与英文初稿相比，第 6、7、8、10、11 诸章为完全新添。其中包含了他对美学的意见的重要变迁，就是逐渐摆脱形式派美学的束缚和偏见，进行补苴罅漏、调和折中，集中体现在第 11 章中。除了这些新添的部分，就是《谈美》的基本内容。朱光潜曾说：

> 在写这封信之前，我曾经费过一年的光阴写了一部《文艺心理学》。这里所说的话大半在那里已经说过，我何必又多此一举呢？在那部书里我向专门研究美学的人说话，免不了引经据典，带有几分掉书囊的气味；在这里我只是向一位亲密的朋友随便谈谈，竭力求明白晓畅。①

　　两书固然在内容上有许多重合，但是在写作时面对的对象不同，《谈美》是"青年""亲密的朋友"，而《文艺心理学》是"专门研究美学的人"。《谈美》共 15 篇，谈及"美感的态度""宇宙的人情化""美与自然""艺术与游戏""创造与模仿"等。从结构看，各篇（章）相对松散，却有"研究如何免'俗'"的"单纯的目的"。"开场话"中的"要求人心净化，先要求人生美化""人要有出世的精神才可以做入世的事业"，这些提法已体现出写作用意。尤其是最后一篇《慢慢走，欣赏啊！》，谈的是艺术与人生的关系，其中"人生的艺术化就是人生的情趣化"的观点极具创见性。故《谈美》是一部个人观点十分鲜明的论著。从《文艺心理学》到《谈美》，不只是从英语到汉语写作语言的简单转换，更是一次面向青年的，追求"人生艺术化"的"重写"。这种有用意的、蕴含深度的探求，反映了朱光潜对美学的系统化、创造性建构。1932 年 4 月，朱自清应邀为《谈美》作序，赞之"并非节略""自成一个完整的有机体"，并指出作为朱光潜最重要的理论，"人生的艺术化"是《文艺心理学》所没有的。② 今人也如此评道："《谈美》从行文和结构，都可以说是朱光潜在'下笔无西人'的状态中，自己建立起来的美学体系。"③ 因此，《谈美》作为朱光潜前期的真正的美学代表作名副其实。而《文艺心理学》只是一部以"美感经验"为核心范畴建构起来的"美学"。该书大量借鉴、利用以克罗齐、布洛、立普斯、康德等为代表的西方美学，虽然已被有意进行调和折中，但是仍然摆脱不了学术

---

① 朱光潜：《谈美——给青年的第十三封信》，上海，开明书店，1932 年，开场话第 4 页。
② 朱光潜：《谈美——给青年的第十三封信》，上海，开明书店，1932 年，朱序第 1～5 页。
③ 牛宏宝等：《汉语语境中的西方美学》，合肥，安徽教育出版社，2001 年，第 363 页。

化、西化的倾向。

宗白华于1925～1928年在中央大学讲课，为后人留下《美学》《艺术学》等讲稿，可惜在他生前都未能得以出版。论及他的最具分量、影响最大的学术成果，则不得不提为“意境”做出明确定义的《中国艺术意境之诞生》。但是，这篇学术论文并非一次完成，而是经增订后二次发表的。原稿作为《中国艺术底写实传神与造境》的第3篇，刊于1943年3月《时与潮文艺》创刊特大号。增订稿初刊在次年1月《哲学评论》第8卷第5期，重刊在1944年9月《书学》第3期、1947年11月《妇女月刊》第6卷第5期。与原稿不同，增订稿无论在形式还是内容上都进行了修订，按作者自言是“删略增改，俾拙旨稍加清晰”①。

增订稿之于原稿的改动，主要体现在三个方面：第一，增加。副标题“引言”和“（一）意境底意义”“（二）意境与山水”“（三）意境创造与人格涵养”“（四）禅境底表现”“（五）道，舞，空白：中国艺术意境结构底特点”都是新增的。其中，直接使用“意境”一词的副标题就有四个。初稿并没有这些模块，如“禅境的表现”本是“人格涵养”部分的内容，增订稿将它独立出来。另外，所谓“研寻意境的特构”“窥探中国心灵的幽情壮采、自省民族文化”等用于表明写作的目的和意义，这几个部分也都是新增的。第二，调序。主要指概念论述及举例应用的先后顺序，对它们做一定的调整。如原稿先是指出意境是“主客的交融渗化”，再列举名家之言论，进而提出意境的三个层次，增订稿只论意境的层次为中国艺术家“不满于机械式模写”的原因，并将那些名家之言都纳入第四部分。第三，删减。主要指减少引用、证例。如第二部分，原稿中在论意境与山水的关联时曾列的明代薛冈、清代徐沁等人的言论，增订稿中被悉数删去；在区分“狄阿理索式”“阿波罗式”两种创作精神时，原稿中曾列的元代黄子久、明代顾凝远之言论，增订稿中仅保留前者，删除后者，又将宋代米友仁的言论从他处挪用到此处。经过增订，面目与初稿大为不同，而且层次更清晰、表述和论证更合理。对此，有学者认为“中西艺术境界内在幽眇的精神及其外在表现”这一题旨得到突出，尤其体现在禅宗三层次这一问题上。②

与朱光潜一样，宗白华具有明确的重写目的，只是更着重于建构意（艺）境理论。在西学的影响下，他们都有鲜明的现代意识。重写美学文

---

① 宗白华：《中国艺术意境之诞生》（增订稿），《哲学评论》1944年第8卷第5期。
② 张蕴艳：《从精神谱系看百年中国文论话语新变的可能性——以宗白华、李长之为中心的探讨》，《文艺理论研究》2019年第2期。

本，并非简单地采用加法、减法，而是需要现代意识的乘法；亦并非简单的语符置换活动或文化沟通的行为，而是主体人的思想之呈现。且就一种美学理论、思想的形成而言，它不可能一蹴而就。鲜明的主旨、核心的概念，且能够与已有美学理论、思想形成对话，或者直面现实，或者向未来敞开，这些都是使得一种美学理论具有生命力，一种思想具有合法性的关键所在。中国现代美学人以主动的姿态接受外来的思想和文化，时刻不忘对现实的观照，深入到解决实际的社会、人生问题当中。中国现代美学中谈美、艺术（美术）和人生这方面的论著较多。如 1923 年由东方杂志社编辑出版的《美与人生》是一部由七位作者分别撰写或译述的八篇美学专题论文的合集。今人有评："在编辑体例上，既重于代表性理论思想的阐发及美学史实的描述，又兼有具体的美学批评，实具'美学概论'的特点而无一般概论的刻板，当为美学研究较为恰当的教科书之一种。"[1] 再如张竞生的《美的人生观》，本是他在北京大学讲授哲学课的讲义，1925 年 5 月初印，1925～1927 年重印七次，影响极大。作者本着"美是一切人生行为的根源"的理念，提倡"唯美主义"。[2] 且从衣、食、住到体育、职业、科学、艺术、性育和娱乐，构建了系统而有层次的"美的人生观"。类似这样的谈"人生"之作，在 20 世纪 20～40 年代还有许多。"人生艺术化"是富有现实性和中国本土创见性的中国现代美学思想，凸显为中国现代美学的特色，值得我们格外重视。

三、在嵌入中新构

从上述朱光潜、宗白华的经验看，"重写"是美学人的自我审查，又是使自身的理论、思想走向深刻、成熟的必要经历。但我们也必须意识到：真正的美学人不可能脱离这个社会而存在，他们是具体的社会人，是日常生活的主体，而人生经历、日常体验往往会对他们选择美学道路产生重要影响。中国现代美学人普遍受到传统教育影响并得到西学滋养。双重背景使得他们在美学建构的时候秉持为我所用的立场，采用诠释的方法，即在对西方美学的理解、阐释和应用中建构中国美学。近代以来西学源源不断涌入，使得中学面临严峻危机，以求将之纳入现代化轨道，这是一种潮流和趋势。但是也要防止过度西化，毕竟中西美学的哲学、文化底色不同，西方的注重逻辑、理性，而中国的以模糊、感性为特色。更好地

---

① 贺昌盛主编：《中国现代文学基础理论与批评著译辑要（1912—1949）》，厦门，厦门大学出版社，2009 年，第 17 页。

② 张竞生：《美的人生观》（第 7 版），上海，美的书店，1927 年，第 212 页。

彰显民族性、现代化，需要在中西文化间性中寻找突破和创新，即在大量学习、借鉴西学之后，转向中国传统，认同本土传统，或者说把外来的美学系统有机结合进中国美学系统之中，使前者内生于后者之中。这种嵌入（embeddedness）式的学术尝试有目共睹，意义非凡。如王国维的《孔子之美育主义》（1904 年）、张君劢的《德国美学家雪雷之〈美育论〉》（1922年）、蔡元培的《孔子的精神生活》（1936 年），都是由席勒而及孔子，"发现"中国美育传统，从而焕发中国美学、美育的现代生机。在中国现代美学人中，王国维、戴岳、邓以蛰、方东美、宗白华等都具有古典倾向，主张以中国美学传统为主体，有限吸收西方美学，建设中国特色的现代美学。[①] 这种新古典主义美学，促进了中国美学由传统向现代的转化，因此也是现代性美学。总之，由西方而及中国传统建构体系化的中国美学，共享了世界学术资源，激活了中国传统。中国现代美学，确立起了以"境界"或"意境"（王国维、宗白华），"美感经验"（吕澂、朱光潜），"典型"（蔡仪）等为核心范畴的中国美学体系性框架，由此亦显示出中国美学的优势，即"深厚的文化传统底蕴""马克思主义哲学氛围""借鉴吸纳西方美学的热情和视野"。[②] 这些构架的呈现和优势的凸显，正是中国现代美学人孜孜以求、不断努力的结果。

在中国美学的现代建构过程中，美学人亦无不受制于外来的、传统的与自我的三方场域，深陷于三者冲突、矛盾的心境中。他们通过"重写"将外来的美学变成中国的美学，实现本土化的美学"转义"，在这一具有探索性的现代建构过程中必然面临诸多困难。这种矛盾、困难的一种典型表征就是：在阐述美学理论的过程中把中外两种话语并置，导致理论建构有"破碎化、肢解化"的倾向。如戴岳发表在《东方杂志》第 17 卷 10期（1920 年 5 月）的《说美术之真价值及革新中国美术之根本方法》颇有创见，提出了以"冲和—随化—超脱"为中心的怡情论美学。该文从艺术起源的游戏说到美感的发生学原理，再从利普斯（Lipps，按：又译立普斯，等等）的移情说到康德美学的思想片段，涉及了当时美学思潮的许多重要方面，表现出希望贯通西方美学（主要是德国美学）与中国传统的积极态度。这种尝试，自然能够增加论述时所凭借的思想资源的厚度，但又导致美学思想的纷繁芜杂。正如有学者评价的："想当然地随性将这些产生的学科不同，语境不同，内涵不同，所依据的社会经济基础也不同的相

---

① 参见杨春时:《中国早期现代美学思潮概说》,《首都师范大学学报（社会科学版）》2019 年第 1 期。
② 阎国忠等:《美学建构中的尝试与问题》,合肥,安徽教育出版社,2001 年,第 4 页。

似术语糅合在一起进行论述，看似旁征博引，实则相当不严谨。"① 又如前已述及的宗白华的《中国艺术意境之诞生》（1944 年增订稿），在论述"舞"的时候引用唐代张彦远、司空图之言论阐明艺术家于现实中体会玄冥的奥妙所在，但在涉及其具体内涵时，又以"韵律""秩序""理性""旋动"等进行描述。其中，"理性"这样的用语，明显具有西方意味。如此借助西语来研究中国古典美学，究竟是中国的还是西方的美学，不易被读者分辨出来。造成话语混乱，当然与"译介性"② 有莫大关系。诚然，中国现代美学人重视译介外来的美学，对此也多有借鉴，但所倚重的大多是某一种观点、某一些概念，缺乏系统、完整的观照。而拿来主义的态度，使他们对外来的美学缺乏必要的批判工作，自然就难以避免那些美学自身本就存在的缺陷。在接受国外美学以及在与中国传统美学融会的过程中，"误读"是的的确确存在的现象。如对中国现代美学产生重大影响的康德美学，尤其是它的"第一契机"（审美判断的非功利性质），就存在功能性上的理解偏差。中国现代美学家认为，审美具有清除现世性积弊、启蒙民众的积极疗效。这种认识明显是对审美功能的强化，甚至是扩大。这就是说，一旦使审美论进阶为一种本质主义，美学反而陷入学理上的困境，面临丧失现实意义的危险。此种误读，需要我们客观评价、理性分析，毕竟它生发了中国本土创造性的意义。

中国现代美学具有显著的人文特征。它并非纯粹的理论，而是具有鲜明的改造社会、启蒙人生的思想。以鲍姆嘉通、康德、黑格尔、席勒为代表的德国古典美学，以叔本华、尼采为代表的唯意志论美学，以柏格森、克罗齐为代表的直觉论美学，它们在进入中国之后普遍成为用于启蒙民众的审美精神。中国现代美学人将思考的重心转向民众，致力于将他们塑造成审美主体，使他们普遍具有审美能力。这种改造社会、人生的方式，是美学的，更是中国现代的。换言之，美学具有人生功能、社会作用，这是中国现代美学人对美学（审美）问题的现实解答。他们强调审美的非功利性、审美对象的形式特征，同时突出艺术、审美经验的人文文化建构作用。因此，审美问题极为特别，"已不再是简单认识论和反映论的实证主义、唯科学主义的问题，而是与人生艺术化或艺术人生化的心性问题紧密相关的问题"③。如此视域中的中国现代美学，自然不再由单一的本体论构

① 简圣宇：《戴岳：中国现代早期美学史上的一个特别样本》，见《中国美学研究》（第 12 辑），朱志荣主编，北京，商务印书馆，2018 年，第 115～116 页。

② 彭锋：《中国美学通史（8）：现代卷》，南京，江苏人民出版社，2014 年，第 98 页。

③ 李建盛：《方法论与 20 世纪中国美学》，《北京师范大学学报（社会科学版）》2003 年第 6 期。

成。陈望衡认为，中国现代的美学体系构建皆以本体论为基础，形成了以梁启超、吕澂、范寿康、朱光潜为代表的"情感本体论"，以王国维、鲁迅（前期）、宗白华、张竞生为代表的"生命本体论"，以鲁迅（后期）、陈望道、周扬为代表的"社会功利本体论"，以蔡仪、冯友兰为代表的"自然典型本体论"，等等。多元化局面，体现出美学在中国的发展真正以"审美活动问题优先研究"为特点。① 从审美活动而非从美本身入手，这表明中国现代美学在建构的过程中，并未落入西方美学的窠臼，而是有着追求现代性价值认同的自己的道路。

所谓"在嵌入中新构"，更多的意味是"为我所用"，着力解决中国本土问题，以建构起崭新的中国美学形象。中国现代美学人行走在思想行动与理论建设之间，焕发了中国美学的现代生机。这也提示我们在总结作为经验和传统的中国现代美学的时候，除正视它的时代性和现实性之外，更需要回归到中国美学本身进行认识和理解。中国现代美学，本就是中国古典美学的延续，像王国维的"有我之境""无我之境"，朱光潜的"无言之美""物我统一"，宗白华的"充实""空灵"等现代观点都反映了这种实质。发展中国美学，需要跳脱出现代与古典二元对立的思维模式，将其置于本体美学的视野进行审视。在这方面，成中英提出的从"问题美学"到"本体美学"的发展观点值得关注。"问题美学"乃指"人类社会各种失序现象的表露，而为人们注意并作为强烈感受的对象，甚至作为突出的'艺术品'来加以注目沉思；所感受者、所注目者、所沉思者却是一个形象化的生命问题或一个生命问题的形象化"。"本体美学"则是"从我们自身亲切的感受体会，来开拓我们对这个世界的理解，也同时开拓我们内在心灵的思考与意志能力"。这种"直观现象化的本体之美"与"理解本体化的现象之美"的诠释美学互生而共进，从而形成美学的本体诠释与现象直观的融通。② 他反思那种直接以艺术品呈现美感的现象，殷切关注这种成问题的问题，进而将具有直观性、此在性的"理解"作为本体范围，从而突出了从诠释学角度理解中国美学的重要性。进一步研究中国现代美学乃至整个中国美学，也只有保持这种本体美学意识才能在多样文化交织、多重现实交融的语境中夯实本位，实现中国美学话语创新。

---

① 陈望衡：《20世纪中国美学本体论问题》，长沙，湖南教育出版社，2001年，第10～20页。
② 成中英：《美的深处：本体美学》，杭州，浙江大学出版社，2011年，第15～20页。

本章小结

　　陈望道编著的《美学概论》和李安宅、蔡仪分别所著的《美学》与《新美学》是 20 世纪上半叶涌现出的三个代表性中国现代美学理论文本。他们所构建的"美学",既基于自己的立场,又特别借鉴、参考了外来美学,即在外来美学影响下反复思虑后的写作产物。"特质的"(非本质的)、"表现"(中和的态度)、"典型"(本质),这是它们所持"美"论的区别。对于"形式美学"这一无法避免解答的问题,三者在"形式"何以"是"美、"为"美的具体解释中也就存在差异。陈著提出"美底形式"说,特别注意说明形式美的构成诸法则,但许多解释基本是"搬造",自创的地方不多,其他如"美的境界"等观点又没有很好地融通"美底形式"说。李著基于意义学的视野,注重的是语言的意义生成问题,把形式美的问题当作"形式"如何成为"美",即一个"表现"的问题,但对于审美心理的过于强调也就弱化了美学与社会的特定关系。蔡著特提"单象美",把这种"偏于形式"的美视作一个低级的概念,一个明显弱于社会美的概念,因此开放性不强。该著还缺失自然美论、持纯粹的客观论立场,等等。这些局限性使得新美学体系美中不足,因此遭受各种批评。三著都具有重写性质。"重写"是具有反刍性的行为。无论是对外来美学的译介,还是对自创文本的重写,都事关中国美学本体的重构或回归。然而这样的策略、方法,得失并举,尚不够彻底。从这个意义上说,中国现代美学是反"形式"的,并非以追求形式本体为使命。总之,化形式美为成分美,这并非容易的事情。美学中的形式问题,仍有待后人进一步解释和阐说。

第四章　中国现代美学美育特色中的"形式"显现

　　在一部真正的美的艺术作品中，内容不应起任何作用，起作用的应是形式，因为只有形式才会对人的整体发生作用，而通过内容只会对个别的力发生作用。不管内容是多么高尚和广泛，它对我们的精神都起限制作用，只有形式才会给人以审美自由。①

　　在美育领域，"'形式'是最难把握的概念，同时也是最为基本的概念"②。深入理解美育领域中的"形式"概念，需要把它与特定时代的美学要求结合起来考量。20世纪初，王国维把"形式"与"美育"两种观念直接结合起来，专论古雅在美学上的位置。用"形式"转化中国古代诗学范畴"古雅"，赋予"形式"以本体的地位，提出"第二形式之美"，从而导向美育话题，此已显示出一种中国本土性的审美现代性追求。③蔡元培虽然没有写出像王国维那样特论"古雅"的美学论文，但是竭力张扬"美感"的特性和作用，提出"以美育代宗教"这样的经典命题和主张，且产生了重大的社会影响。无论是王国维的"形式—美育"论，还是蔡元培的"美感—美育"论，它们都从以康德、席勒等为代表的德国美学家那儿获得学理支持，因此烙上了浓厚的西方形式美学印记。可以承认，"形式"概念对于美育这一中国现代美学特色的形成不仅能够起到基础性作用，而且能够生发深刻性意义。

　　本章从三个方面展开：首先，梳理"中国现代美育之父"蔡元培的美育论的形成过程，重点表明他提倡美育的美学基础在于接受了各种西方形式美学；其次，把"形式问题"上升到"人的问题"，从艺术向度进行整体

① 〔德〕弗雷德里希·席勒：《审美教育书简》，冯至、范大灿译，北京，北京大学出版社，1985年，第113～114页。

② 于文杰：《通往德性之路——中国美育的现代性问题》，北京，中国社会科学出版社，2001年，第153页。

③ 参见杜安：《王国维形式美学观念的现代性追求》，见《文学与形式》，赵宪章等编，南京，南京大学出版社，2011年，第9～14页。

观照，重点突出中国现代美育的时代特征和现实关怀精神；再次，就外来的席勒美育思想在中国的展开，即在中国被接受的过程及其复杂境遇进行详细考察分析，重点指明中国现代美学人对西方形式美学"误读"的事实。这三个事关中国现代美育的方面都与对"形式"概念的理解和运用息息相关。借此总结、反思中国美育的现代性问题，亦便于我们对当下所谓的"美育形式"说有一个更深入的认识。

第一节　"形式"之视域：蔡元培提倡美育的美学基础

将"美育"确立为中国现代美学观念并使之得以广泛流行和认同，这与蔡元培的努力是密不可分的。他高呼"美育要完全独立"，最早从德文中译出"美育"一词，而且在美育的理论、实施两方面提出了创见；在而立之年才开始留意欧洲文化、学习德语，到不惑之年专攻美学，在莱比锡大学研习西方哲学、美学、艺术史，在回国后积极传播美学、宣传美育；在为北京大学乐理研究会所拟简章（1918 年）、湖南长沙第七次演讲（1920年）、与《时代画报》记者谈话（1930 年）中，"提倡美育"的态度一再表明。民国初年以来，蔡元培始终把美育之提倡作为己任，并且进行大力普及和推广，使得"美育"深入人心，其提倡之坚定决心，在同时代人中无出其右者，是 20 世纪前 30 年提倡美育"唯一的中坚人物"[1]。

蔡元培提倡美育的过程可以分为滥觞期、发展期和成熟期。以他发表的一系列论文、演讲、词条为代表，这就是民国初年的《对于新教育之意见》（1912 年），到"五四"前后的《以美育代宗教说》（1917 年）、《文化运动不要忘了美育》（1919 年）、《美育实施的方法》（1922 年），再到 20世纪 30 年代初的《教育大辞书》词条"美育"（1930 年）、《二十五年来中国之美育》（1931 年）。三个时期持续二十余年，又形成了辩证统一的联系，即首先在"新教育"方针中公开、正面提出美育的作用、地位和现实意义；其次发表公开演说"以美育代宗教"，从美育的反面确证美育的必要性，并要求对美育进行推广和实施；最后进行整理、总结、提炼，化为知识性词条等。这一过程具有内在理路，是历史与逻辑的统一，很符合"黑

---

① 舒新城：《近代中国教育思想史》，上海，中华书局，1929 年，第 157 页。

格尔定律"①。而论及蔡元培能够对美育进行提倡的原因,除时代、政治等因素之外,就是广泛的美学基础,尤其是对西方形式美学的译介、传播及利用。从这个背景性和可能性的"视域"中,我们能够更深入地把握蔡元培美育论的美学学理蕴含及其现代意义。

一、"无意识的道德"

蔡元培在晚年说:"提出美育,因为美感是普遍性,可以破人我彼此的偏见;美感是超越性,可以破生死利害的顾忌,在教育是应特别注重。"② 将美感特征作为提倡美育的依据,这主要是来自西方哲学、美学的集大成者和作为德国哲学标志性人物的康德的启示。蔡元培对康德的选择、接受,与他对"美学"的认识具有直接关系。《简易哲学纲要》以德国哲学家厉希脱尔(Richter)的《哲学导言》为本,以兼采包尔生(Paulson)、冯德(Wundt)的《哲学入门》作为补充,亦有取其他论著和加入自己的意见。该著陈述论理学、美学、伦理学三者之间的关系:"论理学方面,纯用概念。美学方面,纯用直观。伦理学方面,合用两者。隶于功利论的,由概念,是有意识的道德;超乎功利的,由直观,是无意识的道德。"③ "无意识的道德"相对于"有意识的道德",即美学相对于逻辑学,它们又统归于伦理学。在这里,哲学的研究对象被分为认知、情感、意志三个领域,并从功利性角度,将道德划分出"隶于功利""超乎功利"两个方面。显然,蔡元培更在意"超乎功利"的直观论美学。如否定叔本华、博格森(按:又译柏格森)④的哲学、美学,是因为他们的直观论是偏激的,没有"以伦理为中坚"。这意味着真正的美学是哲学,亦是伦理学。至于叔本华、博格森的哲学、美学,只是其论述美学时的一个插曲,重点仍在康德的哲学、美学。康德之于蔡元培,是一个重要的知识背景和理论武库。对此,已有不少学者明确指出:"康德的影响则构成了他的美学思想的整

---

① 黑格尔的辩证法首次打破了形式逻辑的那种自我感觉,把它提升到了对自身基础的自我意识。蔡元培指出,黑格尔(海该尔)揭示了"世间万事,无不循由正而反,由反而合之型式,而循环演进,以至于无穷"的定律。他称自己"尝用此律应用于吾国之画史",又高度评价高剑父是"毅然致力于由反而合之工作者",赞其"提倡新国画之精神"。(《高剑父的正反合》,《艺术建设》1936年创刊号)
② 蔡元培:《我在教育界的经验:自传之一章(下)》,《宇宙风》1938年第56期。
③ 蔡元培:《简易哲学纲要》,上海,商务印书馆,1924年,第136页。
④ 蔡元培另有一篇译文《博格森玄学导言(节译)》发表于《民铎》1921年第3卷第1号。此号是"博格森专号",刊载各种介绍博格森学说的文章共18篇。

体"①;"蔡元培对美学的解释，其实是对康德美学基本观点的发挥"②;"到处晃动着康德的影子"③;等等。

美学进入蔡元培的视野，始于19世纪末20世纪初。受严复译书的影响，他对日本和西方的先进文化产生了兴趣，尤其是对当时在国内流行的以井上圆了哲学为代表的日本哲学接触较多。撰写《学堂教科论》(1901年)，其中提及井氏对当时学术"界"的三分：一是"有形理学"，二是"无形理学"("有象哲学")，三是哲学("无象哲学""实体哲学")。而所谓的"哲学"即"吾国所谓道学"。翻译井氏六卷本的《妖怪录讲义》(1906年，今仅存1种)，又节译《佛教活论本论第二篇显正活论》，并改题为《哲学总论》，刊载于《普通学报》(1901年)。他认为，哲学是"心性之学""统合之学""无象学"。④ 又因译日文书，德国哲学得以引起他的关注和重视。1903年，重译东京帝国大学外聘德籍教师科培尔(Kobell)的《哲学要领》(下田次郎笔述，1897年)。该讲义分总念、类别、方法、系统四部分，以康德、黑格尔(黑智尔)、哈特曼(哈尔妥门)为中心。留学德国期间(1907～1911年)，在莱比锡大学所修学的课程有哲学、文学、心理学、哲学史、文化史、美术史等37门，仅哲学类课程就有《新哲学史——从康德到当代》《叔本华的哲学》《哲学基本原理》《康德以后的哲学史》《康德哲学》《希腊哲学史》等。⑤ 正是在从"东学"到"西学"，从"哲学"再到"德国哲学"的译介、学习过程中，蔡元培接触到美学和康德的哲学、美学。他在归国之后更是积极宣传康德哲学、美学，并把它用于美育之提倡，即使在再次赴欧留法期间(1913～1916年)也未停止对康德哲学、美学的关注和研究。在任职教育总长时提出的教育改革意见，在巴黎期间编写的哲学、美学图书，为在湖南长沙做关于美学的演讲、在北京大学讲授美学课程等撰写的讲稿，等等，这些都较广泛地体现了蔡元培对包括康德美学在内的美学的思考和见解。

蔡元培从康德的哲学、美学出发，着重阐述美(或美感)的普遍性、

---

① 聂振斌:《中国近代美学思想史》，北京，中国社会科学出版社，1991年，第21页。

② 丁祖豪:《蔡元培与20世纪中国哲学》，《聊城师范学院学报(哲学社会科学版)》2001年第4期。

③ 姚文放:《蔡元培"以美育代宗教"说对于康德的接受与改造》，《社会科学辑刊》2013年第1期。

④ 蔡元培:《哲学总论》，《普通学报》1901年第1、2期。

⑤ 参见刘红:《蔡元培的翻译活动与中德文化交流》，见《教育国际化进程的视野与探索——"中外教育交流国际学术研讨会"论文集》，章开沅等主编，武汉，华中师范大学出版社，2013年，第287～288页。

超脱性特征。《美学观念》（1915 年）是《哲学大纲》的一部分，对康德的美感说进行了概略介绍，包括美感的"超脱""普遍""有则""必然"四种特征和"妙丽之美""刚大之美"两种类型，并称康德的主张为"纯粹形式论"。①《康德美学述》（1916 年）是其所编"欧洲美学丛述"的其中一种，以《纯粹理性评判》（按：今译《纯粹理性批判》）为中心对康德的美学进行了专评，上部为"美学之基本问题""优美的解剖"，下部为"壮美之解剖"。其中写道："纯粹之美感专对于形式，而无关于体质"；"美感起于形式，则其依的作用之状态，属于主观，而不属于客观"。又对康德美感论的特征进行分析，同时对审美判断四契机进行综合概说："美者，循超逸之快感，为普遍之断定，无鹄的而有则，无概念而必然者也。"②《美学讲稿》（1921 年）也是这样直接介绍的："康德对于美的定义，第一是普遍性。盖美的作用，在能起快感；普通感官的快感，多由于质料的接触，故不免为差别的；而美的快感，专起于形式的观照，常认为是普遍的。第二是超脱性。有一种快感，因利益而起，而美的快感，却毫无利益的关系。"③《美学的进化》（1921 年）主要从哲学美学的角度议及康德的《判断力批评》（按：今译《判断力批判》），评其"美论"部分是"说明美的快感是超脱的"，"美感是没有目的，不过主观上认为有合目的性，所以超脱。因为超脱，与个人的利害没有关系，所以普遍"。还称康德的重要主张，无论是"美感"还是"美与高"，都完全属于主观，与经验上的客观无涉。接着又这样介绍席勒："绍述康德的理论，又加以发展的，是文学家希洛（Schiller，按：今译席勒）。他所主张的有三点：一、美是假象，不是实物，与游戏的冲动一致。二、美是全在形式的。三、美是复杂而又统一的，就是没有目的而有合目的性的形式。"④席勒是康德形式美学的追随者，建立了以"游戏说"为核心的"活的形象美学"。由康德及席勒，蔡元培较全面地评介康德主义学说。这种学说强调美在形式，使人们确信是艺术品本身而不再是艺术品再现的事物，因而具有重大的启发意义。

"今世为东西文化融合时代。西洋之所长，吾国自当采用。"⑤蔡元培对以康德为代表的德国哲学的推崇是显而易见的。由他所译的《哲学要领》（1903 年）中，作者科培尔就专攻哲学者不可不通德语说明了三点理

---

①　蔡元培：《哲学大纲》，上海，商务印书馆，1915 年，第 79 页。
②　蔡元培：《蔡元培全集》（第 2 卷），杭州，浙江教育出版社，1999 年，第 512～513 页。
③　蔡元培：《蔡元培全集》（第 4 卷），杭州，浙江教育出版社，1999 年，第 432 页。
④　蔡元培：《美学的进化》，《北京大学日刊》1921 年 2 月 19 日。
⑤　蔡元培：《在北大画法研究会演说词》，《北京大学日刊》1919 年 10 月 25 日。

由："一、哲学之书，莫富于德文者；二、前世纪智度最高学派最久诸大家之思想，强半以德文记之；三、各国哲学家中，不束缚于宗教及政治之偏见，而一以纯粹之真理为的者，莫如德国之哲学。"① 由此可见，德语与哲学有至要之关系及德国哲学的经典性。蔡元培在康德诞生二百周年纪念会的致辞（1924年）中指出，康德哲学之于现代中国具有"扩大知识""提高道德价值"的意义，以此向这位伟大的先哲和巨匠表达崇高的敬意。② 当然，蔡元培对康德思想并非全面接受，而是重点发挥它的美感论部分，对于宗教论部分则有所保留。如《对于新教育之意见》指出："美感者，合美丽与尊严而言之，介乎现象世界与实体世界之间，而为之津梁。……故教育家欲由现象世界而引以到达于实体世界之观念，不可不用美感之教育。"③ 其中"美感""两个世界"的说法都明显来自康德。但在蔡元培看来，现象与实体并非截然对立，而是可以相互依存的，"现世幸福，为不幸福之人类到达实体世界之一种"。可见，这里改变了康德的"自由"只存在于"现象世界"的看法，而强调"现象"与"实体"（本体）并非相互隔绝而是相互联系的两个世界。④ 此中又明显见出反对目的论、宗教神秘主义，顺从中国哲学、美学历来所坚持的"道器合一"的观点。另外，"美育"词条指出，"美育"是"应用美学之理论于教育，以陶养感情为目的"，"美育"之术语从德文"Asthetische Erziehung"译出，"美育之设备"可分为"学校、家庭、社会"。还特别指出，中国古代有以乐代表的"纯粹美育"，而且美育的成分、作用，亦无不在六艺中体现，同时提及欧洲之美育，自席勒以来得到"有意识之发展"，有资借鉴，等等。⑤ 总之，蔡元培以中西融合的方式提倡"新教育""代宗教"的美育。不过，这种方式的前提乃在采用"西洋之所长"，故认为康德的哲学、美学是他的美学论、美育论形成的重要理论基础。

二、"科学的美学"

哲学与科学具有密切关系，哲学不仅是科学的基础，而且对科学具有

---

① 〔德〕科培尔：《哲学要领》，〔日〕下田次郎述，蔡元培译，上海，商务印书馆，1903年，绪言第1页。

② 蔡元培：《在康德诞生二百周年纪念会上致词》，蒋仁宇译，见《蔡元培全集》（第5卷），杭州，浙江教育出版社，1997年，第270～271页。

③ 蔡元培：《对于新教育之意见》，《临时政府公报》1912年第13号。

④ 参见姚文放：《蔡元培"以美育代宗教"说对于康德的接受与改造》，《社会科学辑刊》2013年第1期。

⑤ 唐钺等主编：《教育大辞书》（上册），上海，商务印书馆，1930年，第742～743页。

引导意义，而较哲学晚出的科学却能够为哲学提供材料。蔡元培在《哲学与科学》（1919 年）中反复阐述的一个观点就是，哲学与科学两者相得益彰。他对西方美学发展史的把握，也是基于这样的认识，尤其是从科学的立场评价近世美学。所谓"科学的"，就是现代心理学的。西方本来就有从心理学角度研究审美体验活动和艺术活动的传统，如古希腊毕达哥拉斯学派的"旁观说"、柏拉图的"迷狂说"、亚里士多德的"净化说"，又如 17 世纪以来英国经验派夏夫兹伯里（Shaftesbury）的"内在感官说"、休谟的"同情说"和德国古典美学的"想象力"研究。19 世纪后期，冯德、费希纳等创立实验心理学，至此西方现代心理学以及文艺心理学真正产生，从而使得西方美学的发展发生了从古典向现代的转型。此后，精神分析学说、移情美学、格式塔心理学美学等各种现代心理学美学流派纷纷出场，形成了现代美学的高潮。大体来说，黑格尔之后的西方美学，除继续发展哲学美学之外，心理学美学、社会学美学（或艺术学美学）兴起并形成潮流，即"科学的美学"成为主调。

20 世纪以来，西方现代美学作为一股新思潮被及时地译介到中国。1921 年，刘仁航翻译的《近世美学》（高山林次郎著）出版。该著下编分三章详述克尔门（Kirchmann，今译基希曼）、哈尔土门（Hartmann，今译哈特曼）、斯宾塞、葛兰德亚铃（Grandbell，今译格兰德贝尔）、马侠耳（Marshall，今译马歇尔）等诸家的美学观点。黄忏华的《美学略史》（1924 年）介绍"心理学的美学""社会学的美学"两种"科学的美学"。科学的美学的出现，是继哲学的美学之后的新转向，标志着美学研究从抽象转向具象，从客观论转向主观论。与探询客体的美的本质，采用先验的哲学演绎法的哲学的美学不同，科学的美学研究主体的审美经验，对审美对象的活动进行描述和规定，包含审美心理学、审美经验科学的研究方法。美学首要的是对艺术形式做出历史分析，再次是对艺术的创作、欣赏以及艺术教育做出心理学的研究，尤其注重从心理学角度来探究美的问题。美的对象并没有独立的美的特质，只有通过审美作用、审美态度，它才是美的。正如邓晓芒所指出的："凡是从科学的立场来看美和艺术，不管是自然科学还是社会科学，都必然会把美和艺术看成某种别的东西的形式，科学美学它的必然的结果是'形式主义'。"[1]

蔡元培所接受的西方美学不仅有德国古典美学，还有现代心理学美学——主要是实验美学和移情美学。《美学的进化》（1921 年）把西方美学

---

[1]　邓晓芒：《西方美学史讲演录》，长沙，湖南教育出版社，2012 年，第 355 页。

的历史分为"哲学美学"和"实验美学"两个阶段，即"第一纪元"和"第二纪元"。后一阶段主要指德国的心理学美学成就，包括图形、色彩与声音以及美术家如何进行美学实验。1930 年 8 月，他应中国社会科学社第15 次年会委员会邀请，在青岛大学礼堂以"实验的美学"为题，进行公开演讲。大意为："审美之研究，近代亦趋向于用科学方法，作实验的研究。欧西各国中，尤以德国为最，盖物体之美，有形式上之关系，如长短、部位、比例等，有颜色配合之关系，如各色之是否调和等，皆可用测验方法审定之。又美感与心理关系，尤为密切，世界大文学家、美学家，每有特别心理现象，极可供研究。"① 实验美学作为蔡元培回国后所进行的美学研究，是他的美育实践的主题。如果说康德美学是他的美学原型，那么德国实验美学则是他的美学理念和方法。他在晚年所记的《自写年谱》中这样忆道：

> 我于讲堂上既常听美学、美术史、文学史的讲（演），于环境上又常受音乐、美术的熏习，不知不觉的渐集中心力于美学方面。尤因冯德讲哲学史时，提出康德关于美学的见解，最注重于美的超越性与普遍性，就康德原书，详细研读，益见美学关系的重要。德国学者所著美学的书甚多，而我所最喜读的，为栗丕斯（T. Lipps，按：通译立普斯）的《造形美术的根本义》（ *Grnndlage der Bildende Kunst*），因为他所说明的感入主义，是我所认为美学上较合于我意之一说，而他的文笔简明流利，引起我屡读不厌的兴趣。②

这段追叙集中反映了留学期间蔡元培接受德国美学知识的情况。他将心力集中在美学，又因"冯德讲哲学史"而研读康德原书和其他德国学者的论著。冯德于 1879 年建立了世界上首个心理学实验室，使得心理学脱离了哲学的附庸地位而成为独立的学科。他认为，世界是精神的演化，心灵并非实体，而是"心灵现实性"，即不需要假设而直接实在，它是纯粹的精神活动。他把心理学当作"经验科学"，以处理直接的、全部的经验，而并非以有限的、特定的经验为内容，同时引入内省实验法进行心理学研究。费希纳、摩曼（Meumann，又译梅伊曼、摩伊曼等）是冯德之后的重要实验美学家。蔡元培着重介绍摩曼的贡献。摩曼是实验教育学的提出

---

① 蔡元培：《蔡元培全集》（第 6 卷），杭州，浙江教育出版社，1997 年，第 533 页。

② 蔡元培：《蔡元培全集》（第 17 卷），杭州，浙江教育出版社，1998 年，第 457 页。

者，反对单凭经验的方法进行教育工作，主张用科学实验的方法研究人类社会的教育现象。《美学的进化》（1921 年）中对两人均有介绍，其中认为摩曼的贡献有两个方面，除出版《现代美学绪论》（1908 年）、《美学的系统》（1914 年）之外，就是研究"艺术家的动机""鉴赏家的心理""美术的科学""美的文化"四个方面的美学主张。^① 对此，《美学的研究法》（1921 年）有更加详细的介绍，同时结合中国古代进行阐发。特别是在谈到研究"美的文化"的方法的时候，蔡元培述及美术与民族、宗教、时代、教育、都市美化的五种关系，并认为如果遵照这些研究方法并且综合起来，"科学的美学"就可以成立。^②

移情美学是心理学美学的重要分支，以立普斯为重要代表人物。立普斯对移情现象进行了人格化的解释。在他看来，一切审美的喜悦都是一种令人愉快的同情感，此即审美的移情作用。不同于观念，它是一种实际的感受、经验或生活，即活在对象里的、能够亲身感受到的。这种美学主张，近代以来的西方美学家十分喜爱谈论，在"五四"以来的中国十分流行，对它的译介也很多。仅从这位代表人物 Lipps 的汉译名来看，在 1949 年之前至少有 14 种，具体如下：栗丕斯（蔡元培、宗白华），利勃斯（杨昌济、刘咸炘），栗泊士（吕澂、黄忏华、李征），利泼斯（俞寄凡），利溥斯（樊炳清），列匹斯（范寿康），黎普思（陈望道、丰子恺），利普斯（陈望道），李普士（李石岑、傅统先），立普司（高觉敷、朱光潜、黄药眠、伍蠡甫），里普斯（朱光潜），李普斯（马采、李长之），立普斯（陈德荣）。其中，陈望道、朱光潜都使用了两种译名。另外，宗白华有时直接用英文原名，有时用汉译名。^③ 蔡元培是最早关注立普斯（栗丕斯）这位移情美学家的中国学人之一。他在留欧期间接触到的德国美学中让其"最喜读""屡读不厌"的便是立普斯的美学著作，后来出版、发表的《哲学大纲》（1915 年）、《美术的起原》（1920 年）、《栗丕斯美学上与伦理学上的感情移入说》（1920 年）、《美学的趋向》（1921 年）中也都有议及。其中《美学的趋向》中这样介绍和解释：

> 美的融和力，不但泯去实际与影相的界限，而且也能泯去外面自然与内面精神的界限，这就是感情美学的出发点。……我们回溯到根本上的"我"，就是万物皆我一体。无论何种对象，我都可以游神于

① 蔡元培：《美学的进化》，《北京大学日刊》1921 年 2 月 19 日。
② 蔡元培：《美学的研究法》，《北京大学日刊》1921 年 2 月 21 日。
③ 为避免冗余，具体的引文不再列出。

其中，而重见我本来的面目，就可以引起一种美的感情，这是美学上
"感情移入"的理论。这种理论，与古代拟人论（Anthropomorphismus）
的世界观，也是相通的。因为我们要了解全世界，只要从我们自身上
去体会就足了。而一种最有力的通译就是美与美术的创造。①

　　与实验美学一样，移情美学以心理学为底，用科学的方法研究人的
情感和美感经验，这为现代美育的兴起和发展提供了心理学基础。吴梦非
在《美育是什么？》（1920 年）中认为，移情美学是积极的，很有研究的
价值，"感得主义的学说，可一转变为国民感情的统合说，教育上很有重
大关系"。②"感得"（Einfühlung）是伏尔恺脱（Volket，按：又译伏尔开特、
伏尔盖特、福尔开特，等等）提出的一个概念。他用主观的、客观的两个
方面及由这两个方面构成的四对条件来说明美的规范和美感的根本性质。
感得，即移情，是一个与美感相通的概念，它们都关涉到审美经验及其形
式。20 世纪初，王国维在评论美国教育哲学家霍恩氏（H. H. Home）的《霍
恩氏美育论》（1907 年）中指出："审美的经验，即以吾人感情的感触其
所爱好之事物，而人类经验中最高尚之形式也。"③余箴在《美育论》（1913
年）中指出："然自形式陶冶之意义以言，则无论何教科，其作用所及未
有不兼知、情、意三方面者。抑美育之为效率，不系于教授，而存于养护
与训育。"④情感是美育的基础及其核心所在，所谓的美育也就是情感教育。
蔡元培在《美育与人生》（作于 1931 年前后）中说："人人都有感情，而并
非都有伟大而高尚的行为，这由于感情推动力的薄弱。要转弱而为强，转
薄而为厚，有待于陶养。陶养的工具，为美的对象，陶养的作用，叫作美
育。"⑤情感是普遍存在于人的，具有动力性、评价性和体验性。感情推动
力之所以变强变厚，正是由于以美的对象为工具的陶养之作用，而这种作
用就是美育。以"陶养"言说美育与以"美感"言说美育，两者本质上是相
同的。美的对象能够陶养感情的原因在于它是普遍的、超脱的，而这正是
美感的特性。总之，实验美学、移情美学之所以得到蔡元培等一批中国现
代美学家的垂青，正因为它是心理学的、科学的。

---

① 蔡元培：《蔡元培全集》（第 4 卷），杭州，浙江教育出版社，1997 年，第 451～452 页。
② 吴梦非：《美育是什么》，《美育》1920 年创刊号。
③ 王国维：《霍恩氏美育论》，《教育世界》1907 年第 151 号。
④ 余箴：《美育论》，《教育杂志》1913 年第 5 卷第 6 号。
⑤ 蔡元培：《蔡元培全集》（第 7 卷），杭州，浙江教育出版社，1997 年，第 291 页。

三、唯美主义问题

作为西方现代文化思潮的"唯美主义"，在涌入中国之后，有时也被当作"美感教育"来看待。如袁昌英在《关于〈莎乐美〉》（作于 1942 年）中说："培特（Pater，按：又译佩特）的惟美主义，在内容方面是完全富于精神的欣赏，高尚意识的培植与愉快，而不容一丝一毫下流的、肉感的享乐混在其中。这种美感主义的训练，对于我们人格的修养，精神的健全，智慧的提高，都只是有益无损。以前大儒蔡孑民先生以及近来朱光潜先生所孜孜称道的美感教育也就是这惟美主义的真谛。"[①] 那么，"唯美主义"是否就是"美感教育"呢？的确，蔡元培、朱光潜都提倡"美感教育"，且与"唯美主义"有瓜葛。朱光潜在《论美感教育》（1940 年）中指出，美感教育是一种情感教育，它是德育的基础，具有"解放的、给人以自由"的作用。[②] 在他的美学中，"的确包含着唯美主义的成分，他并没有表示过对英国唯美主义的倾心，二者文学观和批评观大抵是一种不自觉的契合"[③]。反观蔡元培，他在《对于新教育之意见》《以美育代宗教说》等当中同样强调美感的作用，不过同样没有这种"倾心"，与"唯美主义"的契合也是不自觉的。唯美主义与中国现代美育发展之间存在复杂而又微妙的关系，这一问题需要进一步辨析。

"唯美主义"，英文"Aestheticism"，有时被译为"美学主义"或"审美主义"。发生于 19 世纪后期西欧的唯美主义，是一股主张"为艺术而艺术"的现代思潮。这一主张由佩特在《文艺复兴史研究》（1873 年）中提出。作为唯美主义的理论家和唯美主义的重要代表人物，佩特还提出感觉主义、享乐主义、刹那主义等观点，认为艺术的目的在于培养人的美感，寻求美的享受，而不应受社会或道德观念的制约。追随佩特的王尔德直接提出"形式就是一切""形式就是生命的奥秘"等观点。唯美主义者大都从康德那里得到灵感，推崇"形式"，反对一切的功利主义、道德主义和概念主义，故又为后来的象征主义、直觉主义、形式主义的形成和发展奠定了基础。如 20 世纪初英国的艺术批评家罗杰·弗莱（Roger Fry）、克莱夫·贝尔（Clive Bell）都把"形式"作为艺术本质的东西，即一种能够产生持久愉快的审美情感，他们是典型的形式主义理论家。20 世纪 20 年代《东方杂志》对唯美主义的译介和传播最为用力，对王尔德、邓南遮

---

① 袁昌英：《关于〈莎乐美〉》，《峨眉丛刊》1943 年创刊号。

② 朱光潜：《谈美感教育》，《读书通讯》1940 年第 7 期。

③ 易前良：《朱光潜与唯美主义》，《中国文学研究》2004 年第 2 期。

（D'Annunzio）、梭罗古勃、谷崎润一郎等唯美主义作家的作品的译介成就最为显著。这对于新文学创作、"生活艺术化"理论探讨起到了带动作用。① 前期创造社也打着唯美主义"为艺术而艺术"的旗帜，用于对功利性文学观的反拨，并产生了重要影响。

　　"唯美主义"的文艺观、生活观，既得到肯定又受到质疑。主张把文艺与生活直接等同起来且拒绝一切道德，这种"崇美至上"的观点，看似追求美满的人生，实则拉开了艺术与人生的距离，按新批评主将兰色姆（Ransom）所说是"不称职的主义"②。唯美主义在中国，同样遭受批评。梁实秋在《现代文学论》（1934 年）中评价"唯美派的文学""为艺术的艺术"的主张以及"享乐的颓废派文学""印象派的文学"都是"缺乏严重的人生意味的东西"，不合时宜。③1935 年 2 月，唯美社在上海成立，创办《唯美》月刊，主张"唯美为美术而美术，纯一而不杂一毫其他成见与偏见"。即便如此，它也并不赞成"纯唯美主义"："我们的唯美主义，与纯唯美主义有一点区别，那便是有条件的，什么条件呢？便是民族意识与国家观念了。"④ 追求唯美主义，却是一种"有条件"的主张，由此可见唯美主义在中国的存在十分吊诡。究其原因，西方唯美主义有其特定的产生背景，它是在种种危机与挑战下促成的，包括传统宗教的衰落，设计危机的出现，机器大生产与劳动分工造成的劳动者的异化，以及消费社会、中产阶级和专业社会的兴起，等等。⑤ 这就是说，在当时的中国并不存在促成西方唯美主义的那些"危机与挑战"，即使存在，也不是同等意义上的。

　　"唯美主义"与"形式主义"往往被等同视之。正如有学者所言："形式主义的基本观念就是认定'形式'是构成并决定美之为美、艺术之为艺术的根本和全部，所以，形式主义也就是唯美主义。"⑥ 就"形式主义"而论，的确在蔡元培的文本中有出现，但意有另指。其一，作为与"实质主义"相对的概念。他在《对于新教育之意见》（1912 年）中说道："以西洋教育之证之……欧洲近世教育家，如海尔巴脱氏，纯持美育主义。今日美洲之杜威派，则纯持实利主义者也。""以教育家之方法衡之，军国民主

① 参见杨宗蓉：《〈东方杂志〉与现代唯美主义文艺思潮》，《齐鲁学刊》2013 年第 1 期。
② 转引自赵毅衡：《新批评：一种独特的形式主义文论》，北京，中国社会科学出版社，1986年，第 2 页。
③ 梁实秋：《梁实秋批评文集》，珠海，珠海出版社，1998 年，第 160～161 页。
④ 《谈话开场：唯美问世宣言》，《唯美》1935 年创刊号。
⑤ 参见胡永华：《唯美主义》，《外国文学》2013 年第 6 期。
⑥ 赵宪章等：《西方形式美学——关于形式的美学研究》，南京，南京大学出版社，2008 年，第 215 页。

义，世界观，美育，皆为形式主义，实利主义为实质主义；德育则二者兼之。"① 这里把"美育"称作"形式主义"，又把后者与"实利主义""实质主义"相对，是在强调美育在教育上作为"超轶政治的教育"的特殊性，旨在批判欧洲近代教育和当代实用主义。在这里，他以德国哲学家、心理学家、教育家、康德派的形式美学家海尔巴脱（Herbart，按：今译赫尔巴特）和美国教育家、实用主义哲学的重要代表人物杜威（Dewey）为例进行说明。其二，作为审美论的形式主义。他在《美学的趋向》（1921 年）中说道："美学的先驱，是客观论，……客观论上常常缘艺术与实体关系的疏密，发生学说的差别。例如，自然主义，是要求艺术与实体相等的；理想主义，是要求艺术超过实体的；形式主义，想象主义，感觉主义，是要求艺术减杀实体的。"② 此处"形式主义"指注重于情感的"形式派"："形式论是对于实物的全体而专取形式一部分，是数量的减杀；又或就实物的全体而作程度的减杀，这是专取影相的幻想派。"蔡元培又取幻想派进一步解释"美的独特性"和"感受的作用"，认为纯粹的客观论不足取，因为美感是融主、客于一体的。③ 显然，以上所举两处"形式主义"，一是基于哲学视角的"形式—实质"论，一是基于审美经验事实去领会美感的复杂层次的"自然—理想—形式"论，它们都并非针对"唯美主义"的专门议论。

欧洲的唯美主义与艺术教育思潮直接相关。这股思潮兴起于 19 世纪七八十年代并在 20 世纪初达到空前盛况，主要代表人物是德国的希德华克（Lichtwark）、兰格（Lange）和英国的莫理斯（Morris）。希氏"首先提倡生活趣味，教人以自然美之欣赏"。兰氏主张从上层阶级入手开展艺术教育，提倡"dilettante（按：艺术爱好者）教育"。莫氏提倡艺术教育而致力于日用品之美化，并与洛赛蒂（Rossetti）等合作组织"美术商社"，改良各种家具用品，创造全新的样式，由此诱导民众爱美之趣味。艺术教育以社会化为目标，它的兴起和发展极大地促进了西方现代美育的发展。④ 20世纪 20 年代以来，这股思潮虽然受到一些中国学人的关注，但因它具有"唯美"倾向而遭受批评。如天民在《艺术教育学的思潮及批判》（1921 年）中认为，那种"根本上过分相信艺术的价值底思想"是"极端的思想"，是"唯美主义"主张。"就像那新人文主义者，唱哲学的唯美主义，以为科学

---

① 蔡元培：《对于新教育之意见》，《临时政府公报》1912 年第 13 号。
② 蔡元培：《蔡元培全集》（第 4 卷），杭州，浙江教育出版社，1997 年，第 441 页。
③ 蔡元培：《蔡元培全集》（第 4 卷），杭州，浙江教育出版社，1997 年，第 446~448 页。
④ 参见陈之佛：《欧洲美育思想的变迁》，《教育丛刊》1934 年第 1 卷第 2 期；丰子恺：《近世艺术教育运动》，《艺术教育》（油印讲义），浙江大学（广西宜山）编，1939 年。

的对象没有真价值，而以艺术的生活为生活的真义；又以知识及道德没有统制艺术的力量，而以艺术为知识道德的基础；这样的思想，若作为这样主张者的哲学，或无不可；但若参照人生的事实，证以古来大思想家的见解，则以美及艺术为人生的真髓或基础，是到底不能。"① 又如沈建平在《近代各派艺术教育说之批判》（1925 年）中把"美的享乐说""美的创作说""美的享乐与美的创作融合说"三种称为以艺术教育为本质的"唯美说"，它们区别于"以艺术视教育作用说"的以艺术教育为目的的"陶冶说"和"伦理意义的美育说"的以艺术教育为手段的"高尚说"，而他所认为的艺术教育应该是以"真""善""美"的人生完全得以实现为全部目的的。② 这些也表明：欧洲的艺术教育思潮并非铁板一块，实际存在诸多派别。受到欧洲艺术教育运动的启发，蔡元培在提倡美育过程中特别强调艺术教育的重要性。不过他并没有对这股深受唯美主义影响的思潮进行深入批判，也并不着意于分析其中的派别分歧，而重在总体上强调艺术教育之于美育的实践意义。如他在 1927 年 12 月在大学院艺术教育委员会第一次会议上通过的，并在次年《大学院公报》第 2 期上公布的《创办国立艺术大学之提案》中所言："美育为近代教育之骨干。美育之实施，直以艺术为教育，培养美的创造及鉴赏的知识，而普及于社会。"③ 艺术教育是美的教育、培养创造力的教育，是美育的主要途径。艺术教育与美育，两者在根本性质、目的和任务等方面是一致的。事实上，只有把美育落实到艺术教育，才能树立起一个融合理论与实践的全新的现代美育体系。蔡元培的美育理论具有鲜明的实践性特征。

总之，蔡元培在提倡美育的过程中，接受了以康德为代表的哲学美学和以摩曼、立普斯为代表的心理学美学、科学美学，并得到了西方近代艺术教育运动的启示。他以兼容并包的方法构建全新的中国现代美学、美育论，并且产生了深刻、深远的影响。鲜明的西方形式美学底色，并不意味着蔡元培美学、美育论完全、纯粹是现代性的。彭锋评价道："蔡元培引进美学不是出于纯粹的学术动机，而是为了对整个社会的精神文化的改造，因此尽管蔡元培也受到当时流行的现代形式主义美学的影响，但他还是更多地强调美育与整个社会生活的联系，强调美育应该渗透到社会生活

---

① 　天民：《艺术教育学的思潮及批判》，《教育杂志》1921 年第 13 卷第 1、2 号。

② 　沈建平：《近代各派艺术教育说之批判》，《教育杂志》1925 年第 17 卷第 4 号。

③ 　蔡元培：《创办国立艺术大学之提案摘要》，《大学院公报》1928 年第 1 年第 2 期。

的各个方面。"① 这种实用主义精神，又体现出非现代性的特征。蔡元培是国内介绍杜威学说的第一人，对杜威访华讲学起到了关键性作用，而且主张将杜威的教育理论在中国进行验证。对于这位"美国大教育家""西洋新文明的代表"，蔡元培着重吸收了他的实用主义教育思想及中西文化观。而这种教育理念，符合他本人提出的以学校、家庭、社会为中心的美育实施主张。② 杜威的实用主义美学思想，集中体现在 1934 年才首版的《艺术即经验》中。论及对蔡元培的影响程度，其实我们很难评估，只能说蔡元培对美育的重视出于功利性的启蒙救国目的。而这种以现代美育解决中国实际问题的做法，又传递出中国传统美学思想的回声。换言之，正是这种现代性与非现代性的张力，体现出蔡元培美学、美育论的时代特色。从中国美育的现代化历程看，蔡元培提倡美育是一个不折不扣的现代性事件。它使得中国传统美育观念发生了新变，而且由于参酌、融合了域外思想，又使得"美育"这一外来概念烙上了中国本土色彩，终而使之成为中国现代文化的象征符号之一。

第二节 "形式"之崇高：中国现代美育的艺术精神

在中国现代美育中，"形式"的基础性与"意义"的深刻性被密切地结合起来。从其发生看，正是遗留下来的各种灾难性的传统和现代化进程中出现的理性亏损，使得一批中国现代美学人瞄准了"美育"这一目标。摆脱了抽象、思辨，而又诉诸具体、直观的"形式"，诚为我们提供了一种观照中国现代美育的重要视角。在启蒙哲学视域中，"形式问题的实质是与人，与主体性问题联系在一起的"③。在中国现代美育中，一切审美活动都将烙上美、形式与人三者同构的关系印记。因此，把握"美的形式"对确立现代美育具有根本意义。关于"美的形式"，此说具有多重内涵。一方面，它既包括形式美，又包括内容美，但是后者又必须依靠前者。"在一部真正的美的艺术作品中，内容不应起任何作用，起作用的应是形式，因为只有通过形式才会对人的整体发生作用，而通过内容只会对个别的力发生作用。不管内容是多么高尚和广泛，它对我们的精神都起限制作用，

---

① 彭锋：《中国美学通史（8）：现代卷》，南京，江苏人民出版社，2014 年，第 156～157 页。
② 参见金林祥：《蔡元培论杜威》，《湖南师范大学教育科学学报》2009 年第 1 期。
③ 张旭曙：《西方美学中的形式：一个观念史的考察》，北京，学苑出版社，2012 年，第 141～142 页。

只有形式才会给人以审美自由。"① 另一方面，它不只是形式之美，其根本在于超越形式之美，以美为最终旨归，这也是形式感的特殊体现。"在所谓形式感中，实际有着超形式、超感性的东西。……美在形式却并不就是形式，审美是感性的却并不等于感性……"② 如果说中国现代美学的基本精神是启蒙，那么一向被忽视的"美育"，在积极提倡的过程中，张扬其立人的启蒙精神也是必然的。以美立人，作为美育之提倡的一个既定方向，既是中国现代美育的深刻之处，又是中国现代美育具有崇高品格的体现。"崇高所追求的不是经验性的和谐，而是合社会历史的前进规律。"③ 因此，中国现代美育也必须将形式美整合其中，使之合乎这种前进规律。从这一角度说，美育之提倡就是要求把普通民众的审美能力培养和发展起来，使他们能够自主地运用、自由地创造美的形式，从而达到普遍地提振国人精神，并实现美的人生境界这一宏大目标。

一、艺术之"力"

美育是教育，是教育中不可或缺的部分，"舍美育外，无所谓智育、德育，亦即无所谓教育"④。"美育"又称"审美教育""美感教育""情育""美术教育""艺术教育"等。这些提法尽管侧重点不一样，或是内容的，或是形式的，但是对"艺术"这一"美的对象"的关注是共同的。正如席勒所指出的，"美育的任务"就是"由美的对象产生美"，具体地说是"通过美把感性的人引向形式和思维，通过美使精神的人回到素材的感性世界"。⑤ 美的活动是自由的活动，但要立足现实，又要超越现实。在这种活动中，"形式"无限制地通过直觉的方式呈现出丰富的意义，成为其价值生成的依据和生命力获得的源泉。"形式"是审美自由的象征，"它超越一切艺术又渗入一切艺术之中"⑥。因此，在美的活动中，形式的存在意义是最基本的、最普遍的，毕竟内容是现象的、有限的，而形式是本体的、自由的。中国现代学人竭力求得关于一切艺术（文学、美术等）的"力"

① 〔德〕弗里德里希·席勒:《审美教育书简》，冯至、范大灿译，北京，北京大学出版社，1985年，第114页。

② 李泽厚:《审美与形式感》，见《美学旧作集》，李泽厚著，天津，天津社会科学院出版社，2002年，第437页。

③ 陈伟:《中国现代美学思想史纲》，上海，上海人民出版社，1993年，第32页。

④ 余箴:《美育论》，《教育杂志》1913年第5卷第6号。

⑤ 〔德〕席勒:《美育书简》，徐恒醇译，北京，中国文联出版公司，1984年，第108页。

⑥ 〔法〕雅克·马利坦:《艺术与诗中的创造性直觉》，刘有元等译，北京，生活·读书·新知三联书店，1991年，第294页。

和"美"（或曰"力美"）。

所谓的"力"是用于界定艺术的美的作用的一个范畴，常用表达还有"效力""势力"等。在文学之"力"的论说者中，梁启超是较直接运用这一范畴来说明文学的现代审美作用的。他的《论小说与群治之关系》（1902年）指出"小说有不可思议之力支配人道"，并且被具体概括为"熏""浸""刺""提"四种"支配人道"之"力"。这四种"力"的前三种是"自外而灌之使入"，后一种是"自内而脱之使出"，如此小说就是作为一个"由外而内"方式存在的艺术品，而接受主体获得的是"由入而出"的审美效果。从这种理解可以看出，梁启超对小说的审美本体特征和社会意义是持共同肯定态度的。他在文末也做出了著名的总结："今日欲改良群治，必自小说界革命始；欲新民，必自新小说始。"[1]"力"的范畴与命题在梁启超的美学思想中具有重要意义：一是作为他"在美与现实之间架设的一座桥梁"，二是构成了他的趣味美育观的理论基础，"这一命题在梁启超的后期美学思想中，通过情感范畴的阐释以及对艺术表情方法的进一步具体研究，获得了丰富与深化"。[2]梁启超的这一篇论文在当时的文学界，特别是小说界产生了极其重要的影响。后来"照着讲"的还有许多，如楚卿（狄葆贤）的《论文学上小说之位置》（《新小说》1903年第7号）、松岑（金松岑）的《论写情小说于新社会之关系》（《新小说》1905年第17号）、陶祐曾的《论小说之势力及其影响》（《月月小说》1907年第8号）。

较早指出美术（绘画）具有"效力"的当属李叔同（惜霜）。他在《图画修得法》（1905年）中议道："故图画者可以养成绵密之注意，锐敏之观察，确实之知识，强健之记忆，着实之想象，健全之判断，高尚之审美心。"后面加括号注明："今严冷之实利主义，主张审美教育，即其美之情操，启其兴味，高尚其人品之谓也。"此中又把"图画之效力"分为"实质上"和"形式上"两种，前者是指图画作为"技能"的特点，后者是指图画"关系于"智育、德育、体育的三个方面。"此图画之效力关系于智育者也。若夫发挹审美之情操，图画有最大之伟力。工图画者其嗜好必高尚，其品性必高洁。凡卑污陋劣之欲望，靡不扫除而淘汰之，其利用于宗教教育道德上为尤著，此图画之效力关系于德育者也。又若为户外写生，旅行郊野，吸新鲜之空气，览山水之佳境，运动肢体，疏瀹精气，手挥目送，神为之怡，此又图画之效力关系于体育者也。"[3]李叔同曾留学日本，入东

---

[1] 梁启超：《论小说与群治之关系》，《新小说》1902年创刊号。

[2] 金雅：《梁启超美学思想研究》，北京，商务印书馆，2005年，第136页。

[3] 惜霜：《图画修得法》，《醒狮》1905年第2期。

京美术学校油画科。他差不多与王国维同时提出通过美术进行审美教育的
问题，要求把美育与智育、德育等进行区分和整合，具有相当的前瞻性，
且早于蔡元培首次公开提倡美育若干年。

民初蔡元培公开提倡美育，在教育界、文化界引起了重大反响，特别
是影响了一批青年人——鲁迅便是其中之一。1909 年夏鲁迅从日本留学
归来，后来在蔡元培主持的教育部任职，从事社会文化、科学与美术方面
的管理工作。他不仅十分支持蔡元培的美育主张，而且努力推行、贯彻美
育思想。《拟播布美术意见书》（1913 年）是鲁迅的一篇关于"美术"的重
要文章，包含了十分独到的见解。如关于"美术"概念，他如此说道："美
术为词，中国古所不道，此之所用，译自英之爱忒（Art or fine art）。……
美术云者，即用思理以美化天物之谓。苟合于此，则无间外状若何，咸得
谓之美术；如雕塑，绘画，文章，建筑，音乐皆是也。"关于"美术"作用，
则如此说道："顾实则美术诚谛，固在发扬真美，以娱人情，比其见利致
用，乃不期之成果。沾沾于用，甚嫌执持，惟以颇合于今日国人之公意。"
概略地说，"美术"有"表见文化""辅翼道德""救援经济"的作用。[1] 在为
《近代木刻选集》所做的"小引"（1929 年）中谈到"创作版画"时，鲁迅
又如此说道："自然也可以逼真，也可以精细，然而这些之外有美，有力；
仔细看去，虽在复制的画幅上，总还可以出看一点'有力之美'来。但这
'力之美'大约一时未必能和我们的眼睛相宜。"针对叶灵凤等人"生吞活剥
的模仿"苏联构成派绘画以及流行的装饰画问题，鲁迅又是如此议论："有
精力弥满的作家和观者，才会生出'力'的艺术来。"[2] 鲁迅对美术的重视，
是与他具有明确的文化理想和坚定的社会使命感不可分的。正如邓牛顿所
评价："鲁迅从投入新文化运动开始，就把自己的美学观建筑在对整个社
会施行美的改造这个崇高的美学理论之上。"[3]

1918 年画家胡佩衡加入蔡元培创办的北京大学画法研究会，次年被
聘为该研究会导师。他在《美术之势力》（1920 年）中把"美术之势力"视
为"驾乎法律、政治、学术之势力而上者"。"所谓美术者，则固以传美为
事，而揖而进之于至精至备之地者也。自有谓美，即有谓术。自能感美，
即能重术。美即天然之术，术竟天然之美。术与美为不可离。故美有其
势力，即美术亦与有势力。"关于"美术之势力"，具体表现在文化、道德、
教育、工业四个方面。其中关于"美术在教育上之势力"，他又进一步说：

---

① 鲁迅：《拟播布美术意见书》，《教育部编纂处月刊》1913 年第 1 卷第 1 册。
② 鲁迅：《近代木刻选集（2）小引》，《朝花》1929 年第 12 期。
③ 邓牛顿：《中国现代美学思想史》，上海，上海文艺出版社，1988 年，第 22 页。

"今之谈教育原理者，最注重美育。以为无兴趣之教育，最足引以受教者之恶感。旧日之教育，用力多而成功少，其弊即在于此。若以美感教育起发观念，将见瞬息之间，感觉灵敏。助记忆，平心情，迥疲劳之精神，推精密之事理，均将于美育是赖。故新式教育，图画、音乐等科，与他教科并重，即此故也。"① 这种对美术的美育价值的肯定，充分反映出当时"美术革命"这一时代要求。

关于"美术革命"，陈独秀与吕澂有一次书面对话。吕澂在《美术革命》(1919 年)中认为，要进行"文学革命"，与文学并列于艺术之美术"尤极宜革命"，因为"文学与美术，皆所以发表思想与感情，为其根本主义者惟一，势自不容偏有荣枯也"。而实际情况是"美术之衰弊"更有甚"今日之文艺"。就绘画而言，"近年西画东输，学校肄习；美育之说，渐渐流传，乃俗士驽利，无微不至，徒袭西画之皮毛，一变而为艳俗，以迎合庸众好色之心。驯至今日，言绘画者，几莫不推商家用为号招之仕女画为上"。总之，吕澂在信中痛陈"美术之弊"，指出今日之美术"诚不可不极加革命"，同时提出阐明"美术之范围与实质""我国固有之美术""欧美美术之变迁"的"革命之道"。② 对于吕澂的意见，陈独秀颇为欢迎，并提出自己的看法："若想把中国画改良，首先要革王画的命"；"绘画虽然是纯艺术的作品，总也要有创作的天才，和描写的技能，能表现一种艺术的美，才算是好"。同时，他又对崇拜古人、模仿西画的形式主义风气进行了批驳。③

蔡元培曾主持北京大学。同处该校的朱希祖于"五四"前夕发表《文学论》(1919 年)，倡言"文学独立"，提出"文学"是"以情为主，以美为归"，应有"美妙之精神"的观点。"其精神贯注于人类全体之生命，人生切己之利害，谋根本之解决，振至美之情操；其成败利钝，固不可一概论，而具有独立之资格，则无可疑者也。""文学有内事，有外事。内事或称内容，即思想之谓也；外事或称外形，即艺术之谓也。欲内外事之完备，必有种种极深之科学哲学以为基础。""文学既为独立之科学，则必有巨大之作用。其作用安在？曰，以能感动人之多少为文学良否之标准。盖文学者，以能感动人之情操，使之向上为责任者也。感动多者，其文学必然；感动少者，其文学必窳。……故文学以情为主，以美为归。"他肯定"文学"的"美"的巨大作用，认为文学应该追求至美，而文学家应该"捐其身

① 胡佩衡：《美术之势力》，《绘学杂志》1920 年第 1 期。
② 吕澂：《美术革命》，《新青年》1919 年第 6 卷第 1 号。
③ 陈独秀：《美术革命——答吕澂来信》，《新青年》1919 年第 6 卷第 1 号。

命，乐而从之"。① 诉求文学、艺术的"独立"，正是"美育"的应有之义。

应该说，提倡美育并让其深入人心，并非易事，毕竟"美育"本身是一个相对抽象的概念。而借助文学、美术概念，不仅可以化解相对陌生的"美育"概念，而且可以使"美育"概念不再被抽离出媒介的自由感性形式，从而与那些偏重道德、理性的教育形式区分出来。李石岑在《美育论》（1925 年）中说："德育所重在教，美育所重在感。教育上教化之力，实远不如感化之力之大。盖教乃自外加，而感则由内发；教之力仅贮藏于脑，而感之力乃浸润于心也。……故常引导国人接近高尚之艺术，或清洁之环境，则一国人之心境，不期高尚而自高尚，不期纯洁而自纯洁。"② 从这种意义上理解，德育与美育的关系不仅是传统与现代的关系，而且是理性与感性的关系。感性对理性的扬弃是艺术具有现代精神的重要体现。在人的主体性受到极大压制的条件下，艺术以其符合或满足人对感性、美的需要而具有"高尚""纯洁"的特性，成为徐朗西所说的"社会之一种强大的原动力"③。

二、人生艺术化

"美育"又称"人生观教育""人生教育"。美育与人生两者应是合而为一的。在蔡元培看来，美育就是贯穿于人的一生的。如他在《美育实施的方法》（1922 年）所言："我说美育，一直从未生以前，说到既死以后，可以休了。"④ 美育之于人生如此重要，故人生也就要以美育为目标。他在湖南的第七次演讲（1921 年）当中提出"对于学生的希望"，指出美育的人生目标就是"人生美化"："吾人急应提倡美育，使人生美化，使人的性灵寄托于美，而将忧患忘却。"⑤ 可见，"美育"具有一种改造现实人生，并将之导入形上追求的积极意义。美育不仅是人生的，而且是艺术的。艺术是创造和运用美的形式的审美活动。这种审美活动的创造性成果集中表现在艺术及其形式上。"唯有形式美，以及偏重于形式美的艺术，如建筑、音乐、舞蹈、中国的书法等，运用其抽象性、朦胧性，易于把人们从现实的生活中引向高远的精神境界。"⑥ 因此，美育的人生是艺术的、趣味的，与

---

① 朱希祖：《文学论》，《北京大学月刊》1919 年创刊号。
② 李石岑等：《美育之原理》，上海，商务印书馆，1925 年，第 11 页。
③ 徐朗西：《艺术与社会》，上海，现代书局，1932 年，第 2 页。
④ 蔡元培：《美育实施的方法》，《教育杂志》1922 年第 14 卷第 6 号。
⑤ 蔡元培：《对于学生的希望》，《北京大学日刊》1921 年 2 月 25 日。
⑥ 聂振斌：《论形式美》，见《文化本体与美学理论建构——聂振斌美学论文集》，聂振斌著，北京，首都师范大学出版社，2009 年，第 296 页。

那种偏于政治的、科学的工作、生活相对立，或者说对这种工作、生活起着补充、调剂的作用。解决现代人烦闷的心理，同样要以此为参照，因为通过参与艺术活动，可以摆脱现实的限制，获得完满的生命形式。按照蔡元培所说就是："于工作的余暇，又不可不读文学，听音乐，参观美术馆，以谋知识与感情的调和。这样，才算是认识人生的价值。"[①]

蔡元培提倡美育，除指向宗教的弊端之外，亦指向了科学这一重要背景。从认识本源而言，宗教与美育的不相容就是由科学造成的限度引起的。"科学"具有把人从愚昧中摆脱出来的启蒙意义。但在现代社会中，科学并非万能，它犹如一把双刃剑，在促进生产力发展的同时，又会造成现代人心之"迷乱"。近代以来的西学东渐，使"科学"一词极度盛行。胡适说："这三十年来，有一个名词在国内几乎做到了无上尊严的地位；无论懂与不懂的人，无论守旧和维新的人，都不敢公然对他表示轻视或戏侮的态度。那个名词就是'科学'。"[②]他认为1923年发生的以"科学的人生观是否可能"为主题的"科玄论战"，主要是针对"科学"而做的"解释性工作"。对于这场论战，梁启超称其为一次关于"科学"的反思会，陈独秀批这场讨论的成果《科学与人生观》一书是"科学概论讲义"。这场论战分可能派、不可能派与折中派。胡适、陈独秀是提倡科学的强有力者。在新文化运动期间，陈独秀视"科学"为一个用来检验"常识""信仰"的概念。如他在《敬告青年》（1915年）中说："凡此无常识之思惟，无理由之信仰，欲根治之，厥维科学。夫以科学说明真理，事事求诸证实，较之想像武断之所为，其步度诚缓，然其步步皆踏实地，不若幻想突飞者之终无寸进也。"[③]他把科学与想象对立起来，认为人们只有脚踏实地才能取得起步。属于折中派的范寿康提出所谓的"先天形式"说与"后天内容"说，由于曲解了"科学"的真义，自然遭到陈独秀、胡适的批评。这次论战促使人们更加理性地看待"科学"，并非唯举"科学主义"乃正确之认识。而科学、科学主义视域中的美育主张，主要是基于人的情感、生活问题而立意的。美育在根本上是一种情感教育，这种情感又是独立的、纯粹的、自由的，即它是与那种智性相排斥的。因此，与将情感归附于道德情感的传统观念不同，现代美育的情感论主要针对理智情感的偏颇性，希望以感性的、美的情感补充、校正理性的情感。在这方面，又以梁启超的观点具

---

① 蔡元培：《美育与人生》，见《蔡元培全集》（第7卷），杭州，浙江教育出版社，1997年，第291页。
② 张君劢等：《科学与人生观》（上册），上海，亚东图书馆，1923年，胡序第2页。
③ 陈独秀：《敬告青年》，《青年杂志》1915年创刊号。

有代表性。他提出西方科学"破产"的论调，认为科学与生活是不相容的，因而主张生活趣味化。

受梁启超观点的影响，雷家骏在《儿童的艺术生活》（1923 年）中提出"趣味是人生的命脉"的观点。"若要人们的生活健康，第一要人生观俱能艺术化。""在我国现代荒凉枯寂的现状之下，猜疑欺谝嫉妒虚伪种种的恶德，都充满了人们的脑海里，扰扰攘攘，无和平的希望；根本的缺憾，就是一般人未得到文化的教养，不能养成一般人有趣味的人生观，所以乱事相继，都无悔祸的热忱。倘若理智教育，十分进步，而无艺术教育以济其弊，我恐怕终久不能寻到人生究竟问题的解决！"这是把趣味、艺术、人生三者统一起来看待，所谓"趣味是人生的命脉"，亦即"艺术是人生的命脉"。①

以艺术精神倡导一种趣味的生活，把美育与人生统合起来，在"五四"之后成为颇为流行的观点。宗白华提出"唯美主义"或"艺术的人生观"。他在《青年烦闷的解救法》（1920 年）中说："唯美的眼光，就是我们把世界上社会上各种现象，无论美的，丑的，可恶的，龌龊的，伟丽的自然生活以及鄙俗的生活，都把他当作一种艺术品看待——艺术品中本有表写丑恶的现象的——因为我们观览一个艺术品的时候，小己的哀乐烦闷都停止了，心中就得着一种安慰，一种宁静，一种精神界的愉乐。我们若把社会上可恶的事实当作一个艺术品观，我们的厌恶心就淡了，我们对于一种烦闷的事体作艺术的观察，我们的烦闷也就消了。……我们要持纯粹的唯美主义，在一切丑的现象中看出他的美来，在一切无秩序的现象中看出他的秩序来，以减少我们厌恶烦恼的心思，排遣我们烦闷无聊的生活。"② "救济青年烦闷"同样成为《美育》创刊的初衷。该杂志于 1920 年 4 月由中华美育会创办。发表在创刊号上的《本志宣言》就这样写道："我国人最缺乏的就是'美的思想'，所以对于'艺术'的观念，也非常的薄弱。现在因为新文化运动的呼声，一天高似一天，所以这个'艺术'问题，亦慢慢儿有人来研究他，并且也有人来解决他了。我们美育界的同志，就想趁这个时机，用'艺术教育'来建设一个'新人生观'，并且想救济一般烦闷的青年，改革主智的教育，还要希望用美来代替神秘主义的宗教。"③

1921 年张竞生被蔡元培聘为北大哲学教授。他推崇唯美主义，"集合国内对于生活、情感、艺术及自然的一切美，具有兴趣和有心得者"，著

①　雷家骏：《儿童的艺术生活》，《中华教育界》1923 年第 12 卷第 9 期。

②　宗白华：《青年烦闷的解救法》，《解放与改造》1920 年第 2 卷第 6 期。

③　中华美育会：《本志宣言》，《美育》1920 年创刊号。

成《美的人生》一书。这部"审美丛书"希望"以'艺术方法'提高科学方法及哲学方法说""以美治主义为社会一切事业组织上的根本政策""以美的人生观救治那些丑陋与卑鄙的人生观"。他说人生观就是"美的":"这个美的人生观，所以高出于一切人生观的缘故，在能于丑恶的物质生活上，求出一种美妙有趣的作用；又能于疲弱的精神生活中，得到一个刚毅活泼的心思。它不是狭义的科学人生观，也不是孔家道释的人生观，更不是那些神秘式的诗家，宗教及直觉派等的人生观。它是一个科学与哲学组合而成的人生观，它是生活所需要的一种有规则，有目的，与创造的人生观。"①《美的人生》为张竞生的授课讲义，印成单行本后，两年内重印七次，极为畅销。这期间尽管承受了许多的批评与赞同，但是吸引了许多处于彷徨苦闷中的青年，这是肯定的。

《消除烦闷与超脱现实》（1923年）是朱光潜对王光祈《中国人之生活颠倒》（1922年）一文的回应。他认为，后者提出的以现实中得不到嗜好满足便使人生烦闷的观点是"美中不足"的，需要进一步看待和审视。消除人生烦闷可以通过超脱现实的方式获得，之一就是"在美术中寻慰情剂"，因为美术没有现实的限制。"现实界不能实现的理想，在美术中可以有机会实现"；"美术能够引起快感，而同时又不会激动进一步的欲望；一方面给心灵以自由活动的机会，一方面又不为实用目的的所扰"。因此，无论就"创作美术的人"还是就"欣赏美术的人"而言，美术都是能够使人超脱现实的。此外，"美术不但可以使人超脱现实，还可以使人在现实界领悟天然之美，消受自在之乐"。②朱光潜就是这样一位积极提倡以美术改造人生的中国现代美学家，且把"人生的艺术化"作为最重要的理论。朱自清（字佩弦）高度评价这种"美育"理想，在为朱光潜的预备出版的《文艺心理学》所作的序文（1932年）中有这样直接的称赞："江绍原先生和周岂明先生先后提倡过'生活之艺术'；孟实（按：朱光潜的字）先生也主张'人生的艺术化'。他在《谈美》的末章专论此事：他说，'过一世生活好比做一篇文章'；又说，'艺术的创造之中都必寓有欣赏，生活也是如此'；又说，'生活上的艺术家也不但能认真，而且能摆脱。在认真时见出他的严肃，在摆脱时见出他的豁达'；又说，'不但善与美是一体，真与美也无隔阂'。——关于这句抽象的结论，他有透彻的说明，不仅仅搬弄文字。这种艺术的态度便是'美育'的目标所在。"③

---

① 张竞生：《美的人生观》（第7版），上海，美的书店，1927年，第2页。
② 朱光潜：《消除烦闷与超脱现实》，《学生杂志》1923年第10卷第5期。
③ 朱光潜：《文艺心理学》（再版），上海，开明书店，1937年，朱佩弦先生序第1~2页。

三、主体性激扬

无论是"力美",还是"人生艺术化",都直指艺术(美术)的审美蕴含。这种蕴含体现出艺术所具有的一种矛盾性统一:一方面是可以超越任何的实用性和功利性,另一方面又实现了某种特有的功利性,可以把人从现实的限制中解脱出来。艺术的这种审美逻辑亦反映出美育的现代性特征。许多西方现代美学家就是认识到这种艺术的、美的真谛后提出了"美育"。如席勒所说:"我们为了在经验中解决政治问题,就必须通过审美教育的途径,因为正是通过美,人们才可以达到自由。"[①]这一美育方案实则充满了矛盾,即以一种非现实(审美)的途径、方法解决一个现实(政治)问题。具体到中国现代美育,它何以能够成为那个时代中人们的一种精神信仰?蔡元培的"美育"主张深入人心,反响甚大。至于原因,舒新城将其归为"美育本身的功能""政治的助力""时代思潮的激荡"三个方面。[②]如果说美育应当普及的直接的理论依据是美的普遍而超脱的本质,那么要使美育成为一个时代的普遍诉求,还需要美育在与时代之间,即理想与现实之间建立起一种可沟通的关系,否则便如鲁迅批评张竞生时所说的那样,是一种不切实际的人生理想[③]。这种关系从对审美主体的批判性建构中最能够看出,此即要求使艺术家所禀赋的特殊的审美能力成为既普遍而又高尚的,人人皆能创造、享有美的能力。在这方面,王国维是先行者。

王国维在《教育偶感》(1904年)中发出"生百政治家,不如生一文学家"的吁求。他认为,政治家与文学家各有偏重,不过前者给予国民"一时"的"物质上之利益",而后者给予国民"永久"的"精神上之利益"。因此,要给国民真正以"精神上之慰藉"和"广且远"的"生命者"本色,绝不是"政治家之遗泽"所能助力的。尽管物质文明可以输入,但是精神上的趣味,"非千百年之培养,与一二天才之出,不及此"。[④]《论哲学家与美术家之天职》(1905年)重申"美术"的特有价值:"政治上之势力

---

① 〔德〕席勒:《美育书简》,徐恒醇译,北京,中国文联出版公司,1984年,第39页。

② 舒新城:《近代中国教育思想史》,上海,中华书局,1929年,第133~134页。

③ 许广平在致鲁迅的信(1926年10月14日)中这样调侃:"记得张竞生之流发过一套伟论,说是人都提高程度,对于一切,都鲜花美画一般,欣赏之,愿公显于众,自然私有之念消,可惜世人未能领略张辈思想,你何妨体念一下?"鲁迅则在致许广平的信(1926年10月20日)中这样回复:"至于张先生的伟论,我也很佩服,我若作文,也许这样说的。但事实怕很难,我若有公之于众的东西,那是自己所不要的,否则不愿意。以己之心,度人之心,知道私有之念之消除,大约当在二十五世纪,所以决计从此不瞪了。"[《鲁迅大全集》(第3卷),武汉,长江文艺出版社,2011年,第581~582页]

④ 王国维:《教育偶感》,《教育世界》1904年第81号。

有形的也，及身的也；而哲学美术上之势力，无形的也，身后的也。故非旷世之豪杰，鲜有不为一时之势力所诱惑者矣。"王国维批评那些对哲学美术之价值"未自觉者"，希望"今后之哲学美术家，毋忘其天职，而失其独立之位置"。① 从收入《静庵文集》的这两文看，王国维批判传统文学道德观，反对把文学、美术归附于道德、政治之下。他对传统文学道德观的颠覆就是要给文学（审美）独立性立法，还原文学家、哲学家、美术家的本分。但问题是文学、美术等并不为一般民众所拥有，而往往为占少数的文学家、美术家所掌握。要使文学、美术成为民众的必要，就必须使民众接受文学、美术。诚然，提高民众的修养和艺术家的艺术能力都是必要的途径，但是要缩小民众与艺术家的"距离"，就得在艺术形式上有所突破，而《古雅之在美学上之位置》（1907 年）正是这方面思考的体现。他视"古雅"为一种"美"，一种不是先验的，不是天才独有的，而是可以通过后天的修养获得的"美"。"至论其实践之方面，则以古雅之能力，能由修养得之，故可为美育普及之津梁。"② 究其实，"'古雅'之'雅'，是指某物经过人为的文饰、雕琢、加工而创造的一种美的形式或形式美"③。因此，无论是"中智以下之人"，还是"不能喻优美及宏壮之价值者"，都可以通过后天努力而获致。王国维批评近代社会，并把矛头指向道德、政治，体现出强烈的追求美术或美术家"独立"的意识。他提倡美育，就是要求以美学、美育方式化解社会问题。当然，这种以"古雅"为核心的美育现代性结构所蕴含的"形式"命题，亦是十分耐人寻味的，值得后人反复思量。

同样，鲁迅赋予"美术家"以高尚的时代使命。《拟播布美术意见书》（1913 年）在谈到为何"播布美术"时，就是把"美术家的出世"作为传播美术的一种理想、目标："以发美术之真谛，起国人之美感，更以冀美术家之出世。"④ 在他看来，"美术家"就是能够洞悉美术真谛、激发国人美感的一个时代引导者。"美不自美，因人而彰。"（〔唐〕柳宗元《邕州柳中丞作马退山茅亭记》）美的存在需要以人的存在为前提，只有通过人，美的存在意义才能彰显出来。鲁迅把这个"人"设定为"美术家"，体现出对美的社会价值的充分肯定。

与鲁迅对"美术家"这一先进主体形式的要求一致的是梁启超提出的

---

① 王国维：《论哲学家与美术家之天职》，《教育世界》1905 年第 99 号。
② 王国维：《古雅之在美学上之位置》，《教育世界》1907 年第 161～165 号。
③ 聂振斌：《稽古征今论转化——中国艺术精神》，上海，上海锦绣文章出版社，2010 年，第242 页。
④ 鲁迅：《拟播布美术意见书》，《教育部编纂处月刊》1913 年第 1 卷第 1 册。

"美术人"。梁启超在上海美术专门学校所做的演讲《美术与生活》（1922年）中说："人类固然不能个个都做供给美术的'美术家'，然而不可不个个都做享用美术的'美术人'。"这一见解就是基于对美的"形式"的考量："但我确信'美'是人类生活一要素——或者还是各种要素中之最要者，倘若在生活全内容中把'美'的成分抽出，恐怕便活得不自在甚至活不成，中国向来非不讲美术——而且还有很好的美术，但据多数人见解，总以为美术是一种奢侈品，从不肯和布帛菽粟一样看待，认为生活必需品之一，我觉得中国人生活之不能向上，大半由此……"[①] 尽管"美术人"这个概念是被"杜撰"出来的，但是它未免不代表一种时代声音。鲁迅所说的"美术家"侧重作为创作美术的主体，而梁启超所说的"美术人"侧重作为欣赏、享受美术的主体。总之，让"美术"成为人人能够享受的普遍"形式"，而不是少数人的"专利"，这是他们共同的期待。

王国维、鲁迅、梁启超都以文化启蒙人的姿态张扬人的主体性，并从学理层面推进了对美术价值和进行美术教育的必要性的认识。在这方面，我们还不能忘了汪亚尘、刘海粟、刘风眠、丰子恺、陈佛之等一批"实际的"美术家。他们普遍学习过西方美术技巧，对中国美术的现状抱以不满并要求改革，又把对美术的思考与社会风气的改造、人生的实践等问题结合起来。这里以"20世纪初，美术界把形式问题的重要性论述得十分清楚"[②] 的，且始终抱定"以艺术慰平生，以学问安身心"的汪亚尘为例。在1921年从日本留学归来的前后几年，尤其是在主编《时事新报·艺术周刊》期间，他发表了许多论"艺术家"的文章。《广告学上美人的研究》（1920年）直指国人"很薄弱的"和"对于美术的观察力"。当时，社会上流行许多从西方引进来的广告画。他认为那些"广告上的美人画"，"既失趣味，又少生气"，故十分痛恨这种"名不副实"的现象，主张应该"脱俗"。他这样呼吁："我们在艺术界上奋斗的同志，应该负些责任，不可用虚伪底眼光，就因循把他过去，那种不规则底艺术品，当然是不能承认他的，我又狠希望画广告画诸君，须要从艺术上寻些正道底研究，那种'假饰''虚伪''坏风'底作品，自己也应该觉悟，凡事总要谋自己和群众底趣味，拿这个思意解释清楚，个人的生活问题，也不难了。"[③] 其他的，如《艺术家与社交》（1922年）中写道："艺术家的感受，要有强烈的刺激，不可有普遍的驯染性。""制作是艺术家的本务，艺术家人格的表现，也在制作

---

① 梁启超：《美术与生活》，《时事新报·学灯》1922年8月15日。
② 林木：《20世纪中国艺术形式问题研究得失辨》，《文艺研究》1999年第6期。
③ 汪亚尘：《广告学上美人的研究》，《美术》1920年第2卷第1号。

上看出来，但是要成功切实制作的艺术家，要有三种完备的东西，就是精力、经济、时间。"① 又如《画家的头脑》（1924 年）中写道："纯粹艺术，是头脑描写出来的，画家有深远的头脑，才能产生有力的绘画，所以大艺术品，都是由作家深远地头脑中表现出来的。"② 再如《为最近研究洋画者进一解》（1923 年）中写道："……纯真的艺术，全在'美'的表白，换一句：就是艺术家'美欲'的表出。所以艺术的艺术，决不能依了他种的支配去制作的。要收获有生命的作品，就要从这一点上努力！"③ 这些言论体现出汪亚尘追求"艺术自主""艺术家独立""艺术教育正当"的美育自觉意识。

李石岑在《美育之原理》（1925 年）中说："美育者发端于美的刺激，而大成于美的人生，中经德智体群诸育，以达美的人生之路。美育之所以蔚为一种时代精神者，意在斯乎！"④ 作为"一种时代精神"的美育，也就是作为艺术精神的美育。只有把艺术精神融汇到特定的时代当中，使艺术葆有强大的生命力，才能使美育真正在时代潮流中显示力量。进入 20 世纪 30 年代以后，国内动荡局势加剧。要改变国人的精神状态，更加迫切需要艺术教育和美育精神。蔡元培在香港圣约翰礼堂美术展览会上发表的演讲（1938 年）中说："当此全民抗战期间，有些人以为无鉴赏美术之余地，而鄙人以为则以为美术乃抗战时期的必需品"；"抗战时期所最需要的，是人人有宁静的头脑，又有强毅的意志"；"为养成这种宁静而强毅的精神，固然有特殊的机关，从事训练；而鄙人以为推广美育，也是养成这种精神之一法"。他还提出"以同情为基本"："同情的扩大与持久，可以美感上'感情移入'的作用助成之。……于美术上时有感情移入的经过，于伦理上自然增进同情的能力。"⑤ 陆其清在《艺术教育的效能》（1940 年）中指出，艺术教育就是"美的生活，简单的说就是美育"。他认为，艺术教育既有"永恒常态"的效能，又有特殊的效能（即所谓的时代性），前者是"美化人生"，而后者有时含有"指导人生"的积极任务。"艺术教育在这一时代的积极意义也就以此为依归，就是说这一个特殊的时代就需要艺术教育能够充分发挥指导群众驱除暴敌的效能。"⑥ 许士骐在《美育与民族精神》

---

① 汪亚尘：《艺术家与社交》，《时事新报·艺术周刊》1922 年 7 月 31 日。
② 汪亚尘：《画家的头脑》，《时事新报·艺术周刊》1924 年 1 月 13 日。
③ 汪亚尘：《为最近研究洋画者进一解》，《时事新报·艺术周刊》1923 年 6 月 24 日。
④ 李石岑等：《美育之原理》，上海，商务印书馆，1925 年，第 13 页。
⑤ 蔡元培：《在香港圣约翰礼堂美术展览演讲词》，《东方画刊》1940 年第 2 卷第 12 期。
⑥ 陆其清：《艺术教育的效能》，《音乐与美术》1940 年第 5 期（艺术教育特辑）。

（1947年）中将美育视为"领导人们走向至善至美的境界，要达到一个完美人生"。[①] 总之，美育与中国现实的结合，使之具有了鲜明的时代内涵和民族性特征。

四、"常人"的意义

如前所述，美育的目标是培养具有美感能力的人。对于这个"人"，仍需要进一步阐明。正可谓理想来源于现实，世上亦不存在脱离现实社会的理想的人。基于绝对化立场理解"人"，这必将失去人之存在的实际意义。宗白华有一篇重要的未刊文《常人欣赏文艺的形式》（1942年）。此文之写作，缘起于他所注意到的德国现代艺术学者刘友纳尔氏（Lützler）近著《艺术认识之形式》。该著内容有"常人欣赏艺术的形式""艺术考古学对艺术的态度""形式主义的艺术观""形而上学的艺术观"等。宗白华评价此著分析精深，富有新思想，认为其中的"常人欣赏艺术的形式"这一部分"尤为重要"。[②] 他说："常人在艺术欣赏的'形式'和'对象'方面，都表示一种特殊的立场与范围，这是值得注意而且是很有兴趣的。"又说："常人要求的文学艺术是写实的，是反映生活的体验与憧憬的。然而这个'现实'却须笼罩在一幻想的诡奇的神光中。"[③] 这就是说，常人是艺术价值得以实现的重要因素，不仅对艺术内容方面有"天然的倾向"，而且对艺术形式方面也有"潜伏的要求"，包括"结构、章法"和"表现生命"。宗白华从受众角度指出常人欣赏文艺有自己的特性，从而肯定了"常人"存在的特殊意义。

众所周知，艺术作为活动，具有系统性。考察艺术活动，必然涉及艺术本质、艺术创作、艺术作品、艺术接受等多重问题。客观地说，中国现代文艺家、美学家对艺术接受的关注远不如对其他三方面的重视程度。艺术接受者有艺术家、艺术批评家，也有普通民众。在中国传统诗学体系中，"志""气"等范畴都是指向创作主体的要求。作为受众的"常人"，则是一个受压抑和被德化的群体。"夫以阳为充孔扬，采色不定，常人之所不违，因案人之所感，以求容与其心，名之曰日渐之德不成，而况大德乎！将执而不化，外合而内不訾，其庸讵可乎！"（《庄子·人间世》）此中议及孔子对那种喜怒无常、固守己见的人的批评。其中所说的"常人"，既指相对君主而言的平民百姓，又指相对那种内外兼修的君子而言的无德

---

① 许士骐：《美育与民族精神》，《活教育》1947年第4卷第9~10期（合刊）。

② 宗白华：《宗白华全集》（第2卷），合肥，安徽教育出版社，1994年，第314页。

③ 宗白华：《宗白华全集》（第2卷），合肥，安徽教育出版社，1994年，第317页。

之人。中国传统美育中将"六艺"作为"所以事成德者",把美育当作教化的手段、工具,"美育群材"(〔三国魏〕徐干《中论·艺纪》)四字就是最直接的概括和表明。显然,这种采用自上而下方式进行推行的传统美育观,根本上与现代美育理念不相容。在"皆可为艺术家"的现代美育主张中,人不再被视为仅受道德规训的对象,而是作为拥美、享美的主体和自由者而存在。每一个人都是独立的,也是自然的、朴素的,既是创造者,又是接受者。"所谓'常人',是指那天真朴素,没有受过艺术教育与理论,却也没有文艺上任何主义及学说的成见的普通人。他们是古今一切文艺的最广大的读者和观众。文艺创作家往往虽看不起他们,但他自己的作品之能传布与保存还靠这无名的大众。"[1] 这就是说,常人虽然寂寂无名,但是有自己的艺术活动特点,对他们的作用绝不可低估。宗白华对"常人"的肯定是符合常理的。所谓"雅俗共赏",就是说经典的艺术具有"俗"的一面,或者说正因为"俗"才显得"雅"。故可以承认,艺术也具有俗性,常人欣赏艺术自有立场和范畴。这要求在美育实践中,需充分意识到"雅中之俗",因为它是美、艺术、人生的价值得以显现的重要保证和条件。

把"常人"问题推到中国现代美育前台的,首推王国维。他直面现实人生,借用叔本华、尼采的哲学解释生活、人生现象,从而肯定了人生的意义和美术(艺术)的价值。《红楼梦评论》(1904 年)指出,"常人之知识,止知我与物之关系",正因如此,"及人知渐进,于是始知欲知此物与我之关系,不可不研究此物与彼物之关系。知愈大者,其研究逾远焉。自是而生各种之科学"[2]。这一事实表明人的知识、实践都是与欲望,即痛苦联系在一起的,它们本就是合而为一的。而"艺术之美"恰能使人忘却、摆脱物我之间的利害关系。《人间嗜好之研究》(1907 年)中也提到"常人对书画、古物、戏剧之嗜好"都是"由势力之欲出"。[3]《清真先生遗事·尚论三》(1910 年)中提到两种类型的"境界":"境界有二:有诗人之境界,有常人之境界。诗人之境界,惟诗人能感之而能写之,故读其诗者,亦高举远慕,有遗世之意。而亦有得有不得,且得之者亦各有深浅焉。若夫悲欢离合、羁旅行役之感,常人皆能感之,而惟诗人能写之。故其入于人者至深,而行于世也尤广。"[4] 这里指出,面对同样的题材,常人"能感",但诗人"能感"又"能写",所以后者比前者高明。实际上,"能写"蕴藏着

① 宗白华:《宗白华全集》(第 2 卷),合肥,安徽教育出版社,1994 年,第 314 页。
② 王国维:《红楼梦评论》,《教育世界》1904 年第 76 号(连载一)。
③ 王国维:《人间嗜好之研究》,《教育世界》1907 年第 146 号。
④ 王国维:《清真先生遗事·尚论三》,《国学丛刊》1911 年第 2 册。

"真"的内涵。而这个"真",正如有学者指出的,它是面向"人"的审美理想。这种理想代表了中国现代诗学的现代性特质,后来在"五四"诗学美学中进一步发扬光大。周作人倡导"人的文学",鲁迅的悲剧观及其对中国传统的团圆主义的批判,实际上都是用一种"真"的审美观来看待艺术、人生的问题,同时采用哲学美学、诗学的维度张扬人文精神。[①]

　　宗白华是中国现代美育的重要提倡者。他最直接论及"美育"的是《美学与艺术略谈》(1920年)和《美学》(讲稿,1925~1928年)。前者指出,美育的问题是研究"怎样使美术的感觉普遍到平民的社会生活和个人生活间"[②]。后者指出,"研究美学之方法"有四个问题,之四是"美学的应用——即美学之位置如何?如何利用美术以施于教育?如何增加其价值以陶冶民族性?此等美育与文化极有关"。在谈到"美学之趋势"时,又再次提到"美育即利用美术的施行于教育"的"研究美学之方法"。[③]另外,在他主编的《时事新报·学灯》(渝版)上刊发了蔡元培(按:字子民)的《美育》(第78期,1940年3月25日),后又刊发了李长之、潘菽纪念蔡子民的两篇文章,分别是《中国美育之今昔及其未来》(第79期,1940年4月1日)和《美育管见》(第81期,1940年4月15日),为此写了"编者语"。这些大抵顺应了当时的潮流,即美育在现代中国十分有提倡的必要。宗白华提倡美育,尤其将"艺境"与"人生艺术化"整合为一。受西方学者的"暗示与感兴",他返归到中国文化,从生命哲学的高度透视中国古典绘画艺术,探索中国古典艺术形式,"发现"中国艺境理论。在他看来,艺术形式具有"由美入真,深入生命节奏的核心"的启示价值。生命节奏是艺术形式的核心动力结构,此即"气韵生动"。但在现代化大潮中,这种古典文化精神正日渐衰微。重构艺境,以中国人固有的宇宙意识、生命情调,正可以整饬迷乱的现代人心,呵护苦难的现代世界。[④]这种时代精神、世界视野和中国本位意识,弥足珍贵,亦成就了宗白华的人生艺术化思想。

　　与宗白华一样,朱光潜也致力于提倡"人生艺术化"。这种思想把诗、艺术当作极其重要的"形式",它们既是审美的,又是人生的。他拿"常

---

① 参见陈太胜:《20世纪中国现代诗学"真"的审美观的诞生》,《北京师范大学学报(人文社会科学版)》2000年第2期。
② 宗白华:《美学与艺术略谈》,《时事新报·学灯》1920年3月10日。
③ 宗白华:《宗白华全集》(第1卷),合肥,安徽教育出版社,1994年,第435~436页。
④ 参见胡继华:《宗白华　文化幽怀与审美象征》,北京,文津出版社,2005年,第133~139页。

人"与"艺术家""诗人"做比较，以突出后者的特殊禀赋。《文艺心理学》
（1937年再版）中谈到艺术的社会作用时说道："艺术家比较常人优胜，
就在他们的情感比较真挚，感觉比较锐敏，观察比较深刻，想像比较丰
富。"[①] 他在《诗论》（1948年增订本）中谈到"诗的境界"时说："物的意蕴
深浅与人的性分情趣深浅成正比例，深人所见于物者亦深，浅人所见于物
者亦浅。诗人与常人的分别就在此。同是一个世界，对于诗人常呈现新鲜
有趣的境界，对于常人则永远是那么一个平凡乏味的混乱体。"[②] 收入《孟
实文钞》（1936年）的《诗人的孤寂》是其留学时的试作，其中也有这样
比较式的说法："诗人所以异于常人者在感觉锐敏。常人的心灵好比顽石，
受强烈震撼才生动颤；诗人的心灵好比蛛丝，微嘘轻息就可以引起全体的
波动。常人所忽视的毫厘差别对于诗人却是奇思幻想的根源。一点沫水便
是大自然的返影，一阵螺壳的啸声便是大海潮汐的回响。在眼球一流转或
是肌肤一蠕动中，诗人能窥透幸福者和不幸运者的心曲。他与全人类和大
自然的脉搏一齐起伏震颤，然而他终于是人间最孤寂者。"[③] 正因如此，诗、
艺术皆是非常态的创造物，亦并非能为一般人所创造。留学期间，朱光潜
接受克罗齐美学，但是随着认识的深入和研究的展开，遂逐渐对其产生不
满。克罗齐的直觉论就是艺术论，承认艺术是一种普遍性的活动，而人天
生就是艺术家。如《克罗齐哲学述评》（1948年）中所述："艺术既是直觉，
而直觉是最基层底知解活动，为一切知识的基础，所以凡人既有知识，即
不能无直觉或艺术活动。人人都必有几分是艺术家。大艺术家与平常人在
这一点上只有量底分别（他们是大艺术家，我们是小艺术家），却没有质
底分别（同是直觉）。"[④] 显然，这种主张存在诸多矛盾和不足的地方，比如
忽视艺术传达的问题。"艺术家之所以为艺术家，不仅在能直觉（这是一
般人都能办到底），尤其在能产生'作品'（这只有艺术家才能）。克罗齐
所谓'人天生是诗人'，只能意指'人天生是可能底诗人'，至于真正底诗
人实际上却居少数，传达的技巧似乎不能一笔抹煞。"[⑤] 从中可以看出，朱
光潜试图打破心物二元的哲学企图，修复、改造甚至挣离克罗齐美学。另
外，他将诗学与美学沟通起来，提倡诗的、境界的、美感的人生，广泛吸
收康德、叔本华、尼采以及柏格森的哲学，因为这些哲学也都把人生当作

① 朱光潜：《文艺心理学》（再版），上海，开明书店，1937年，第129页。
② 朱光潜：《诗论》（增订版），南京，正中书局，1948年，第52页。
③ 朱光潜：《孟实文钞》，上海，良友图书公司，1936年，第150~151页。
④ 朱光潜：《克罗齐哲学述评》，南京，正中书局，1948年，第39页。
⑤ 朱光潜：《克罗齐哲学述评》，南京，正中书局，1948年，第88页。

美术（艺术）作品式的创造来理解。朱光潜提倡人生艺术化的旨趣，虽然与宗白华的追求一致，但是这种共同只是其中一方面。朱光潜强调主体性的主观观念论，把人与物对立起来，是从人到对象的审美关系建构。相比之下，宗白华更加强调物我和谐，粘带更加浓厚的客观观念论的形而上学色彩。他克服了个别的意志，将其上升到普遍意志或普遍理性，从而走出了极端人本主义或人类中心主义的思想泥淖。

宗白华终身情笃于追求艺境，颇能与一生研究存在问题的德国美学家马丁·海德格尔（Martin Heidegger）相似。后者在《存在与时间》（1927 年）中亦提出"常人"（das Man）概念。所谓"常人"就是一种此在的"非本真状态"，即"对自己存在的解说使我们得以见出我们或可称为日常生活的'主体'的那种东西"。① 它并不是一个具体的人，而是一个抽象的、作为一个集体的权威的人。在一般情况下，"常人"往往会消解掉"此在"的自我"能在"，使"此在"在世界中沉沦，日常的自己存在的样式就奠基在这种共同的此在与存在的方式中。显然，这个"常人"基于对传统形而上学的现代性批判，是科学技术之思的产物，反映了存在主义哲学家、美学家对现代人深受科技异化的人文关怀和诗意生存之思。宗白华的艺境论，也是现代性反思的产物，它将艺术提到形而上的层面，同样使之具有存在主义哲学、美学的意味。"五四"时期宗白华接触到大量的西方哲学、美学思想。在致郭沫若的信（1920 年 1 月 3 日）中说到自己"平日多在'概念世界'中分析康德哲学，不常在'直觉世界'中感觉自然的神秘"，所以认同他所作新诗的诗境，还建议他将诗与自然、哲学多多结合，养成完满高尚的"诗人人格"。②《美学》（1925～1928 年）中谈到天才的艺术创造与普通的艺术创造的差异时指出，这种差异并非在想象力的质与量方面，主要在于精神："天才者，精神生活既多，其苦与乐，较常人为深刻，盖非谓彼各部分皆较常人为高，然有几部分特别发达者，遂使全体亦起剧烈之变化也。"③ 可见，宗白华对"常人"抱有理想。常人也是具有创造性的，只是相对天才而言略显浅薄，故不能厚此薄彼，蔑视其存在之意义。在《常人欣赏文艺的形式》中被称赞的"常人"，包括了科学（宇宙观）与艺术（艺术观）两个方面，具有通俗性、人间性、普遍性。在对艺术的理解仍缺乏系统性和哲学功力的中国现代美学和美育理论中，宗白华重民主、平等的

① 〔德〕马丁·海德格尔：《存在与时间》（中文修订第 2 版），陈嘉映、王庆杰译，北京，生活·读书·新知三联书店，2016 年，第 165 页。
② 田寿昌等：《三叶集》，上海，亚东图书馆，1920 年，第 3 页。
③ 宗白华：《宗白华全集》（第 1 卷），合肥，安徽教育出版社，1994 年，第 487 页。

"常人"观显示出特殊的意义。它延续了中国传统的"齐物"思想，为现代人追求诗意存在提供了方法论指引和实践方式选择，对清除同一性哲学问题的余绪亦大有裨益。

科学与道德的冲突是中国现代理性文化的实质。中国现代性语境中的"科学"概念，有"从器到道""从技术操作到价值信念""从认识论到价值论"的演进转化过程。[①]特别是科学主义，它成为一种意识形态化了的话语霸权，成为现代中国知识分子信仰的对象，这为启蒙知识分子激进反传统与破旧立新的社会改造运动提供了合法依据。科学与美育，看似矛盾，实则两者在功用方面具有一致性。正如宗白华所言："提供美育就是培养人民对客观存在着的美的对象能够接受和正确地认识，像科学那样培养我们对自然和社会的真理有正确的认识。"[②]批判传统道德，主张科学救国、美育救人是中国现代美学人的坚定选择。追求国民性改造使得中国现代美育具有鲜明的启蒙特征，凸显出解决"人"的问题的迫切性。但是，这个"人"仍具有精英化色彩。从此种意义上说，中国现代美学人将目光瞄准了日常生活这一有待"改写"的特殊领域，但是并没有真正接近日常生活主体。所以说，这种美育构想宏大而不精微，所谓的"人生艺术化"终究只是一种理想而已。只有人的存在方式、行为模式发生根本性改变，即走出日常生活世界，人自身的现代化才能真正实现。

第三节　"形式"之异延：席勒美育思想在中国的展开

席勒是西方现代美学、美育的重要开拓者。他批判性地汲取了康德的"形式美学"，发展了"生活美学"，创造性地提出了"活的形象美学"。正如列奥纳德·P. 维塞尔（Leonard P. Wessell）所说："美学理论中引人注意的是康德的形式术语从静态结构到心智的形成过程或心智活动的转变。因而康德使形式和生活合为一体。真正地生活，是根据普遍有效的原则去形成事物，在某种意义上，人的心智是一种理性结构，类似于作为工匠的人的工艺构成活动。席勒抓住康德思想中的能动方面，试图构成一门活的形象美学。"[③]他的代表作《美育书简》（1795年）以理论的原创性、鲜明的时

---

① 俞兆平：《写实与浪漫——科学主义视野中的"五四"文学思潮》，上海，上海三联书店，2001年，第45页。

② 宗白华：《读〈论美〉后一些疑问》，《新建设》1957年第3期。

③ 〔美〕列奥纳德·P. 维塞尔：《活的形象美学——席勒美学与近代哲学》，毛萍、熊志翔译，上海，学林出版社，2000年，作者中译本序言第25页。

代感和进步的理想主义，产生了重大影响，亦深深吸引了异域读者。进入
20 世纪以来，中国学人不断译介这部经典之作，在相关研究上也取得了
大量成果。但有一个不易忽视的事实：直到 1980 年才出版该书的完整汉译
本，而在此之前对此书多为引用、节译、转述，显得十分零碎。① 全面探
讨席勒美学中国化的问题，需要我们正视这一事实，重点关注在诠释、阐
发、吸纳席勒美学过程中产生的"误读"现象。作为一种接受行为，误读
指向客观对象与主观理解之间的差距，本义上是因接近真实而出现的同化
现象，实际上往往表现为差异性的评价、构想或创造。故这里的重点是呈
现席勒美育思想中国化过程中发生"偏差"的状况，进而分析产生的原因、
造成的效果，等等。由此，我们亦可以识得西方美学"形式"概念的异延②
情况。

一、寓美于教

在《美育书简》中，席勒主要是从"美的问题"这座"美学的迷宫"入
手，求得美育的内涵及其在逻辑上的可能。其中指出，"美育的任务"就
是"由美的对象产生美"，具体地说就是"通过美把感性的人引向形式和
思维，通过美使精神的人回到素材的感性世界"。"美"作为处于一个包
含"极不一致和矛盾"的中间状态，体现出素材与形式、受动与能动、感
觉与思维之间的距离。解决"美的问题"就得在这种经验与理性之间寻求
沟通，"使人由素材达到形式，由感觉达到规律，由有限存在达到绝对存
在"。③ 席勒进而这样说道："有促进健康的教育，有促进认识的教育，有
促进道德的教育，还有促进鉴赏力和美的教育。这最后一种教育的目的在
于，培养我们感性和精神力量的整体达到尽可能和谐。"④ 在他看来，"把绝
对纳入时间的界限，把理性观念实现于人性"，必然造就"理想的美"，而
美育就是这样的促进性教育。在这里，席勒提供了一个既有特殊形式又有
规定内容的"美育"概念。

---

① 参见赖勤芳：《席勒〈美育书简〉的汉译》，《美育学刊》2014 年第 2 期。

② 异延（difference）本是解构批评的一个中心概念，在德里达（Derrida）那里内涵十分玄乎，
西方批评家也是众说纷纭。其中，美国批评家雷契（Leitch）认为，它的含义可以概括为
三：1. 区分，2. 播撒，3. 延宕。其中 1、2 是空间上的区分，3 是时间上的差异。（参见王
先霈、王又平主编：《文学批评术语词典》，上海，上海文艺出版社，1999 年，第 382～383
页）对此概念问题，这里不做深究，仅取其最简明的含义进行使用，即如雷契所说的时空
上的差异。

③〔德〕席勒：《美育书简》，徐恒醇译，北京，中国文联出版公司，1984 年，第 102 页。

④〔德〕席勒：《美育书简》，徐恒醇译，北京，中国文联出版公司，1984 年，第 108 页。

现代意义上的"美育"概念在 20 世纪初的汉语思想界中已出现。刘煜的《劝学之策》（1902 年）提到古希腊教育分为斯巴达和典雅两种类型，前者分"体育""智育""德育"三级，后者分"儿童教育""美育"两级，"以陶冶性灵、丽饰气体为主，其宗旨尚文"。[①] 这篇策文虽然提到"美育"，但是有名无实，并未详尽说明。率先倡导美育且明确提及席勒的，当属王国维。他的《论教育之宗旨》（1903 年）提出"完全"的教育观。所谓"完全"，包括"完全之人物""完全之教育"。"完全之人物"是"人之能力无不发达且调和"的人物，得此需有智育、德育（意育）、美育（情育）的全面发展，"三者并行而得渐达真善美之理想，又加以身体之训练"。此三者，又统称"心育"。教育的目的、意图就是通过体育、心育造就"完全之人物"。此中，美育之重要作用绝不可忽视。文中列举中国古代的孔子，西方近世的希痕林（Schelling，按：今译谢林）、希尔列尔（Schiller，按：今译席勒），指出他们重视美育"实非偶然"，因为美育"一面使人之感情发达，以达完美之域；一面又为德育与智育之手段"。[②] 显然，王国维是在席勒美育思想的支援下讨论包括美育在内的"教育之宗旨"。席勒以及康德、尼采、叔本华的美学都是王国维确立现代美育理论、思想的重要外来资源。

蔡元培美育思想中同样有不可低估的"席勒"成分。《哲学总论》（1901 年，署名蔡崔顾）当中最早提到"美育"："教育学中，智育者教智力之应用，德育者教意志之应用，美育者教情感之应用。"[③] "美育"是"教情感之应用"，是与"智育""德育"相区别的"情育"。蔡元培从一开始就把美育限定在"教育学"的范围之内，置于知、意、情分立的科学基础之上，这为后来进一步提出和全面倡导美育做好了铺垫。《对于新教育之意见》（1912 年）就是反对清朝钦定的教育宗旨"忠君、尊孔、尚公、尚武、尚实"，而特别提出"注重世界观及美育"的教育，并希望教育家能够"平心而讨论"。他把教育分为"隶属于政治"和"超轶乎政治"二大别。"军国民主义、实利主义、德育主义三者，为隶属于政治之教育（吾国古代之道德教育，则间有兼涉世界观者，当分别论之）。世界观、美育主义二者，为超轶政治之教育。"此五者，都是"今日之教育所不可偏废者"。他又分别以中国古代之教育、心理学各方面，教育界之分言三育，教育家之方法等

---

① 参见刘晨：《美育史料·1902 年刘煜与"美育"》，《美育学刊》2018 年第 3 期。
② 王国维：《论教育之宗旨》，《教育世界》1903 年第 56 号。
③ 蔡崔顾：《哲学总论》，《普通学报》1901 年第 1、2 期。

标准进行说明。[①] 提倡美育作为教育宗旨的一部分，由官方公布并逐级落实，这种"自上而下"的途径，也使得现代美育理念得到广泛传播。

显然，蔡元培提倡美育是从教育制度改革入手的。他在新加坡南洋华侨中学等四所中学欢迎会上发表的演说（1920 年）中，指出普通教育的宗旨为"养成健全的人格"和"发展共和的精神"。所谓"健全的人格"，内分四育，即体育、智育、德育和美育。他又如此谈到"美育"："从前将美育包在德育里的。为什么审查教育会，要把他分出来呢？因为挽近人士，太把美育忽视了。按我国古时的礼乐二艺，有严肃优美的好处。西洋教育，亦很注重美感的。为要特别警醒社会起见，所以把美育特提出来，与体智德并为四育。"[②] 这些显然都是依托席勒美学而论。与王国维一样，蔡元培也正是从席勒美学中汲取营养，提倡美育，主张情育，两人之间形成了呼应的局面。但是我们应看到：从发表《哲学总论》到推出《对于新教育之意见》的十余年，是蔡元培广泛学习美学、美育等的成长时期和重要的学术积累时期。他对美育的理解，实则经历了从"情育"到"美感教育"的过渡。而作为美感教育的美育，是一个综合性、实践性的概念，是他的美育论的核心所在。此时期虽然也是王国维研究美学、提倡美育的重点时期，但是他较热衷于哲学的观察，深陷哲学之困境而不得不转向文学、诗学。换言之，美育之提倡只是王国维为学的一个阶段，而蔡元培把它作为一生事业来对待，故两人对中国现代美育之贡献有程度上的区别。

以王国维、蔡元培为代表的中国现代美学人对于现代美育的初步认定，就是主张将美育列入教育范围，且认为只有将它置入其中，教育才是完全的。把美育与教育融为一体，使得美育成为现代教育的鲜明内容，从而把传统教育中被忽视的美育明确提出来，这种"寓美于教"正是中国现代美育思想发生的特定背景。众所周知，近代以来中国遭受西方的军事、经济、文化等各方面的冲击，变革教育成为急切的时代要求，"教育独立"的呼声不断高涨。"'教育独立'思潮的核心，是仿效西方'学术自由，大学自治'的模式，力主教育摆脱来自政治的、宗教的种种牵掣，从人类传承智能、谋求发展、完善身心的终极高度，达到某种独立运行的状态。"[③]这种"完善身心"的目标，指向的就是要求竭尽发挥现代美育的功能和作用。美育在 20 世纪初提出的初衷就在于改革教育体制、完善教育内容。随着现代美育在中国的兴起，越来越多的有识之士要求摆脱单纯作为手段

---

① 蔡元培：《对于新教育之意见》，《临时政府公报》1912 年第 13 号。

② 蔡元培：《普通教育和职业教育》，《北京大学日刊》1921 年 1 月 7 日。

③ 张晓唯：《民国时期的"教育独立"思潮评析》，《高等教育研究》2001 年第 5 期。

的美育，主张把美育当作目的。李石岑在《美育之原理》（1925 年）中说："美育不当从狭义之解释，仅以教育方法之一手段目之；当进一步，从广义之解释，以立美育之标准。"为此，他推出"美育"解释的"二义"，其一就是以"席勒美育论"为代表的"新人文主义之美育"——"教育全体之理想"。这种理想，与另一义，即美育运动论者（以朗格为代表）的理想是有一定区别的，主要在于后者纯粹把美育作为理想，视其为独立于德育、智育之外的教育。① 对于两者的区别，范寿康在《教育哲学大纲》（1923 年）中也有论及："雪拉（Schiller，按：今译席勒）看美育当作教育的全部，以为美育足以包括知育及意育；至于艺术教育运动者提唱美育虽与雪拉相同，但是他们视美育不过是教育的一部。"② 他虽然认为席勒美育思想有不当之处，但是在总体上仍肯定它的这种包含真、善在内的全体性观点。

吕澂在致李石岑的论美育书（1922 年）中说："今谓美育，则悬美的人生以为正鹄之教育也。"又说："以是欲于今日提倡美育，非独立设施，不受一切牵涉，不足以示其正轨。若普通教育既未能与美育合其目的，自亦无从用美育方法于其间，所有美术科目，任其自与其教育目的相调和，正不必强蒙以美育之名，而至于非骡非马也。"在他看来，"美育"是"由美的态度以遂人生"，而要实现"美的人生"这一教育之目的，则必须使之具有"独立"之性质。③ 以上李、吕二人所说的"美育"，一是将其作为"普遍"的教育目的，二是将其作为特殊的"独立设施"。两者虽有差异，但都指向教育之理想，这是共同的。突出"美育"的重要性、必要性，则必然体现它的综合性和独特性意义。而把"美育"独立出来看待，亦有利于对这种具有时代价值的思想观念进行强化。

中国教育改革这一特定的时代背景，为现代美育概念的出场提供了历史机遇。但是，把"美育"作为教育目标仍是十分笼统的说法。在孟承宪看来，它是"主观的""畸形的"，甚至是"不合现在中国的时代和社会的"。他在《所谓美育与群育》（1922 年）中说："西洋美育论，是实利主义过盛的危言，是文明过于机械化的反响。若现在的中国，资财但见消亡，生计濒于破裂，教育家若不肯忘情于社会，也该快设法用教育来改造物质的环境，图谋物质的乐利了。"④ 在与《时代画报》记者的谈话中（1935 年），蔡元培也有类似的说法："我以为现在的世界，一天天往科学路上跑，盲

① 李石岑等：《美育之原理》，上海，商务印书馆，1925 年，第 11 页。
② 范寿康：《教育哲学大纲》，上海，商务印书馆，1923 年，第 36～37 页。
③ 李石岑等：《美育之原理》，上海，商务印书馆，1925 年，第 83～90 页。
④ 孟宪承：《所谓美育与群育》，《新教育》1922 年第 4 卷第 5 期。

目地崇尚物质，似乎人活在世上的意义只为了吃面包。以致增进了贪欲的劣性，从竞争而变成抢夺，我们竟可以说大战的酿成，完全是物质的罪恶。……根本办法仍在于人类的本身。"① 这种论调的确值得注意。现代美育在中西发生的时代背景、社会条件不一样。关于《美育书简》，有西方学者指出它是席勒的一部"精神自传"，"席勒这一成熟著作的起点已不再是一种抽象的两端论法（dilemma），而是一种道德上和理智上的迫切需要，是对当时各种真实事件的某种感受"。② 也有西方学者认为，它是"现代性的审美批判的第一部纲领性文献"，"席勒用康德哲学的概念来分析自身内部已经发生分裂的现代性，并设计了一套审美乌托邦，赋予艺术一种全面的社会—革命作用"。③ 可以承认，该著真切地融合了席勒个人对当时社会的看法。有感于法德革命，席勒力图通过一场哲学上的改造，努力摆脱康德哲学的形上本质，又要为理性殖民化现实提供一种通过感性可以解决的方案。尽管席勒一度批评教会、学校机关，但是他并不是特别针对教育现实，而主要是基于现代化后果的考量。20 世纪以来，中国美学家通过对席勒美育思想的移用，将其置于教育改革的背景之下，由此来凸显美育在现代中国的特殊意义和特定地位。

二、以美翼德

席勒美育思想不仅具有哲学、美学基础，而且具有伦理学基础。众所周知，审美与伦理是人类精神文化中不可或缺的两个重要方面，如同自由与规范一样，它们既冲突又和谐统一，彼此相互建构。围绕这一关系，西方美学家多有阐释。康德把美仅归于形式和作为理性理念的表达，视美为道德的象征。尼采取美舍善，试图将审美的原则贯彻到道德领域。福柯又以善为美，致力于把伦理行为变为审美行为。西方文化长期建立在理性哲学的基础上，因而对于伦理、审美的问题认识多陷于本质主义的探诘。"归根到底，审美与伦理的背后，其实是人如何生存的问题。社会生活、人的生活观、价值观通过审美与伦理的关系显现出来。"④ 在席勒看来，"美在形式"是基本出发点，"假象""自由"是其中两个关键词，伦理道德重

① 蔡元培：《与〈时代画报〉记者谈话》，《时代画报》1935 年第 1 卷第 2 期。
② 〔美〕K. E. 吉尔伯特、〔德〕H. 库恩：《美学史》（下卷），夏乾丰译，上海，上海译文出版社，1989 年，第 479 页。
③ 〔德〕于尔根·哈贝马斯：《现代性的哲学话语》，曹卫东等译，南京，译林出版社，2004 年，第 52 页。
④ 赵彦芳：《诗与德——论审美与伦理的互动》，北京，社会科学文献出版社，2011 年，第 2 页。

建是目标。这是要求在社会现实中寻求真、善、美的统一。这种统一，持守精神第一性，一方面把它引向客观化、实体化的方向，另一方面以现实和历史为视野提出培养全面发展的完美人性的理论。但是在具体认识上，席勒仍然处于一种朦胧状态。如承认美既是一种手段（中间阶段），又是目的（最高状态），这正是思想上犹豫不定的体现。

席勒主张，人必须通过审美状态才能由单纯的感性状态达到理性和道德的状态，而审美则是人达到精神解放和人性完美的先决条件。《美育书简》设计了从自然的、审美的到道德的"人"的发展路径。在席勒看来，审美本身具有道德效用。审美趣味使心灵对道德产生好感，能够激起道德的志趣爱好，而艺术修养尤其能够促进道德的在场化行动。而以艺术为核心的美育，就是以美、审美拯救世人，治疗人心，提高人格境界。"我们为了在经验中解决政治问题，就必须通过审美教育的途径，因为正是通过美，人们才可以达到自由。"[①] 这种鲜明的通过美育进行济世救人的呼声振聋发聩，波及远方。席勒从人性完善、道德培养的高度提出美育的必要性，也使得现代美育成为真正的美的教育、伦理的美育。

至善至美的美育价值关怀是具有普遍意义的。在一个积贫积弱的时代，可以通过艺术（美术）的美育改造社会、提升国民人格，这是来自席勒美育思想的重要启发。鲁迅在《拟播布美术意见书》（1913 年）中指出，美术具有"辅翼道德"的作用。"美术之目的，虽与道德不尽符，然其力足以渊邃人之性情，崇高人之好尚，亦可辅道德以为治。物质文明，日益曼衍，人情因亦日趋于肤浅；今以此优美而崇大之，则高洁之情独存，邪秽之念不作，不待惩劝而国又安。"[②] 蔡元培在浙江省第五师范学校演说（1916 年）中指出，人们在现代社会的实用性劳动中，易致肢疲脑乏，故需"补救"。"然补救脑力，亦有其法。其法维何？即注意美术。美术，如唱歌、手工、图画等是。不仅此也，其他如文字上之有趣味，足于生美感者，亦皆是。注意美术，足以生美感，既生美感，自不致苦脑力了。且美术更有足重者。"[③] 在江苏省教育会演说（1916 年）中，他把"教育界恐慌"的原因之一归于"道德心之缺乏"，并称"注重美育发达，人格完备，而道德亦因之高尚"。[④] 在北京神州学会的演说（1917 年）中，他主张"以美育代宗教"，反对以宗教涵养德行、陶养性灵，要求"舍宗教而易以纯粹

---

① 〔德〕席勒：《美育书简》，徐恒醇译，北京，中国文联出版公司，1984 年，第 39 页。
② 鲁迅：《拟播布美术意见书》，《教育部编纂处月刊》1913 年第 1 卷第 1 册。
③ 蔡元培：《在浙江第五师范学校演说》，《越铎日报》1916 年 11 月 28 日。
④ 蔡元培：《教育界之恐慌及其救济方法》，《时报》1916 年 12 月 20～22 日。

之美育"。[①] 他又在爱丁堡中国学生会及学术研究会欢迎会演说（1921 年）中说："过劳则思游息，无高尚消遣则思烟酒、赌博，此系情之自然。所以提倡美术，既然人得以消遣，又可免去不正当的娱乐。"[②] 吕凤子（吕濬）提出"尊异成异"的完人教育观。他在《图画教授法》（1919 年）中说："艺术制作止于美，人生制作止于善。人生制作即艺术制作，即善即美，异名同指也。"又说："美育者不但为抑欲之方便法门，亦即德育之所以为德育。舍美育而言德育吾见其徒劳而无益也。"[③] 朱光潜在《谈美》（1932 年）中把如何"免俗"，如何领略艺术的、自然的趣味，使人生美化作为主题，这是因为他认为造成中国社会现状糟糕的主要不是"制度问题"而是"人心太坏"。[④] 通过美、艺术、美育校正人心的观点，体现出中国现代美学人的人道主义情怀。

美育之提倡是要建立理想的现代人生形式。席勒回到遥远的过去，把理想寄托在古希腊人身上。而中国现代美学家亦顺其而为之，力图还原孔子形象，通过建构这一代表中国文化的符号传递现代美育理念。王国维在《论教育之宗旨》（1903 年）中指出，美育具有使人的感情发达，并致"完美之域"的功用。"孔子言志：'独与曾点'与古希腊重音乐，近世希痕林、希尔列尔重美育学，实非偶然也。"[⑤]《孔子之美育主义》（1904 年）曰："孔子所谓'安而行之'，与希尔列尔所谓'乐于守道德之法则'者，舍美育无由矣。"[⑥] 两文都把孔子与席勒（希尔列尔）并举，从美育的角度融通中西文化，使得孔子具有席勒式精神。张君劢在上海美专自由讲座演讲（1922年）中也把席勒（雪雷）的美育论与孔子学说进行比较。"游戏之所在，即为全人格之所在，以孔子在齐闻韶，三月不知肉味之事证之，则美术之感人深切，且令孔子有我丧我之一境，而况他人乎！雪氏以美为人世最高之一境，推美术家为能知造化之妙。如孔子与弟子言志，……此三者非今日所敢断言，要其内界之自由自在，绝不停滞于物质，则与雪氏美育论之精神无二致焉。"[⑦] 张君劢通过类似这样的横向对比及之前对席勒美育论的全面介绍，广泛宣传席勒美育思想，并呼吁提倡美育。

① 蔡元培：《以美育代宗教说》，《新青年》1917 年第 3 卷第 6 号。
② 蔡元培：《在爱丁堡中国学生会及学术研究会欢迎会演说词》，《北京大学日刊》1921 年 8 月 10 日。
③ 吕濬：《图画教授法》，《美术》1919 年第 1 卷第 2 期。
④ 朱光潜：《谈美——给青年的第十三封信》，上海，开明书店，1932 年，第 2 页。
⑤ 王国维：《论教育之宗旨》，《教育世界》1903 年第 56 号。
⑥ 王国维：《孔子之美育主义》，《教育世界》1904 年第 69 号。
⑦ 张君劢：《德国文学家雪雷之美育论》，《时事新报·学灯》1922 年 10 月 2 日。

　　王国维、张君劢均在译介席勒美育论时做到为我所用，"发现"孔子。显然，他们所说的"孔子"并非被冠以"儒学至尊""儒家代言者"的高大上者，而是具有情理精神、注重人生艺术化的现实生活中的人。这种认识转变，通过蔡元培的《对于新教育之意见》（1912年）、《在信教自由会之演说》（1917年）、《致〈公言报〉函并附答林琴南君函》（1919年）等中也能够看出。蔡元培反对那种将"孔子"全然打倒的偏激方法，要求持一种客观中允的态度，把"孔子""儒教""儒学"区别开来对待。另有一篇《孔子之精神生活》（1936年），特别指出孔子崇尚中庸，没有绝对地排斥物质生活，也没有被物质生活动摇，而是具有丰富的精神生活。在智的方面，"孔子是一个爱智的人"；在仁的方面，以"亲爱"为起点，以"恕"为方法，以不"违仁"为普遍的要求，以"得仁""成仁"为最高点；在勇的方面，"却不同仁、智的无限推进，而时加以节制"。除这三方面外，还有两点：一是"毫无宗教的迷信"，二是"利用美术的陶养"。尽管孔子所处的环境与今日具有很大的差别，"但是抽象的提出他的精神生活的概略，以智、仁、勇为范围，无宗教的迷信而有音乐的陶养，这是完全可以为师法的"。[1]无疑，重塑孔子形象是蔡元培提倡美育的一部分，对于实现传统伦理观现代化具有现实意义。

　　席勒美育思想启发了王国维、张君劢、蔡元培，使得他们能够对"孔子"进行还原，特别提出孔子之美育主义，并以此为中国的现代美育理论。从西到中、由今及古，在传统中建立认同，这是中国现代美学人普遍的文化心态。从积极方面讲，这种方式有利于保持一种文化秩序，而不致有失去平衡的危险。当遭遇异质文化的冲击时，中国文化势必产生文化变异。历史不可超越，而文化可以超越。正如刘梦溪所说："当理性失去平衡的时候，却培育了感觉艺术的能力；社会虽然越出正常轨道，人们的心理却得了慰安。……文化成熟的标志是理性的张扬，不是情感的扩张。只有由一般的艺术与文学创作形成艺术生活和文学生活，并且变成整体社会生活的必不可少的组成部分，这样的社会才有可能建立起正常的文化秩序。"[2]引入席勒美育思想，的确有利于改造、更新中国固有文化，也能起到激发国民精神的积极意义。启蒙思想家存在的意义就在于面对历史的不可超越性和文化的可超越性的矛盾所做出的理性选择，即在一种普遍性的社会变革悖论当中起到维护文化秩序的作用。中国现代美育，虽然在性质上是现代的，但需要在中国传统文化中进行再认。西学因素终究只是外在

----

① 蔡元培：《孔子之精神生活》，《江苏教育》1936年第5卷第9期。
② 刘梦溪：《传统的误读》，石家庄，河北教育出版社，1996年，第5页。

的资源、力量、方法或者契机，唯有结合国情才能激起它的时代意义。因此，这种思想从根本上说应该是中国本土的。

三、误读及其可能

《美育书简》第25封信中说道："美是形式，我们可以观照它，同时美又是生命，因为我们可以感知它。总之，美既是我们的状态也是我们的作为。"[①] 席勒采取的美学原则来自康德，但又不像康德那样，在传统的认识论、主体心意状态的范围内进行抽象的、机械的、静止的思考，而是跨入了实践的领域。形式与生命，这是他赋予美的两种自由性内涵。此"形式"，包含了形象、外观、美、技巧等多重含义，以"理性形式"为主导含义。这种看似含混的"做法"，实际上是对形式美学的延续、拓展。也就是说，席勒并没有脱离西方美学发展的总精神，而是赋予了它更多的时代内容。因此，一旦将席勒美学抽离西方的原生文化语境，而置之于中国这一异域文化语境当中，就难免发生语义偏离，造成"误读"。外来的席勒美学的确对中国本土美学的发展起到促引作用，实现了某种程度上的价值转向。如借助席勒的"美育"概念，与偏于德育的中国传统美育观念相区隔，具有独立特征的、本土范式的美育理论被建构。但是，任何外来美学进入中国语境，毕竟要经过选择、过滤，并伴随误解、误评、误构等多重性误读。[②] 这在席勒美学的东渐过程中都有反映，姑且认为是创造中国新文化必然需要经受的考验。

《美育书简》有德、英、日等不同语种版本，这为汉译提供了不同的选择。[③] 但是，席勒原著本身晦涩难懂，译成汉语绝非易事，遑论译本质量问题。实际上，中国现代学人所获得的有关席勒的美学言论，大多为转述性质，并非直接来自席勒原著。而在各种引述中，亦不乏存在抄袭，甚至出现低级错误的现象。兹举一例。汪亚尘撰写的师范学校教科书《美术》（1935年），其中论及美术起源时就把"席勒"误作"雪莱"："游戏的冲动——主张此说的学者最夥。若雪莱、斯宾塞、勃拉温等，都有阐发"；"关于此点，在英国诗人雪莱所著之《关于人类之美育的书简》中论及道……"[④] 显然，这里的"英国诗人雪莱"应该是"德国诗人席勒"。造成

---

① 〔德〕席勒：《美育书简》，徐恒醇译，北京，中国文联出版公司，1984年，第130～131页。
② 参见尤战生：《误解、误评与误构——论现代中国美学对西方美学的误读》，《山东社会科学》2008年第1期。
③ 参见赖勤芳：《席勒〈美育书简〉的汉译》，《美育学刊》2014年第2期。
④ 汪亚尘编：《师范学校教科书·美术》（上册），上海，商务印书馆，1935年，第11页。

如此错误，大概"Shelley"（雪莱）与"Schiller"（席勒）相近的读音使然，更有可能是直接搬用第二手资料导致。准确把握，避免这种误译、误用情况，极其需要直接翻译席勒美学原著和对西方美学史做通盘了解。

席勒的"游戏说"（亦称"精力剩余说""游戏冲动说"）在西方影响甚大。所谓"席勒—斯宾塞理论"就是指以"过剩精力的发泄"解释艺术（审美）之所以发生的"游戏说"。该理论由德国艺术理论家谷鲁斯（Groos）所概括，并被后来者批判性继承。19世纪末以来，阿伦（Allen）、萨利（Sully）、朗格（Lange）、居约（Guyan）等众多的艺术理论家都信奉此理论，从而使之成为著名的艺术起源学说之一。[①] 的确，席勒运用"精力剩余"的说法探讨"美的发生"的问题。《美育书简》第26封信指出，"美的可爱的幼芽"只有当野蛮人达到人性之后，即"对外观的喜悦，对装饰和游戏的爱好"才能生长。[②] 第27封信指出，如同人的身体器官一样，人的想象力也是一种自由活动，具有物质游戏性。只有当人的想象力尝试追求自由形式，物质性的游戏才会最终"飞跃"到"审美的游戏"，艺术才会产生。[③] 从"美的意识"到"艺术"的最终呈现，游戏在其中扮演了举足轻重的作用。它贯穿美的活动的始终，故而成为美或艺术本身。但是，这个论证只是"游戏说"当中的一个插叙而已。席勒论游戏偏重于一种辩证法和主张一种审美现代性，故其重点并不在探讨艺术起源问题。再看译入的席勒美学，亦无不以"游戏说"代表"席勒说"，把"精力剩余说"作为言说重点。但是汉语语境中的"席勒说"，实际上已并非席勒美学的本来面目，而是误解性质的再释，从王国维的接受中最能够见出。

王国维在《文学小言》（1906年）中称"文学"是"游戏的事业"，在《人间嗜好之研究》（1907年）中称"文学美术"是"成人之精神的游戏"，皆是受到席勒观点的启发。在他看来，文学是一种产生于"游戏"的精神性活动，而这种活动是人的剩余势力之发表。他有时又把"精力剩余"说成"势力剩余"，明显是把席勒的"游戏说"与叔本华的"欲望说"进行了嫁接及混用。《叔本华与尼采》（1904年）曰："夫充足理由之原则，吾人知力最普遍之形式也。而天才之观美也，乃不沾沾于此。此说虽本于希尔列尔之游戏冲动说，然其为叔氏美学上重要之思想，无可疑也。"[④] 此段话更显示出王国维对叔本华美学的深刻理解。事实上，王国维"游戏说"的理

---

① 参见朱狄：《艺术的起源》，北京，中国青年出版社，1999年，第108～116页。
② 〔德〕席勒：《美育书简》，徐恒醇译，北京，中国文联出版公司，1984年，第132～133页。
③ 〔德〕席勒：《美育书简》，徐恒醇译，北京，中国文联出版公司，1984年，第141～142页。
④ 王国维：《叔本华与尼采》，《教育世界》1904年第84、85号。

论来源并不单纯，除席勒的"游戏冲动说"之外，还包含了康德的"审美无功利说"和叔本华"全离意志之关系"中的"唯美说"的内容。由于他接触西方哲学、美学最早是从叔本华、康德那儿开始的，而且深受两人观点的影响，因此他在阐说文学、美术本质时虽然处处引用席勒的观点，然而很大程度上是对康叔哲学、美学观点的发挥。因此，王国维的"游戏说"具有浓厚的德国哲学、美学色彩。"游戏"概念虽然在中国古代就存在，但是在近代毕竟是作为"仿自泰西"的产物。从这方面说，中、西的"游戏说"并不等同，它们之间存在抵牾。王国维试图沟通和融合，以全新的眼光打量"游戏"，把它当作一种"新学语"，同时又巧妙地运用共名"游戏"，为国人认识、了解和接受西方文化铺筑一条便道。所以，这种"误解"又具有一种积极的引导作用，至少为如何进行中西沟通提供了一种思路。

席勒美育思想以感性启蒙、审美解放为核心意旨。对此的全面理解，不仅需要通盘解读席勒美学著作《美育书简》，而且需要密切结合西方特有的文化语境。正如有学者所指出的，"近代"意义上的中、西美学具有明显的"反伦理"与"反宗教"的诉求差异。[①] 席勒美育思想具有强烈的理性精神，而这种精神又深深渗透了对人性臻达美与善统一的绝对关怀。"审美假象"是席勒美育思想的核心概念之一。席勒认为，人之为人的标志是喜欢假象、爱好装饰和游戏。假象，相对于实在的"作品"而言，是人的而不是事物自身的。审美假象与逻辑假象是假象的两种类型。逻辑假象与现实、真理相混淆，是欺骗性的，而审美假象与现实、真理之间有界限，自主地存在，因而是游戏性的。换言之，审美假象是至善至美的，是游戏冲动的对象所要达到的目标。这个目标实际就是与物质、道德的必然性相吻合的绝对存在。席勒之所以推崇和赞美审美假象，也正因为它对游戏冲动起着导向作用。但是，这个所导向的"绝对的存在"，只有在西方宗教文化中才能得到真正的理解。因此，忽略席勒美育思想中的异质性成分，我们很难全面理解它的深刻性。这种具有异质性成分的西方现代美育思想进入汉语思想界后，就存在与中国本土文化是否融合的问题。凡以此展开的中国本土性言说，也就自然产生各种争论，对此无须赘言。

当然，席勒美学对中国现代美育的影响并不限于他的《美育书简》。席勒是一位多产的作家和美学家。他的文学作品，尤其是剧作，所包含的

---

① 参见周来祥、陈炎：《中西比较美学大纲》，合肥，安徽文艺出版社，1992 年版，第 57～90 页。

自由精神深深启发着国人，在20世纪30年代以来的中国文艺革命中起到了引导作用。席勒的文学也是他的美学、美育思想的重要载体。但是由于受到"席勒化"标签的影响，席勒美学被当作追求"抽象的时代精神"的美学，极大妨碍了学界对它的形式美学内涵的揭示。特里·伊格尔顿（Terry Eagleton）曾说："真正激进的美学所面临的考验是美学的能力既起社会批判的作用，同时却不提供政治认可的基础的问题。"[①] 席勒美育思想以感性启蒙、审美解放为核心意旨，预言美学可以解决政治、社会问题。此中特别赋予艺术以宗教式的拯救功能，着重于它的公共特征和审美交往意义，从而为解决因技术、理性殖民化而产生的现实问题提供了美学方案。相比之下，中国的现代美育思想是基于启蒙与救亡的时代主题，因此有着与西方不尽一致的审美现代性内涵。回归到席勒美学思想发生的现代性语境，才能更好地反思中国现代美育思想。正如杜卫所言："美育命题的本土化是有其特殊的时代意义和民族特征的。但是，这种美育理论执著于社会改良，忽视了席勒等人创立美育理论的现代化、工业化语境，从而不适当地丢失了美育的现代性意义，忽视了美育对于现代人生存与发展的人文关怀和特殊价值。"[②] 总之，以席勒为代表的西方现代美育思想与中国现代美育思想并非对等，两者之间也并非可以完全打通。从这个意义上说，只有中西文化达到高度的统一，作为共同话题的"美育"才是可能的。席勒美育思想在中国的特殊存在意义，将随着中国现代化的推进而不断显示出来。

本章小结

在美育这一中国现代美学的特色领域，"形式"概念显现出复杂性和深刻性。换言之，"形式"问题已深化为"美感"问题和"人"的问题。蔡元培汲取西方形式美学的观点、思想，以中国社会革命和国民性启蒙为需要，以美学穿透政治，以美育改造社会和人生，彰显对美育现代性追求的志向和高度，加上当时一大批美学人的助推，使得现代美育在中国获得了形式上的"独立"。中国现代美学人并不是空洞地提倡美育，而是注重通过发挥艺术之"力"，张扬一种人生艺术化精神，同时要求把美育与时代、社会密切地结合起来。这些都使得美育在中国成为富有意味的"形式"。

---

① 〔英〕特里·伊格尔顿：《审美意识形态》，王杰等译，桂林，广西师范大学出版社，2001年，第111页。

② 杜卫：《美育论》，北京，教育科学出版社，2000年，第51页。

与中国传统美育相比，中国现代美育具备了全新的时代向度。但是，它毕竟又是在受到以席勒为代表的西方现代美学、美育思想的重大影响下发生的。因此，中国现代美育又是因"误读"而产生的，它是特定时代造就的产物。当然，就美育本身而论，无论中外都不只是某一个时期、某一个时代的话题。美育的问题贯穿于整个人类社会历史，美育的发展随着时代的发展而不断进步，美育的未来随着日益增长的美好生活需求而愈发光明，美育的前景的确值得期待。深入理解"美育"，需要厘清美育与教育尤其是美育与艺术教育的关系，并从中把握要义。美育是教育形式之一，意味着要从美和审美的关系及其功能价值出发，明确美育在整个教育中的性质、地位、作用和意义。[①] 当然，美育远不止于艺术教育，还关系到引导受教育者主动建立美的形式，故十分有必要区分"立美""审美"两个矛盾的概念。"立美即建立美的形式，审美则是对于美的形式的愉悦感受或对于丑的形式的抵制性应答，二者不能混淆。建立美的形式（立美）是实践过程，认识美之所在（审美）则是认识过程。"[②] 从"审美"到"立美"，即从"认识"到"实践"。在这一过程中，"形式"的重要性亦昭然可见。

[①] 参见李廷扬：《美育研究的新突破——评"美育形式"说（上）》，《毕节师范高等专科学校学报》2005 年第 4 期。

[②] 赵宋光：《论美育的功能》，见《赵宋光文集》（第 1 卷），赵宋光著，广州，花城出版社，2001 年，第 167 页。

结　语

　　如果有谁想从当代的批评家和美学家那里收集上百个有关"形
式"（form）和"结构"（structure）的定义，指出它们是如何从根本上
相互矛盾，因此最好还是将这两个术语弃置不用，这并不是难事。我
们很想在绝望中将手一抛，宣布这又是一个巴比伦的语言混乱的实
例。这种混乱，正是我们人类文明的特征之一。^①

　　汉语形象是中国现代性题中应有之义，甚至是其要义之一。^②

　　作为结语，这里着重论述汉语之于中国现代美学的意义问题。尽管我
们可以以"形式美学"的名义抽绎出西方美学的一种逻辑框架，但是我们
又不得不承认西方美学"形式"概念的存在具有某种"混乱"。而这个"实
例"在进入汉语界后，如前面各章所述，亦引发了诸多的美学反应。外来
的"形式"概念能否适应汉语文化土壤的问题，吸引着中国现代美学人的
关注、利用及各种反思，又往往形成各种极富诱惑力的争论。然而，对于
争论本身我们亦未必将其视作另类。正如阎国忠指出的："几乎美学所涉
及的每一个概念和命题都有争论，而美学往往是通过争论为人所认知和接
受的。从这个意义上说，争论应是美学的一种特性，一种存在方式。"^③摆
脱巴比伦式的情形，需要我们正视美学发展中面临的诸多挑战，特别是
那些因术语、概念、范畴等各种语言形式的"混乱"而产生的"争论"。勒
内·韦勒克（René Wellek）把"形式"术语的"混乱"归结为"我们文明的一
个特征"，透露出某种无奈之情，却也暗示语言自具文化魅力。尽管他的
"指责"并没有指向汉语文化，但是这对审视中国现代美学受到外来美学
"影响"的问题具有启示。

---

① 〔美〕勒内·韦勒克：《批评的诸种概念》，罗钢等译，上海，上海人民出版社，2015年，第
　　60页。
② 王一川：《汉语形象与文化现代性情结》，北京，首都师范大学出版社，2001年，第203页。
③ 阎国忠：《走出古典——中国当代美学论争述评》，合肥，安徽教育出版社，1996年，第
　　3页。

　　毋庸置疑，中国现代美学在发生、发展过程中受到外来美学的影响。外来美学为中国现代美学注入了丰富的知识养料，提供了可以直接借鉴的"活水生源"，激发了中国现代美学人的不断思考，使得中国现代美学的发展具有了客观、主观双重的动力。中国现代美学通过必要的阐释，通过消融而具有"他性"的外来美学，从而创造性地去发展自己。凡此"阐释""消融""创造"，其实都离不开运用汉语去表现。不仅如此，汉语在这一过程中还起着定型的功能和作用。正如有学者指出的："现代中国文化思想的变革最终是通过语言变革而实现的，也是通过语言的定型而固定下来的。"① 可以承认，汉语在中国文化、思想的现代化过程中，不仅起着一般的工具性意义，而且具有某种本体性地位。美学，本是西学，在中国有一个本土化过程。对此过程的反思，同样需要我们秉持现代汉语意识。

　　外国美学对中国现代美学产生影响，首先表现为翻译中的汉语问题。现代汉语也可以说是翻译的产物。"翻译对汉语的影响主要是增加汉语的词汇，这些词汇不仅仅是作为工具性语言的物质名词，更重要的是思想层面上的新的术语、概念、范畴和话语方式。这些新的术语、概念、范畴和话语方式逐渐改变了汉语的思想方式和思维方式，从而使汉语发生性质的变化。"② 作为文化行为，翻译在表面上看只是翻译者的个体行为，但是关联了施予者与接受者这双重维度。在两者之间形成的关联域中，汉语亦构成一种独特的文化语境。外来美学一旦被置于汉语语境，就使两种相异文化交错，进而向对方择取并吸纳。在这里，汉语起到了一种十分重要的媒介作用。谈到媒介作用，我们当然也不能忽视各种现代传播媒介所起的助推作用。如德国美学之所以成为影响中国现代学相当重要的力量，不仅与梁启超、王国维、蔡元培、贺麟等诸人的汉语翻译有关，而且借助了当时的许多报纸、杂志。王国维主编的《教育世界》、李石岑主编的《民铎杂志》、陈铨等主编的《战国策》等则是传播德国美学的几种相当重要的媒介。与此类现代传播媒介相比，语言媒介实际上更具基础性，更具"发明性"③。

　　然而，任何文化间的影响都不是单向的传播过程。"西方美学对中国美学的影响作为'文化影响'不同于国家间的战争，它既是接受者对影响者的选择、解释、误读和创造性转化的复杂过程，也是影响者改变接受者的本土视界、以其'优先性'模塑接受者对美学问题的追问方式的过程。"④

---

① 高玉：《现代汉语与中国现代文学》，北京，中国社会科学出版社，2003 年，第 13 页。
② 高玉：《现代汉语与中国现代文学》，北京，中国社会科学出版社，2003 年，第 191 页。
③ 叶维廉：《中国诗学》，北京，生活·读书·新知三联书店，1992 年，第 268 页。
④ 牛宏宝等：《汉语语境中的西方美学》，合肥，安徽教育出版社，2001 年，第 9 页。

因此，影响的实现首先还得依赖接受者的"期待视野"，此是其一。其二，外来美学要转化成为中国现代美学的一部分，还面临如何与中国传统美学接轨的问题。其三，对中国现代美学而言，还有更复杂和更难解决的问题，就是西方等许多外来美学又是转道日本而进入中国的。这种现实使得中国现代美学对外来美学的接受往往成为"第二手的模仿"。梁启超在《非"唯"》（1924年）中称"唯物史观""唯心哲学"，乃至"唯用""唯感""唯美""唯实""唯乐"等都是标新立异之名，只是便于传播，而无关学问的本质，更无什么真理可论。他不仅反对否认物质条件和势力的"唯心论"，而且反对陈独秀的"机械的人生观"，因为这是一种极端的"唯物论"，彻底否定了人之存在的价值和意义。故他对唯心、唯物两派主义下了"哀的美敦书"（按：英文"ultimatum"的音译，即"最后的通牒"）。[①] 徐志摩在《我也"惑"》（1929年）中也批评了"事事模仿欧西"的倾向，称那种从日本转贩过来的"第二手的摹仿"似乎不是"最上等的企业"。他称"学袭""赶时髦"之类，如文学"革命的"最得势、音乐"脚死"（按：英文"jazz"的音译，即"爵士"）最受欢迎，绘画"表现派或是达达派或是大大主义或是立体主义或是别的什么更耸动的呃死木休（按：英文'——isms'的音译，即'……主义'）"最流行，等等，这些"总是皮毛的、新奇的、肤浅的先得机会"。[②] 这种唯"唯"、唯"外"是举的放肆模仿、追逐时髦的心理，亦表明中国美学在现代化过程中面临着一种强大的寻求理论资源的困境。如果说西方美学家首先获得了追问美学问题的优先性，那么中国美学人必须结合自身文化，努力进行开掘，消除"影响的焦虑"。其中最重要的，就是具备以王国维等为代表的美学家所秉持的那种独创意识。反对模仿，追求原创，这当是中国美学建设所必须恪守的原则。

事实上，忽视汉语这个基础就会缺少一条理解中国人认同现代性意识的途径。现代汉语是现代中国人体验现代性的重要方式。晚清以降以追求言文一致为目的的语言文字改革及国语统一运动，是一场使汉语书面语言从文言向现代白话转型的语言现代化运动。这场语言运动与中国现代文学息息相关——依据不同的实践路径达到一致的最终目标。沈国威说："汉语的变化除了作为一种自然语言无时无刻不在进行中的语音、词汇、语法等层面的演变以外，更重要的是民族国家的语言，即'国语'的形成。"[③] 中国现代文化人通过胡适所提倡的"文学的国语，国语的文学"路径，借助

---

① 梁启超：《非"唯"》，《申报·教育与人生》1924年3月3日（第20期）。
② 徐志摩：《我也"惑"》，《美展》1929年第5期。
③ 沈国威编著：《新尔雅：附解题·索引》，上海，上海辞书出版社，2011年，第1页。

新文学创作实践以建立现代民族的共同语。可以说，汉语的现代变革有力地促成了中国人现代性意识的生成。

我们注意到许多中国现代学人，他们集作家与文论家、美学家身份于一身，亦无不重视语言（文字）问题。以美学的方式或保护或张扬汉语之美，成为他们自觉的意识和追求。王国维深感"新学语"对本土语言的巨大冲击，其对"古雅之美"的发现应是一种回应，为汉语在现代美学中保留了一个特定的位置。梁启超倡导小说、新诗等文体革命，植根于白话文运动，其对中国古代美文的革命不可谓不成功。蔡元培将语言作为"思想的媒介"、沟通世界的桥梁及美育的内容之一。他的许多序文、演讲（稿）的主题就是关于译学、汉字、世界语等问题的。其实，他早在《对于新教育之意见》中就已将国语国文纳入美育教育序列。《诗论》代表了朱光潜对汉语的一种态度，其中对诗境、诗质、诗体、诗律等的分析，无不是对中国传统言意关系论的新解，亦是对汉诗理论建设的积极推进。宗白华经常用"节奏""音乐""气韵"等各种词描述汉语文字的美。"他用诗意之笔写出了人的灵魂深处的矛盾冲突，也写出了他所发现的文化精神和他自己的超越情怀。"[①] 这些美学家之所以成为中国现代美学家的代表，当然与他们在美学理论上的建树有关，但是他们在追问美学问题的时候都没有离弃作为中国文化重要背景的汉语。本着以美学的精神思考汉语，以美学的方式介入汉语思想革命，他们无愧为汉语美学的践行者。

当然，外国美学影响中国现代美学作为事实，并不意味着在理解中国现代美学时将它作为唯一尺度。中国现代美学，一方面是相对外国美学而言的，另一方面是相对中国传统美学而言的。中国现代美学的发展，根本上离不开与中国传统美学的联系。中国传统美学，也只有实现现代转化，方可成为可利用的资源并获得新的内涵、价值。这种转化，也并不表示完全排斥外来资源，它仍可借力外来美学，如西方的现象学美学（Phenomenological Aesthetics）与中国传统美学之间的相互理解。[②] 中国传统美学，没有像现代西方美学那样恪守主客二分论，而是十分注意言、象、意三者的互动性生成与统一。这种颇具后现代意味的中国传统美学，与西方的现象学美学具有不谋而合之处。总之，要解开中外美学关系中的诸多网结，需要将外来美学置于汉语语境，分析它们发生影响的机制，总结这种影响的规律，深入把握此种影响下接受的期待视野、结构性倾向和

① 胡继华：《汉语文字的特征与宗白华美学的书写个性》，《安庆师范学院学报（社会科学版）》2003 年第 1 期。

② 参见彭锋：《引进与变异：西方美学在中国》，北京，首都师范大学出版社，2006 年，第 16 页。

美学效应。在这个过程中，尤其要关注在外国美学影响下的中国美学自身发展的情况，包括它的有效资源、生长根基、显性的与隐性的动力因素，等等，从而为中国美学的未来发展提供可资借鉴的分析结果。汉语语境中的外来美学，是外来美学进入中国美学，同样涉及中国美学怎样面对、以何种方式对接外国美学的问题。从阐释学、现象学等角度切入这种影响研究，可以获得发展中国美学的广阔前景。如此，一种具有中国本土文化特色的、超越语言学边界的"汉语美学"将浮出历史地表。

参考文献

一、基本文献

1. 单著（编、译）本

蔡仪：《新艺术论》，重庆，商务印书馆，1942年。

蔡仪：《新美学》，上海，群益出版社，1947年。

蔡元培：《哲学大纲》，上海，商务印书馆，1915年。

陈望道编著：《美学概论》，上海，民智书局，1927年。

大玄、余尚同：《教育之美学的基础》，上海，商务印书馆，1925年。

戴渭清、吕云彪：《新文学研究法》（上下册），上海，新文学研究社，1920年。

东方杂志社：《写实主义与浪漫主义》，上海，商务印书馆，1923年。

范寿康：《教育哲学大纲》，上海，商务印书馆，1923年。

范寿康：《美学概论》，上海，商务印书馆，1927年。

丰子恺：《美术教育ABC》，上海，世界书局，1928年。

黄忏华：《美学略史》，上海，商务印书馆，1924年。

金公亮编译：《美学原论》，南京，正中书局，1936年。

康有为：《康南海诸天讲》，上海，中华书局，1930年。

老舍：《文学概论讲义》，苏州，古吴轩出版社，2017年。

雷家骏：《艺术教育学》，上海，商务印书馆，1925年。

李安宅：《美学》，上海，世界书局，1934年。

李石岑等：《美育之原理》，上海，商务印书馆，1925年。

林文铮：《何谓艺术》，上海，光华书局，1931年。

吕澂：《美学概论》，上海，商务印书馆，1923年。

吕澂：《美学浅说》，上海，商务印书馆，1923年。

吕澂：《晚近美学思潮》，上海，商务印书馆，1924年。

吕澂：《晚近美学说和美的原理》，上海，商务印书馆，1925年。

吕澂：《现代美学思潮》，上海，商务印书馆，1931年。

舒新城：《近代中国教育思想史》，上海，中华书局，1929年。

滕固:《唯美派的文学》，上海，光华书局，1927 年。

田寿昌等:《三叶集》，上海，亚东图书馆，1920 年。

徐大纯等:《美与人生》，上海，商务印书馆，1923 年。

徐朗西:《艺术与社会》，上海，现代书局，1932 年。

徐庆誉:《美的哲学》，上海，中华书局，1928 年。

徐蔚南:《生活艺术化之是非》，上海，世界书局，1927 年。

徐蔚南:《艺术哲学 ABC》，上海，世界书局，1929 年。

俞寄凡编著:《艺术概论》，上海，世界书局，1932 年。

张竞生:《美的人生观》(第 7 版)，上海，美的书店，1927 年。

张君劢等:《科学与人生观》(上下册)，上海，亚东图书馆，1923 年。

张泽厚:《艺术学大纲》，上海，光华书局，1933 年。

朱光潜:《给青年的十二封信》，上海，开明书店，1929 年。

朱光潜:《谈美——给青年的第十三封信》，上海，开明书店，1932 年。

朱光潜:《孟实文钞》，上海，良友图书印刷公司，1936 年。

朱光潜:《文艺心理学》，上海，开明书店，1936 年。

朱光潜:《文艺心理学》(再版)，上海，开明书店，1937 年。

朱光潜:《谈修养》，重庆，中周出版社，1942 年。

朱光潜:《诗论》，上海，国民图书出版社，1943 年。

朱光潜:《克罗齐哲学述评》，南京，正中书局，1948 年。

朱光潜:《诗论》(增订版)，南京，正中书局，1948 年。

朱自清:《新诗杂话》，上海，作家书屋，1947 年。

〔德〕科培尔:《哲学要领》，〔日〕下田次郎述，蔡元培译，上海，商务印书
　　馆，1903 年。

〔日〕高山林次郎:《近世美学》，刘仁航译，上海，商务印书馆，1920 年。

〔苏〕高尔基等:《海上述林》(上下册)，瞿秋白译，上海，诸夏怀霜社，
　　1937 年。

〔意〕克罗齐:《美学原理》，朱光潜重译，南京，正中书局，1947 年。

〔意〕克罗齐:《美学原理》(修正版)，朱光潜译，北京，作家出版社，
　　1958 年。

2. 名家文集

蔡仪:《蔡仪文集》(第 1、10 卷)，北京，中国文联出版社，2002 年。

蔡元培:《蔡元培美育论集》，长沙，湖南教育出版社，1987 年。

蔡元培：《蔡元培全集》（第1～18卷），杭州，浙江教育出版社，1997～1999年。

陈望道：《陈望道文集》（第1～4卷），上海，上海人民出版社，1980年。

陈望道：《陈望道译文集》，上海，复旦大学出版社，2009年。

邓以蛰：《邓以蛰先生全集》，合肥，安徽教育出版社，1998年。

丰子恺：《丰子恺文集》（第1～7卷），杭州，浙江教育出版社、浙江文艺出版社，1990、1992年。

洪毅然：《陇上学人文存·洪毅然卷》，兰州，甘肃人民出版社，2010年。

胡适：《胡适全集》（第1、18、24、28卷），合肥，安徽教育出版社，2003年。

李安宅著译：《语言·意义·美学》，成都，四川人民出版社，1990年。

李石岑：《李石岑哲学论著》，上海，上海书店出版社，2010年。

李泽厚：《美学旧作集》，天津，天津社会科学院出版社，2002年。

梁启超：《梁启超全集》（第1～10卷），北京，北京出版社，1998年。

梁实秋：《梁实秋批评文集》，珠海，珠海出版社，1998年。

林风眠：《林风眠论艺》，上海，上海书画出版社，2010年。

鲁迅：《鲁迅大全集》（第1、3、7卷），武汉，长江文艺出版社，2011年。

吕凤子著，徐铭校释：《吕凤子文集校释》，镇江，江苏大学出版社，2018年。

马采：《艺术学与艺术史文集》，广州，中山大学出版社，1997年。

汪亚尘：《汪亚尘论艺》，上海，上海书画出版社，2010年。

王国维：《王国维文集》（第1～4卷），北京，中国文史出版社，1997年。

王国维编著：《教育学》，福州，福建教育出版社，2008年。

闻一多：《闻一多全集》（第2卷），武汉，湖北人民出版社，1993年。

徐悲鸿：《徐悲鸿论艺》，上海，上海书画出版社，2010年。

赵宋光：《赵宋光文集》（第1卷），广州，花城出版社，2001年。

周扬：《周扬文集》（第1卷），北京，人民文学出版社，1985年。

朱光潜：《朱光潜全集》（第1～20卷），合肥，安徽教育出版社，1987、1993年。

宗白华：《宗白华全集》（第1～4卷），合肥，安徽教育出版社，1994年。

3. 资料汇编

北京师范学院中文系汉语教研组编著：《五四以来汉语书面语言的变迁和发展》，北京，商务印书馆，1959年。

贺昌盛主编:《中国现代文学基础理论与批评著译辑要（1912—1949）》,厦门,厦门大学出版社,2009 年。

胡经之编:《中国现代美学丛编（1919—1949）》,北京,北京大学出版社,1987 年。

贾植芳、陈思和主编:《中外文学关系史资料汇编 1898—1937》（上下册）,桂林,广西师范大学出版社,2004 年。

蒋红等编著:《中国现代美学论著、译著提要》,上海,复旦大学出版社,1987 年。

郎绍君、水中天编:《二十世纪中国美术文选》（上下册）,上海,上海书画出版社,1999 年。

刘匡汉、刘福春编:《中国现代诗论》（上下册）,广州,花城出版社,1985 年。

沈镕纂集:《国语文选》（第 4、6 集）,上海,大东书局,1929 年。

徐遒翔编:《文学的"民族形式"讨论资料》,北京,知识产权出版社,2010 年。

许觉民、张大明主编:《中国现代文论》（上下卷）,合肥,安徽教育出版社,2010 年。

姚柯夫编:《〈人间词话〉及评论汇编》,北京,书目文献出版社,1983 年。

叶朗总主编:《中国历代美学文库》（19 册）,北京,高等教育出版社,2003 年。

俞玉滋、张援编:《中国近现代美育论文选（1840—1949）》,上海,上海教育出版社,2011 年。

张岂之、周祖达主编:《译名论集》,西安,西北大学出版社,1990 年。

赵家璧主编:《中国新文学大系》（第 1、2 集）（影印本）,上海,上海文艺出版社,1981 年。

赵澧、徐京安主编:《唯美主义》,北京,中国人民大学出版社,1988 年。

赵毅衡编选:《"新批评"文集》,北京,中国社会科学出版社,1988 年。

〔俄〕维克多·什克洛夫斯基等:《俄国形式主义文论选》,方珊等译,北京,生活·读书·新知三联书店,1989 年。

4. 词典

樊炳清编:《哲学辞典》,上海,商务印书馆,1926 年。

戴叔清编:《文学术语辞典》,上海,文艺书局,1931 年。

冯契、徐孝通主编:《外国哲学大辞典》,上海,上海辞书出版社,2000 年。

汉语大词典编纂处编纂:《汉语大词典》,上海,汉语大词典出版社,
　　1995 年。

黄河清编著:《近现代辞源》,上海,上海辞书出版社,2010 年。

金炳华等编:《哲学大辞典》(修订本),上海,上海辞书出版社,2001 年。

《近现代汉语新词词源词典》编辑委员会编:《近现代汉语新词词源词典》,
　　上海,汉语大词典出版社,2001 年。

李泽厚、汝信名誉主编:《美学百科全书》,北京,社会科学文献出版社,
　　1990 年。

林骧华主编:《西方文学批评术语辞典》,上海,上海社会科学院出版社,
　　1989 年。

鲁枢元等主编:《文艺心理学大辞典》,武汉,湖北人民出版社,2001 年。

陆尔奎等主编:《辞源》,上海,商务印书馆,1915 年。

沈国威编著:《新尔雅:附题解·索引》,上海,上海辞书出版社,2011 年。

史有为主编:《新华外来词词典》,北京,商务印书馆,2019 年。

史有为:《汉语外来词》,北京,商务印书馆,2000 年。

舒新城等主编:《辞海》,上海,中华书局,1936 年。

孙俍工编:《文艺辞典》,上海,民智书局,1928 年。

唐钺等主编:《教育大辞书》,上海,商务印书馆,1930 年。

汪荣宝、叶澜编:《新尔雅》,上海,上海明权社,1903 年。

王先霈、王又平主编:《文学批评术语词典》,上海,上海文艺出版社,
　　1999 年。

乐黛云等主编:《世界诗学大辞典》,沈阳,春风文艺出版社,1993 年。

张世英主编:《黑格尔辞典》,长春,吉林人民出版社,1991 年。

中国大辞典编纂处编:《国语辞典》(重印),北京,商务印书馆,1947 年。

中国社会科学院语言研究所词典编辑室编:《现代汉语词典》(第 7 版),北
　　京,商务印书馆,2016 年。

〔美〕M.H. 艾布拉姆斯:《文学术语词典》(第 7 版)(中英对照),吴松江
　　等编译,北京,北京大学出版社,2009 年。

〔日〕竹内敏雄主编:《美学百科辞典》,池学镇译,哈尔滨,黑龙江人民出
　　版社,1987 年。

〔英〕罗吉·福勒主编:《现代西方文学批评术语词典》,袁德成译,成都,
　　四川人民出版社,1987 年。

A. R. Lacey, *A Dictionary of Philosophy* (third edition), London, British Library

Cataloguing in Publication Data, 1996.

Julian Wolfreys, et al., *Key Concepts in Literary Theory* (second edition), Edinburgh, Edinburgh University Press, 2006.

Robert Audi, *The Cambridge Dictionary of Philosophy* (second edition), New York, Cambridge University Press, 1999.

5. 报刊（近现代）、网站

《教育世界》、《新民丛报》、《新青年》、《东方杂志》、《学生杂志》、《民铎》、《北京大学日刊》、《时事新报·学灯》、《时事新报·艺术周刊》、《北平晨报》、《民国日报·觉悟》、《小说月报》、《北新》、《美育》（吴梦非主编）、《美育》（李金发主编）、《时报》、《美展》等等。

大成老旧刊全文数据库（http://www.dachengdata.com）。

读秀知识库（http://www.duxiu.com）。

中国国家图书馆民国时期文献资源库（http://read.nlc.cn/specialResourse/minguoIndex）。

中国基本古籍库（http://dh.ersjk.com）。

二、相关研究部分

1. 著作（国内作者）

陈均:《中国新诗批评观念之建构》，北京，北京大学出版社，2009 年。

陈良运:《文质彬彬》，南昌，百花洲文艺出版社，2001 年。

陈平原、〔捷〕米列娜主编:《近代中国的百科辞书》，北京，北京大学出版社，2007 年。

陈太胜:《梁宗岱与中国象征主义诗学》，北京，北京师范大学出版社，2004 年。

陈望衡:《中国古典美学史》，长沙，湖南教育出版社，1998 年。

陈望衡:《20 世纪中国美学本体论问题》，长沙，湖南教育出版社，2001 年。

陈望衡:《当代美学原理》，武汉，武汉大学出版社，2007 年。

陈望衡:《美在境界》，武汉，武汉大学出版社，2014 年。

陈伟:《中国现代美学思想史纲》，上海，上海人民出版社，1993 年。

陈希:《中国现代诗学范畴》，广州，中山大学出版社，2009 年。

成中英:《美的深处:本体美学》，杭州，浙江大学出版社，2011 年。

戴阿宝、李世涛:《问题与立场: 20 世纪中国美学论争辩》,北京,首都师
　　范大学出版社,2006 年。

党圣元:《返本与开新: 中国传统文论的当代阐释》,郑州,河南大学出版
　　社,2011 年。

邓明以:《陈望道传》,上海,复旦大学出版社,2005 年。

邓牛顿:《中国现代美学思想史》,上海,上海文艺出版社,1988 年。

邓晓芒:《西方美学史讲演录》,长沙,湖南教育出版社,2012 年。

杜书瀛、钱竞主编:《中国 20 世纪文艺学学术史》(4 部 5 册),北京,中
　　国社会科学出版社,2007 年。

杜卫:《审美功利主义——中国现代美育理论研究》,北京,人民出版社,
　　2004 年。

杜卫主编:《中国现代人生艺术化思想研究》,上海,上海三联书店,
　　2007 年。

杜卫等:《心性美学——中国现代美学与儒家心性之学关系研究》,北京,
　　人民出版社,2015 年。

鄂霞:《中国近代美学范畴的源流与体系研究》,北京,商务印书馆,
　　2019 年。

方维规:《概念的历史分量——近代中国思想的概念史研究》,北京,北京
　　大学出版社,2018 年。

封孝伦:《二十世纪中国美学》,长春,东北师范大学出版社,1997 年。

冯契:《中国近代哲学的革命进程》,上海,上海人民出版社,1989 年。

冯天瑜:《新语探源——中西日文化互动与近代汉字术语生成》,北京,中
　　华书局,2004 年。

冯天瑜:《近代汉字术语的生成演变与中西日文化互动研究》,北京,经济
　　科学出版社,2016 年。

冯晓林:《论画精神: 传统绘画批评的基本范畴研究》,北京,中央编译出
　　版社,2016 年。

冯友兰:《中国哲学史新编》,北京,人民出版社,1999 年。

佛雏:《王国维诗学研究》,北京,北京大学出版社,1987 年。

盖生:《20 世纪中国文学原理关键词研究》,北京,人民出版社,2013 年。

高瑞泉:《中国现代精神传统——中国的现代性观念谱系》(增补本),上
　　海,上海古籍出版社,2005 年。

高玉:《现代汉语与中国现代文学》,北京,中国社会科学出版社,2003 年。

郜元宝:《汉语别史——现代中国的语言体验》,济南,山东教育出版社,

2010 年。

贺麟:《五十年来的中国哲学》,北京,商务印书馆,2002 年。

胡翠娥:《翻译的"政治":现代文坛的翻译论争与文学、文化论争》,北京,
    人民文学出版社,2016 年。

胡继华:《宗白华　文化幽怀与审美象征》,北京,文津出版社,2005 年。

胡俊:《对接与缝合——蔡仪马克思主义美学思想新论》,郑州,河南人民
    出版社,2013 年。

胡明:《胡适思想与中国文化》,桂林,广西师范大学出版社,2005 年。

黄见德:《西方哲学的传入与研究》,福州,福建人民出版社,2007 年。

黄见德:《20 世纪西方哲学东渐史导论》,北京,首都师范大学出版社,
    2011 年。

黄擎等:《"关键词批评"研究》,北京,商务印书馆,2018 年。

蒋孔阳:《美学新论》,北京,人民文学出版社,2006 年。

金观涛、刘青峰:《观念史研究:中国现代重要政治术语的形成》,北京,
    法律出版社,2009 年。

金莉、李铁主编:《西方文论关键词》(第 2 卷),北京,外语教学与研究出
    版社,2017 年。

金雅:《梁启超美学思想研究》,北京,商务印书馆,2005 年。

赖勤芳:《"日常生活"与中国现代美学研究》,北京,光明日报出版社,
    2019 年。

李超:《中国现代油画史》,上海,上海书画出版社,2007 年。

李松主编:《中国美学史学术档案》,武汉,武汉大学出版社,2017 年。

李天道:《中国美学之雅俗精神》,北京,中华书局,2004 年。

李颖、范美俊:《中国美术论辩》,南昌,百花洲文艺出版社,2009 年。

林毓生:《热烈与冷静》,上海,上海文艺出版社,1998 年。

刘锋杰等:《文学政治学的创构——百年来文学与政治关系论争研究》,上
    海,复旦大学出版社,2013 年。

刘进才:《语言运动与中国现代文学》,北京,中华书局,2007 年。

刘梦溪:《传统的误读》,石家庄,河北教育出版社,1996 年。

刘琴:《现代汉语与现代文学的关联性研究》,北京,中国社会科学出版
    社,2010 年。

刘万勇:《西方形式主义溯源》,北京,昆仑出版社,2006 年。

刘小枫:《现代性社会理论绪论——现代性与现代中国》,上海,上海三联
    书店,1998 年。

卢善庆:《中国近代美学思想史》,上海,华东师范大学出版社,1991 年。

吕荧:《吕荧文艺与美学论集》,上海,上海文艺出版社,1984 年。

骆寒超、陈玉兰:《中国诗学 第 1 部 形式论》,北京,中国社会科学出版社,2009 年。

马驰:《艰难的革命:马克思主义美学在中国》,北京,首都师范大学出版社,2006 年。

马建辉:《中国现代文学理论范畴》,兰州,兰州大学出版社,2007 年。

牟春:《移情说与中国现代美学观念的生成》,上海,上海书店出版社,2016 年。

南帆主编:《二十世纪中国文学批评 99 个词》,杭州,浙江文艺出版社,2003 年。

倪梁康:《胡塞尔现象学概念通释》,北京,生活·读书·新知三联书店,1999 年。

聂振斌:《中国近代美学思想史》,北京,中国社会科学出版社,1991 年。

聂振斌:《文化本体与美学理论建构——聂振斌美学论文集》,北京,首都师范大学出版社,2009 年。

聂振斌:《稽古征今论转化——中国艺术精神》,上海,上海锦绣文章出版社,2010 年。

牛宏宝等:《汉语语境中的西方美学》,合肥,安徽教育出版社,2001 年。

彭锋:《引进与变异:西方美学在中国》,北京,首都师范大学出版社,2006 年。

彭锋:《中国美学通史(8):现代卷》,南京,江苏人民出版社,2014 年。

祁志祥:《中国美学全史(第 5 卷):现当代美学》,上海,上海人民出版社,2018 年。

钱基博:《现代中国文学史》,上海,上海书店出版社,2004 年。

钱中文等:《自律与他律——中国现当代文学论争中的一些理论问题》,北京,北京大学出版社,2005 年。

汝信、王德胜主编:《美学的历史——20 世纪中国美学学术进程(增订本)》,合肥,安徽教育出版社,2017。

商勇:《艺术启蒙与趣味冲突——第一次全国美术展览会(1929 年)研究》,石家庄,河北美术出版社,2015 年。

石凤珍:《文艺"民族形式"论争研究》,北京,中华书局,2007 年。

宋玉成主编:《中国美术史》,北京,清华大学出版社,2015 年。

谭桂林:《本土语境与西方资源——现代中西诗学关系研究》,北京,人民文学出版社，2008 年。

谭好哲等：《美育的意义：中国现代美育思想发展史论》，北京，首都师范
　　大学出版社，2006 年。

谭玉龙：《萧公弼著述整理及其美学思想研究》，北京，中央编译出版社，
　　2020 年。

汤凌云：《中国美学中的"幻"问题研究》，合肥，安徽教育出版社，
　　2015 年。

童庆炳：《中国古代文论的现代意义》，北京，北京师范大学出版社，
　　2001 年。

汪民安主编：《文化研究关键词》（修订版），南京，江苏人民出版社，
　　2020 年。

汪正龙：《西方形式美学问题研究》，哈尔滨，黑龙江人民出版社，2007 年。

王德胜：《宗白华评传》，北京，商务印书馆，2001 年。

王德岩等：《汉语美学》，北京，中国社会科学出版社，2009 年。

王汎森：《中国近代思想与学术的系谱》，长春，吉林出版集团，2010 年。

王天兵：《华美狼心》，北京，东方出版社，2008 年。

王文元：《字义疏举》，北京，中国社会科学出版社，2015 年。

王一川：《汉语形象与文化现代性情结》，北京，首都师范大学出版社，
　　2001 年。

王一川：《中国现代学引论——现代文学的文化维度》，北京，北京大学出
　　版社，2009 年。

王一川：《中国现代文论传统》，北京，北京师范大学出版社，2019 年。

王攸欣：《选择·接受与疏离：王国维接受叔本华、朱光潜接受克罗齐美学
　　比较研究》，北京，生活·读书·新知三联书店，1999 年。

魏继洲：《形式意识的觉醒：五四白话文研究》，北京，民族出版社，
　　2011 年。

温儒敏：《中国现代文学批评史》，北京，北京大学出版社，1993 年。

夏中义：《王国维：世纪苦魂》，北京，北京大学出版社，2006 年。

谢天振主编：《翻译的理论建构与文化透视》，上海，上海外语教育出版
　　社，2000 年。

谢天振：《译介学》（增订本），南京，译林出版社，2013 年。

熊月之：《西学东渐与晚清社会》，上海，上海人民出版社，1994 年。

徐复观：《中国艺术精神》，桂林，广西师范大学出版社，2007 年。

徐行言、程金城：《表现主义与 20 世纪中国文学》，合肥，安徽教育出版

社，2000 年。

薛富兴：《分化与突围：中国美学 1949～2000》，北京，首都师范大学出版社，2006 年。

阎国忠：《走出古典——中国当代美学论争述评》，合肥，安徽教育出版社，1996 年。

阎国忠等：《美学建构中的尝试与问题》，合肥，安徽教育出版社，2001 年。

杨春时主编：《中国现代美学思潮史》（上下），南昌，百花洲文艺出版社，2020 年。

杨平：《多维视野中的美育》，合肥，安徽教育出版社，2000 年。

杨平：《康德与中国现代美学思想》，北京，东方出版社，2002 年。

叶维廉：《中国诗学》，北京，生活·读书·新知三联书店，1992 年。

叶朗：《中国美学史大纲》，上海，上海人民出版社，1985 年。

叶朗主编：《美学的双峰：朱光潜、宗白华与中国现代美学》，合肥，安徽教育出版社，1999 年。

于文杰：《通往德性之路——中国美育的现代性问题》，北京，中国社会科学出版社，2001 年。

俞宣孟：《本体论研究》（第 3 版），上海，上海人民出版社，2012 年。

俞兆平：《写实与浪漫——科学主义视野中的"五四"文学思潮》，上海，上海三联书店，2001 年。

袁济喜：《承续与超越：20 世纪中国美学与传统》，北京，首都师范大学出版社，2006 年。

张法：《20 世纪中西美学原理体系比较研究》，合肥，安徽教育出版社，2007 年。

张法：《美学的中国话语：中国美学研究中的三大主题》，北京，北京师范大学出版社，2008 年。

张法主编：《美学概论》，北京，北京师范大学出版社，2009 年。

张法：《中西美学与文化精神》，北京，中国人民大学出版社，2010 年。

张法：《美学导论》（第 3 版），北京，中国人民大学出版社，2011 年。

张法：《文艺学·艺术学·美学——体系构架与关键词汇》，北京，人民出版社，2013 年。

张辉：《审美现代性批判》，北京，北京大学出版社，1999 年。

张颂南：《中国现代美学文学纵横谈》，杭州，浙江大学出版社，1991 年。

赵一凡等主编：《西方文论关键词》（第 1 卷），北京，外语教学与研究出版社，2006 年。

赵毅衡：《意不尽言：文学的形式——文化论》，南京，南京大学出版社，
　　2009年。

赵毅衡：《反讽时代：形式论与文化批评》，上海，复旦大学出版社，
　　2011年。

赵宪章主编：《西方形式美学——关于形式的美学研究》，上海，上海人民
　　出版社，1996年。

赵宪章：《形式的诱惑》，济南，山东友谊出版社，2007年。

赵宪章、包兆会：《文学变体与形式》，南京，南京大学出版社，2010年。

赵宪章等：《西方形式美学——关于形式的美学研究》，南京，南京大学出
　　版社，2008年。

赵宪章等编：《文学与形式》，南京，南京大学出版社，2011年。

赵彦芳：《诗与德——论审美与伦理的互动》，北京，社会科学文献出版
　　社，2011年。

曾繁仁等：《现代中国美育理论》，郑州，河南人民出版社，2006年。

周来祥、陈炎：《中西比较美学大纲》，合肥，安徽文艺出版社，1992年。

周小仪：《唯美主义与消费文化》，北京，北京大学出版社，2002年。

朱存明：《情感与启蒙——20世纪中国美学精神》，北京，西苑出版社，
　　2000年。

朱立元主编：《西方美学范畴史》（第2卷），太原，山西教育出版社，
　　2005年。

邹华：《中国美学的历史重负》，合肥，安徽教育出版社，2009年。

2. 著作（国外作者）

中国社会科学院外国文学研究所、《世界文论》编辑委员会编：《波佩的面
　　纱——日内瓦学派文论选》，北京，社会科学文献出版社，1995年。

〔波〕瓦迪斯瓦夫·塔塔尔凯维奇：《西方六大美学观念史》，刘文潭译，上
　　海，上海译文出版社，2006年。

〔德〕阿道夫·希尔德勃兰特：《造型艺术中的形式问题》，潘耀昌译，北京，
　　商务印书馆，2019年。

〔德〕阿多诺：《否定的辩证法》，张峰译，重庆，重庆出版社，1993年。

〔德〕恩斯特·卡西尔：《人文科学的逻辑》，沉晖等译，北京，中国人民大
　　学出版社，2004年。

〔德〕弗雷德里希·席勒：《审美教育书简》，冯至、范大灿译，北京，北京

大学出版社，1985 年。

〔德〕康德：《判断力批判》，邓晓芒译，北京，人民出版社，2002 年。

〔德〕郎宓榭等编著：《新词语新概念：西学译介与晚清汉语词汇之变迁》，赵兴胜等译，济南，山东画报出版社，2012 年。

〔德〕马丁·海德格尔：《形式显示的现象学：海德格尔早期弗莱堡文选》，孙周兴编译，上海，同济大学出版社，2004 年。

〔德〕马丁·海德格尔：《存在与时间》（中文修订第 2 版），陈嘉映、王庆杰译，北京，生活·读书·新知三联书店，2016 年。

〔德〕席勒：《美育书简》，徐恒醇译，北京，中国文联出版公司，1984 年。

〔德〕于尔根·哈贝马斯：《现代性的哲学话语》，曹卫东等译，南京，译林出版社，2004 年。

〔法〕达维德·方丹：《诗学：文学形式通论》，陈静译，天津，天津人民出版社，2003 年。

〔法〕福西永：《形式的生命》，陈平译，北京，北京大学出版社，2011 年。

〔法〕罗贝尔·埃斯卡皮：《文学社会学》，王美华、于沛译，合肥，安徽文艺出版社，1987 年。

〔法〕雅克·马利坦：《艺术与诗中的创造性直觉》，刘有元等译，北京，生活·读书·新知三联书店，1991 年。

〔美〕爱德华·W. 赛义德：《赛义德自选集》，谢少波等译，北京，中国社会科学出版社，1999 年。

〔美〕B.G. 布洛克：《美学新解——现代艺术哲学》，滕守尧译，沈阳，辽宁人民出版社，1987 年。

〔美〕弗雷德里克·詹姆逊：《马克思主义与形式》，李自修译，天津，百花文艺出版社，2001 年。

〔美〕弗雷德里克·詹姆逊：《单一的现代性》，王逢振、王丽亚译，天津，天津人民出版社，2005 年。

〔美〕K.E. 吉尔伯特、〔德〕H. 库恩：《美学史》（上下卷），夏乾丰译，上海，上海译文出版社，1989 年。

〔美〕勒内·韦勒克：《批评的诸种概念》，罗钢等译，上海，上海人民出版社，2015 年。

〔美〕列奥纳德·P. 维塞尔：《活的形象美学——席勒美学与近代哲学》，毛萍、熊志翔译，上海，学林出版社，2000 年。

〔美〕刘禾：《跨语际实践——文学，民族文化与被译介的现代性（中国：1900—1937）》，宋伟杰等译，北京，生活·读书·新知三联书店，

2002 年。

〔美〕M. 李普曼编:《当代美学》, 邓鹏译, 北京, 光明日报出版社, 1986 年,

〔美〕诺夫乔伊:《存在的巨链——对一个观念的历史的研究》, 张传有、高秉江译, 南昌, 江西教育出版社, 2002 年。

〔美〕苏珊·K. 朗格:《感受与形式》, 高艳萍译, 南京, 江苏人民出版社, 2013 年。

〔美〕T.S. 艾略特:《艾略特诗学文集》, 王恩衷编译, 北京, 国际文化出版公司, 1989 年。

〔美〕王斑:《历史的崇高形象——二十世纪中国的美学与政治》, 孟祥春译, 上海, 上海三联书店, 2008 年。

〔美〕约瑟夫·列文森:《儒教中国及其现代命运》, 郑大华、任菁译, 北京, 中国社会科学出版社, 2000 年。

〔日〕铃木贞美:《文学的概念》, 王成译, 北京, 中央编译出版社, 2011 年。

〔日〕神林恒道:《"美学"事始——近代日本"美学"的诞生》, 杨冰译, 武汉, 武汉大学出版社, 2011 年。

〔日〕实藤惠秀:《中国人留学日本史》, 谭汝谦、林启彦译, 北京, 生活·读书·新知三联书店, 1983 年。

〔英〕克莱夫·贝尔:《艺术》, 马钟元、周金环译, 北京, 中国文联出版社, 2015 年。

〔英〕克罗齐:《美学的历史》, 王天清译, 北京, 中国社会科学出版社, 1984 年。

〔英〕雷蒙·威廉斯:《关键词: 文化与社会的词汇》, 刘建基译, 北京, 生活·读书·新知三联书店, 2005 年。

〔英〕蒙娜·贝克:《翻译与冲突——叙事性阐释》, 赵文静主译, 北京, 北京大学出版社, 2011 年。

〔英〕特里·伊格尔顿:《审美意识形态》, 王杰等译, 桂林, 广西师范大学出版社, 2001 年。

〔英〕托尼·本尼特:《形式主义和马克思主义》, 曾军等译, 郑州, 河南大学出版社, 2011 年。

3. 论文

岑雪苇:《现代性迷误: 从文学革命到革命文学》,《浙江学刊》1999 年第

6 期。

陈望衡:《"全球美学"与中国美学:中国美学如何与世界接轨》,《学术月刊》2011 年第 8 期。

陈望衡、周茂凤:《"美学":从西方经日本到中国》,《艺术百家》2009 年第 5 期。

成复旺:《关于形式美学的思考》,《浙江学刊》2000 年第 4 期。

邓福星:《20 世纪中国画的写实派》,《美术研究》1997 年第 4 期。

刁晏斌:《论现代汉语史》,《辽宁师范大学学报(社会科学版)》2000 年第 6 期。

丁祖豪:《蔡元培与 20 世纪中国哲学》,《聊城师范学院学报(哲学社会科学版)》2001 年第 4 期。

杜书瀛:《文化舶来品的汉化和合法化——以"美学"为例》,《文学评论》2010 年第 3 期。

杜卫:《文艺美学与中国美学的现代传统》,《文艺研究》2019 年第 1 期。

鄂霞、王确:《晚清至五四时期"美学"汉语名称的译名流变》,《东北师大学报(哲学社会科学版)》2009 年第 5 期。

方文竹:《形式含义的演变与西方美学本体论》,《中国人民大学学报》1998 年第 3 期。

高玉:《文论关键词研究的多重维度》,《中国社会科学》2019 年第 8 期。

郭忠华:《历史·理论·实证:概念研究的三种范式》,《学海》2020 年第 1 期。

贺锡翔:《"美学"一词的德语原文》,《社会科学战线》1983 年第 2 期。

胡继华:《汉语文字的特征与宗白华美学的书写个性》,《安庆师范学院学报(社会科学版)》2003 年第 1 期。

胡永华:《唯美主义》,《外国文学》2013 年第 6 期。

黄晖、徐百成:《中国唯美主义思潮的演进逻辑》,《社会科学战线》2008 年第 6 期。

黄兴涛:《"美学"一词及西方美学在中国的最早传播——近代中国新名词源流漫考之三》,《文史知识》2000 年第 1 期。

金惠敏:《生命与形式——康德与 20 世纪西方美学》,《艺术学研究》2022 年第 3 期。

金林祥:《蔡元培论杜威》,《湖南师范大学教育科学学报》2009 年第 1 期。

赖勤芳:《席勒〈美育书简〉的汉译》,《美育学刊》2014 年第 2 期。

赖勤芳:《"美感"的译入与对接——兼述中国现代艺术学的兴起》,《美育学刊》2019 年第 5 期。

李建盛:《方法论与 20 世纪中国美学》,《北京师范大学学报(社会科学版)》
　　2003 年第 6 期。

李庆本:《 "美学"译名考》,《文学评论》2022 年第 6 期。

李廷扬:《美育研究的新突破——评"美育形式"说（上)》,《毕节师范高等
　　专科学校学报》2005 年第 4 期。

李廷扬:《美育研究的新突破——评"美育形式"说（下)》,《毕节师范高等
　　专科学校学报》2006 年第 1 期。

李心峰:《Aesthetik 与美学》,《百科知识》1987 年第 1 期。

梁工:《形式》,《外国文学》2013 年第 5 期。

林木:《20 世纪中国艺术形式问题研究得失辨》,《文艺研究》1999 年第
　　6 期。

刘锋杰等:《文学是如何想象政治的——关于王斑〈历史的崇高形象〉的座
　　谈》,《当代作家评论》2009 年第 4 期。

刘悦笛:《美学的传入与本土创建的历史》,《文艺研究》2006 年第 2 期。

马草:《中国当代形式美学的发展历程与境遇研究》,《美育学刊》2021 年
　　第 3 期。

聂长顺:《近代 Aesthetics 一词的汉译历程》,《武汉大学学报（人文科学
　　版)》2009 年第 6 期。

时宏宇:《宗白华论艺术形式》,《山东师范大学学报（人文社会科学版)》
　　2006 年第 2 期。

苏宏斌:《形式何以成为本体——西方美学中的形式观念探本》,《学术研
　　究》2010 年第 10 期。

汤拥华:《古雅的美学难题——从王国维到宗白华、邓以蛰》,《浙江社会科
　　学》2008 年第 7 期。

田丰:《诗与画的联姻——徐志摩与西方后印象派绘画》,《嘉兴学院学报》
　　2012 年第 2 期。

涂小琼:《西方美学史上的形式概念》,《湖北美术学院学报》1999 年第
　　1 期。

汪民安:《词语的深渊》,《国外理论动态》2006 年第 9 期。

王德胜、杨国龙:《现代中国美学发生问题考略》,《东岳论丛》2021 年第
　　3 期。

王宏超:《中国现代辞书中的"美学"——"美学"术语的译介与传播》,《学
　　术月刊》2010 年第 7 期。

王进、高旭东:《意象与 IMAGE 的维度——兼谈异质语言文化间的翻译》,

《中国比较文学》2002 年第 2 期。

王确:《汉字的力量——作为学科命名的 "美学" 概念的跨际旅行》,《文学
　　评论》2020 年第 4 期。

王确:《中日交流史中作为学科命名的 "美学" 概念》,《美学与艺术评论》
　　2021 年第 2 期。

王一川:《"典型" 在现代中国的百年旅行——外来理论本土化的范例》,
　　《中国文学批评》2021 年第 4 期。

吴冠中:《印象主义绘画的前前后后》,《美术研究》1979 年第 4 期。

吴中杰:《开拓期的中国现代美学》,《学术月刊》1993 年第 6 期。

薛富兴:《自治与他治: 中国现代美学的现实道路》,《文艺研究》1999 年第
　　2 期。

杨凯军:《蔡元培实验美学研究》, 武汉大学博士学位论文 2013 年。

杨晓峰:《美学本体、美育和审美信心》,《贵州大学学报 (艺术版)》2005
　　年第 4 期。

杨宗蓉:《〈东方杂志〉与现代唯美主义文艺思潮》,《齐鲁学刊》2013 年第
　　1 期。

姚文放:《蔡元培 "以美育代宗教" 说对于康德的接受与改造》,《社会科学
　　辑刊》2013 年第 1 期。

叶康宁:《有正书局与〈中国名画集〉》,《中国书画》2018 年第 3 期。

易前良:《朱光潜与唯美主义》,《中国文学研究》2004 年第 2 期。

尤战生:《误解、误评与误构——论现代中国美学对西方美学的误读》,
　　《山东社会科学》2008年第 1 期。

张盾:《马克思与政治美学》,《中国社会科学》2017 年第 2 期。

张法:《美学与中国现代性历程》,《天津社会科学》2006 年第 2 期。

张法:《回望中国现代美学起源三大家》,《文艺争鸣》2008 年第 1 期。

张晶:《中西文论关键词研究之浅思》,《文艺争鸣》2017 年第 1 期。

张晓唯:《民国时期的 "教育独立" 思潮评析》,《高等教育研究》2001 年第
　　5 期。

张旭曙:《关于构建中国形式美学的若干思考》,《天津社会科学》2014 年
　　第 3 期。

张蕴艳:《从精神谱系看百年中国文论话语新变的可能性——以宗白华、
　　李长之为中心的探讨》,《文艺理论研究》2019 年第 2 期。

赵鸣:《美学 "形式" 概念探源》,《美与时代》2014 年第 12 期。

赵宪章:《形式概念的滥觞与本义》,《文学评论》1993 年第 6 期。

赵宪章:《形式美学:中国与西方》,《文史哲》1997 年第 4 期。

赵宪章:《形式美学与文学形式研究》,《中南大学学报(社会科学版)》
　　2005 年第 2 期。

郑工:《徐悲鸿的"古典"理想与写实主义》,《艺术百家》2014 年第 2 期。

朱立元:《构建有中国特色的当代文论话语体系的基础性工程》,《文艺争
　　鸣》2017 年第 1 期。

朱立元、何林军:《"范畴"新论》,《河北学刊》2004 年第 6 期。

朱立元、栗永清:《陈望道与中国现代美学——写在陈望道先生诞辰 120 周
　　年之际》,《复旦学报(社会科学版)》2011 年第 2 期。

朱志荣:《论中国美学话语体系的创新》,《探索与争鸣》2015 年第 12 期。

庄锡华:《常态人性与梁实秋的文学思想》,《文学评论》2008 年第 5 期。

附　录　"形式"词条

　　按：词典是主要用来解释词语的工具书，也是传播知识的重要载体。某一词语，在不同背景、不同性质的词典中会受到不同的对待，如有的收录，有的不收录；即使同一词语，在不同时期、不同类型的词典中也会有词义方面的差异，如有的增加，有的删减。这些变化情况，实际上反映了词语与社会、文化之间的交缠关系。针对"形式"，笔者根据沈国威《新尔雅：附题解·索引》（上海辞书出版社，2011 年）一书的附录《中国近代科技术语辞典（1858～1949）》提供的信息，借助国家图书馆民国时期文献资源库、大成老旧刊全文数据库、读秀知识库，以及单位、个人纸质藏书等，进行了广泛而深入的调查。所查阅的，有民国时期出版的词典，有 1949 年后尤其是新时期以来出版的词典，共二三百部，含中译本、引入的英文原版词典等。兹将部分"形式"词条辑录汇编。以下排列分一般的语言类词典和专业的学术性词典两部分，每部分再按出版时间先后排列。为尊重原文，所有文字、标点和符号（如【　】〔　〕等各种括号）不做改动，除非有明显错误的情况。限于篇幅，"形式美""形式主义""形式批评""形式美学"等"形式 +"之类的词条未予纳入。

（一）

1.《汉英新辞典》（李玉汶编，上海，商务印书馆，1918 年）[①]

　　形 Hsing（1）形像也 Figure；form；shape；contour.（2）形色也 Appearance；air；manner.（3）地势也 Landscape.（4）现也 To show；indicate；express.

　　形状 Shape；appearance；figure；form.

　　…………

　　像 Shape；form；phase.

---

① 这是笔者查找到的较早的一部词典，词条只有"形"而无"形式"，姑且录之。

…………

式 Form；formality.

成 Formation.

…………

（第 191 页）

2.《华英双解法文辞典》（上海法文学会编辑，上海，中华书局，1921 年）

Forme（form），*n.*（按：名词）*f.*（按：阴类）form；shape；figure. 形容；格式；款式。

（第 206 页）

3.《国语普通词典》（燹如、后觉合编，上海，中华书局，1923 年）

【形式】丅丨乚户　表面的样子。

［（甲编）第 134 页］

4.《现代语辞典》（李鼎声编，上海，光明书局，1933 年）

【形式】Form（普）（按：普通用语）　同"形态"。

【形态】Form（E. G）（按：英语、德语）；Forme（F）（按：法语）；Gestalt（oder Form）（G）

（普）表现事物体的现象之格式及规范，换言之，～即是将事物的实质表现于外部。例如交换价值即价值的现象～；哲学、艺术等即社会意识的～。

（第 206 页）

5.《辞海》（舒新城等主编，上海，中华书局，1936 年）

【形式】（Form）　事物之形状及结构也。康德谓"一切现象，入吾直观时，必经过时空之形式，入我悟解时，必经过范畴之形式"，此哲学上之说也；其在文艺创作上则包括方法手段而言。

［（寅集）第 245 页］

6.《汉译世界语小辞典》（周庄萍编，上海，开明书店，1938 年第 3 版）

form-o　形，形式，形态，形体，型。

— i 造作，作成，作样

— iĝi 形成，变成

re — j 改造，改革

ali — igi 改革，使变形

（第 58 页）

7.《精撰英汉辞典》(任充四编，上海，商务印书馆，1937 年)

fôrm, *n.* 形，形状；体，形体；体制，体裁，结构，组织；型，模型；式，形式，样式，款式，方式；种，类；仪式，礼节；长凳；学级，班次；(社会之)阶级；[美](物之)外形，轮廓；人体；[印]版. bad ～，不合款式，不成样子，失体统，越礼. in(*or* under)the ～ of，以…之形式，于…之形状. to be in ～，堪竞技. to be in good ～，兴高采烈. to take the ～ of，成…之形，化为. telegraph ～，电报用纸. ～ letter，定式信札(如商店中所用，除姓名、住址外无甚更动，可寄与各种人等者). —, *vt.* 形成，范成；构成，组成，结成，联成；组织；作出，想出，作成，作，制，造；养成；陶冶，训练. to ～ part of，为…之成分，成…之要素。—, *vi.* 成形；[军]成列，排队.

-form, *suf.* "有…形"之义.

fôrmal, *a.* 形式的；形体的；表面的；正式的，合法的；按礼节，守礼；拘泥形式，固守礼节，拘迂. ～ -ism, *n.* 拘泥形式，拘守礼节，形式主义，虚礼主义；虚礼；形式论. ～ -ist, *n.* 拘泥形式者，拘守礼节者，形式家，虚礼家. ～ -ly, *adv.*

(第 357 页)

8.《国语辞典》(第三册)(中国大辞典编纂处编，上海，商务印书馆，1947 年重印)①

【形式】 ㄒㄧㄥ ㄕ shyngshyh ❶谓物之外观。❷谓虚文缛节或表面皮毛。❸〔哲〕对质料而言，康德释为"杂多之现象，排列某关系之下，入吾直观，即为现象之形式"，如时间、空间、范畴、观念皆是。❹〔文〕指作家将自己思想情绪移于读者时之一切方法手段。❺〔艺〕将艺术之材料要素如颜色、音声等结合整理之而为种种排列，即是形式。

(第 2458 页)

9.《增订新辞典》(晁哲夫编纂，邯郸，裕民印刷厂，1949 年)

【形式】 同"形态"。

【形态】 表现事物的现象之格式及规范，即是将事物的实质表现于外部。

【形式的】 对"内容的""实质的"而言，即是表示事物的外观的。

(第 104 页)

---

① 《国语辞典》，黎锦熙、钱玄同主编，1937～1945 年分 8 册初版，1947 年合为 4 册重印，1957 年经删减改名《汉语词典》，均由商务印书馆出版。

10.《辞源 修订本》第二册（商务印书馆编辑部编，北京，商务印书馆，1980年）

【形式】 外形，式样。《通典》九《食货》九《钱币》下："（南朝宋）废帝景和二年铸二铢钱，文曰'景和'，形式转细。"

（第1060页）

11.《辞海》（1979年版）缩印本（辞海编辑委员会编，上海，上海辞书出版社，1980年）

【形式】 见"内容和形式"。

（第813页）

【内容和形式】 ❶哲学名词。内容是事物的内在诸要素的总和。形式是内容的存在方式，是内容的结构和组织。如生产力是生产方式的内容，生产关系是生产方式的社会形式。内容和形式是辩证的统一。没有无形式的内容，也没有无内容的形式。内容决定形式，形式依赖于内容，并随着内容的发展而改变。但形式又反作用于内容，影响内容。当形式适合于内容时，它对内容的发展起着有力的促进作用，反之，就起严重的阻碍作用。内容和形式的关系又是相对的，作为一定内容的形式，可以成为另一形式的内容。内容和形式的辩证法要求观察问题时，首先注重事物的内容，同时也不忽视形式的作用。由于内容发展的需要，必须及时破除旧形式，创立新形式。同时也要善于运用旧形式为新内容服务。马克思主义者灵活地利用旧形式，"这并不是为了同旧形式调和，而是为了能够把一切新旧形式都变成使共产主义获得完全的和最终的、决定的和彻底的胜利的武器。"（《列宁选集》第4卷，人民出版社1972年版，第256页）❷文艺作品的内容，指通过塑造形象能动地再现在作品中的现实生活，以及这一现实生活所体现的思想感情。包括题材、主题、人物、事件等要素。它的形式指作品的组织方式和表现手段，包括体裁、结构、语言、表现手法等要素。文艺作品的内容和形式是辩证的统一的关系。没有无形式的内容，也没有无内容的形式。内容决定形式，形式表现内容，并随着内容的发展而改变。但形式又有相对独立性和自身继承性，并反作用于内容、影响内容。由于内容发展的需要，必须及时除旧形式，创立新形式。同时也要善于批判地借鉴旧形式、改造旧形式，为新内容服务。

（第195页）

12.《现代汉语新辞典》（本书编写组编，南宁，广西人民出版社，1991 年）

【形式】xíngshì（名）　事物的形状、结构等：组织～｜艺术～。〈反〉内容。

（第 50 页）

13.《现代汉语常用词词典》（张清源主编，成都，四川人民出版社，1992 年）

形式 xíngshì　事物的形状、结构等外部特征：在写作中，他力求做到～和内容的完美结合｜要坚决刹住各种～的不正之风｜我们不能单纯从～上看问题。

（第 439～440 页）

14.《汉语大词典 3》（汉语大词典编纂处编纂，上海，汉语大词典出版社，1995 年）

【形式】　❶ 外形。《南史·颜延之传》："及建武即位，又铸孝建四铢，所铸钱形式薄小，轮廓不成。"❷ 对内容而言，指事物的组织结构和表现方式。朱自清《中国歌谣·歌谣的修辞》："大约拟人是先有的形式，拟物则系转变，已是艺术的关系多了。"毛泽东《关于正确处理人民内部矛盾的问题》八："艺术上不同的形式和风格可以自由发展。"❸ 犹言表象。章炳麟《驳康有为论革命书》："夫所谓奴隶者，岂徒以形式言邪？"周恩来《一年来的谈判及前途》："……蒋对共产党无论在形式上本质上，都不是放在平等的地位。"

（第 1113 页）

15.《当代汉语词典》（莫衡等主编，上海，上海辞书出版社，2001 年）

【形式】　事物的形状、结构等：组织～｜艺术～｜内容和～的统一。

（第 1006页）

16.《近现代汉语新词词源词典》（《近现代汉语新词词源词典》编辑委员会编，上海，汉语大词典出版社，2001 年）

形式 xíngshì　①对内容而言，指事物的组织结构和表现方式。[英] form。例如："对于实质而有共同一定之范型者，曰形式。"（1903 年，Xin erya，56）②表象。例如："盖今日立宪各国，或以为立法权虽属议会而形式上元首可参与者，或以为立法权原归君主，唯割几分与议者。"（1903 年，Xin erya，19）

（第 290 页）

17.《现代汉语大词典》（阮智富、郭忠新编著，上海，上海辞书出版社，2009 年）

【形式】xíngshì ❶ 对内容而言，指事物的组织结构和表现方式。毛泽东《关于正确处理人民内部矛盾的问题》："艺术上不同的形式和风格可以自由发展。" ❷ 犹表面。周恩来《一年来的谈判及前途》："抗战八年中，蒋对共产党无论在形式上本质上，都不是放在平等的地位。"

（第 1310 页）

18.《汉语大词典订补》（汉语大词典编纂处编，上海，上海辞书出版社，2010 年）

【形式】 ❶ 外形。《宋书·颜竣传》："然顷所患，患于形式不均，加以剪凿，又铅锡众杂止于盗铸铜者，亦无须苦禁。"《隋书·礼仪志五》："玉辂，禋祀所用，饰以玉……《大戴礼》著其形式，上盖如规象天，二十八橑象列星，下方舆象地，三十辐象一月。前视则覩鸾和之声，侧观则覩四时之运。"

（第 381 页）

19.《近现代辞源》（黄河清编著，上海，上海辞书出版社，2010 年）

形式 xíngshì 事物的形状、结构等。1902 年王鸿年《宪法法理要义》上卷："要而言之，法之观念实具有形式与实质之二要素。所谓形式者则权力之谓。所谓实质者即规定社会之利益而分配于各个人之谓。"1903 年汪荣宝等《新尔雅·释名》："对于实质而有共同一定之范型者，曰形式。"

（第 833 页）

20.《新华外来词词典》（史有为主编，北京，商务印书馆，2019 年）

形式 xíngshì 事物的组织结构和表现方式。与"内容"相对。🈶"对于实质而有共同一定之范型者，曰形式。"（汪荣宝、叶澜《新尔雅·释名》，1903）🈯日，形式（keishiki）🈟＜汉．"形式"🈳日文见 1897 年书证。♦ 现知汉语最早见 1902 年王鸿年《宪法法理要义》（上卷）。♦ 汉语原有"形式"，《杜氏通典》："铸二铢钱，文曰景和，形式转细。"指外形。

（第 1262 页）

（二）

1.《哲学辞典》（樊炳清编，上海，商务印书馆，1926 年）

形式　英、德 Form　法 Forme

与希腊语之 μορφη 或 ιτδος 相当。指凡事物之相，兼有"种"若"类"之意。分疏之如次。●哲学上，以此为认识因之一。对质料而言。古来即形式为解者，以亚里士多德之说为最有名。（别详形质条下）康德则谓杂多之现象，排列于某关系之下，而入吾直观时，曰现象之形式。所谓先天的认识形式也。此形式，有属于直观者，是曰时间空间。有属于悟性者，是曰范畴。有属于纯粹理性者，是曰观念。至黑智尔（按：今译黑格尔），则以形式对质料而名，而谓形式乃其流动者。冯德则谓思惟之内容及形式，俱非原始的，而实思惟之所产。●美学上之形式，谊有广狭。（一）与内容对待而言，则指美的对象之表出于感觉的及想像的直观者。吾人感觉上或想像上许多材料之结合体，皆形式也。倘此时更以形式别于材料言之，则指其材料结合配列之方为形式。（二）上述之形式所以表出内容之方法，亦得以形式论，所谓表出之形式即是。（三）亦指内容中各要素若何结合配列之方为形式。凡由此等意义之形式，以见其为美者，是曰形式美（Formschonheit）。与内容美，质料美，为对举之词。形式美之原理，可蔽以一言曰："于多态中见统一。"此原理，有关时间空间而起者，为均整、对向、比例诸形式。有因质料之性质而起者，则均整以外，又有调和对照等形式。不问自然及艺术，皆不能有缺于形式之美。而艺术美之中，有不以描写为用者，如建筑，音乐之类，尤以形式为重。至于诗歌，虽重内容，然亦非具备形式的条件不可，如韵律等是也。●教育上，有对实质陶冶，而称形式陶冶者，谓但假借质料，以陶冶儿童之一般能力，使其天性中所固有者，各得完全发展。至其质料为何，可不置论。反之，主实质者，则趋重实用主义，而以善用其学习时力为归。谓学校所授与者，必有裨于生徒之实际知能。此二说之别，大抵就科目及教材立言。与夫以其死守绳墨阙乏精神，而讥之为形式主义者，意义全殊也。

（第 237～239 页）

2.《文学术语辞典》（戴叔清编，上海，文艺书局，1931 年）

【形式】（Form）

作家把自己所有的思想及情绪移于读者时一切的方法手段，即是文学底形式。

（第 45 页）

3.《新文艺辞典》（顾凤城、邱文渡、邬孟晖合编，上海，光华书局，1931 年）

【形式】（Form）

作家把艺术或文学的中心材料，通过了集合，整理，编排种种的方法和手段，便是形式。（参看"内容"）

（第 118 页）

【内容】（Content）

形式的相对名词。指内面所包容的意义，例如一帧人体画，在均衡或是调和与否的意义上，是形式，若是在表现和平或战斗的意义上，那就是内容了。

艺术的内容凡三种：（1）自然，（2）人生，（3）超自然。（1）即动植矿物等，（2）即个人，家庭和社会等，（3）即想像，幻想和理想等都是。

（第 40 页）

4.《新知识辞典》（顾志坚主编，上海，北新书局，1935 年）[①]

〔形式〕（Form）

凡明确地表现事物之体式于外表的，叫做"形式"，与包含事物之本质于内部的"内容"为对立的名词。

（第 122 页）

〔形态〕（Form）

即"形式"。（详见"形式"条）

（同上）

5.《新术语辞典》（吴念慈、柯柏年、王慎名合编，上海，南强书局，1936 年）

【形式】（Form）

"形式"这个名辞有几种解说：（1）在美学上，是指（甲）材料结合配列之方式，或指（乙）上述的形式所以表出内容之方法，或指（丙）内容中各要素如何结合配列之方式。（2）在哲学上，指那些确定物质底排列而使某物成为明定的同一体之性质和规定者。康德谓精神活动是由先天的要素如时间和空间以及悟性底范畴所决定，而时间、空间，以及范畴等就是"形式"。

（第 790～791 页）

---

① 又见新辞书编译社编辑：《新智识辞典》，上海，童年书店，1936 年，第 278 页。

6.《辩证法唯物论辞典》（〔苏〕米定·易希金柯编著，平生、执之等合译，石家庄，新中国书局，1949 年）

形式与内容（Form and Inhalt）

形式逻辑以形式与内容相对立，而视为规定某客体的关系的总体，以形式与受动的内容相对立而视为能动的元始。形式的如此规定，在亚理斯多德已启其端。亚理斯多德使形相与那作为定立目的，形成世界原理的质料相对立；不以质料而以形相为出发点。形式逻辑，把形式与内容的客观上固有的区别，由相对的性质，提高到绝对的性质。但是实际上，形式与内容构成辩证法的统一，两者互相对立而同时又处在不可分的统一之中，在这统一之中，内容占着主导的优位。"有机界的整个自然，都不断地证明形式与内容的同一性及不可分性。形态学的现象与生理学的现象，即形态与机能，是互相约制的。形态（细胞）的分化以肌肉、皮肤、骨骼、上皮内的物质的分化为条件，反之物质的分化又以形态的分化为条件。"（恩格斯）形式由内容发生，然而却是与内容处在相互作用的关系之中，它对于内容有能动的作用，决不是完全受动的。

（第 101 页）

7.《文艺辞典》（胡仲持主编，上海，华华书店，1949 年）

［形式］

形式是关于事物成立的方法、发言的方法的一种概念，和所谓质与内容相对。在形式上，有时仅仅看到事物的外部的关系，有时则能看出事物构成上的骨格。无论如何，形式是由内容决定的。在古代，形式被认为是事物的本质，也就是使内容统一的基础。从而，形式本身是含有精神的意味的。到了近代才有如下的解释，形式具有统一的作用者并不是本质。在一般的意义上，形式就是形成事物的外部的意思。例如有人说道德的内容虽变，而形式不变，这是所谓布尔乔亚的见解。实则道德的内容的变化，即社会组织的变化，必然使道德的形式发生变化。

在艺术上，被用于所谓表现形式。这一种意味，换句话说艺术是内容的形式化。凡是一味追求形式的美者，是形式主义者，是非常偏狭的东西。表现形式又是随着时代的变化，即社会状态的变化而起的内容的变化而变化的。

（第 64 页）

8.《逻辑学辞典》(《逻辑学辞典》编辑委员会编,长春,吉林人民出版社,1983年)

形式(form)

见"内容与形式"。

(第 357 页)

内容与形式(content and form)

辩证逻辑范畴。任何事物都具有一定的内容和一定的形式。事物的内容,就是构成事物的一切内在要素的总和;事物的形式,就是这些内在要素的结构或表现。例如,思维的内容是以概念、判断、推理等形式反映在头脑中的客观物质世界。概念、判断、推理是思维的形式;客观物质世界是思维的内容。

内容与形式的关系是对立统一的。内容与形式相互依存,共居于一个统一体中,任何事物都是内容和形式的统一。任何具体的内容都存在于一定的形式之中,而任何形式也必然具有一定的内容。在统一体中,内容是主要的和决定的方面,内容决定形式,形式依赖于内容,受内容的制约。但是,内容也要有同它相适应的形式才能存在和发展,因此,形式也积极地影响内容。适应内容发展的形式能够促进内容的发展,不适应内容发展的形式则会阻碍内容的发展。在一定条件下,形式对内容的发展起着重要的作用。内容与形式的矛盾表现在:内容是比较易变的,形式则是相对稳定的。形式通常要落后于内容,因而产生新内容和旧形式之间的矛盾。由于内容发展的需要,必然要求破坏旧形式,创立新形式。列宁说:"内容和形式以及形式和内容的斗争。抛弃形式,改造内容。"(《列宁全集》第38卷,第239页)这就是形式和内容矛盾运动的辩证法。

内容与形式往往还呈现出更为复杂的关系。在一定条件下,同一内容可以有不同的形式,同一形式也可以服务于不同的内容。有时新内容也可以利用旧形式,不是采取抛弃旧形式的方法,而是采取改革旧形式的方法,来解决内容和形式之间的矛盾。利用旧形式不是同旧形式、旧内容调和,而是批判地改造旧形式,以便更彻底、更迅速地消灭旧内容,有效地发展新内容。内容与形式的辩证关系要求我们认识和处理问题时,首先要注意内容,反对只着重形式而忽略内容的形式主义,同时,也要善于运用形式为内容服务,反对只顾内容而忽略形式的另一种错误倾向。

(第 80～81 页)

9.《现代西方文学批评术语》（〔英〕罗吉·福勒著，袁德成译，成都，四川人民出版社，1987 年）①

形式（form）

此术语常被用来指文学类型或体裁，例如"史诗形式"等。然而我们却宁愿把形式视为那种与"可意译的内容相对立的"东西，这种对立关系实际上是所要表达的内容与表达方式之间的关系。"可意译的"这一形容词至关重要，因为表达方式要影响表达的内容，这种现象在以传达信息为目的散文作品中并不显著，而对于处于另一极的抒情诗却极其重要。作家们常常修改其作品，目的是为了改进文体而非内容；他们还常常撰写作品的内容提要，而且这种工作还被认为是十分必要的；有些作家如本·琼生等还能成功地将散文体的作品改写成诗歌；在表达同一意义时，作家们既可用朴实无华的语言也可用辞藻华丽的语言，可使用简单句，也可使用复杂句。以上种种情况表明，为了理解作品的"全部意义"，我们不可把形式和内容分割开来。尽管如此，可意译的内容还是可以成为关于"形式"这一概念的讨论基础。

在此意义上讲，人们既可感到形式是作品的有机组成部分，也可感到它是外加的。这里使用了"感到"一词，因为上述区别是心理上的，而不是技术上的。当处于第一种情况时，描写方式与素材的关系十分和谐，正如天鹅绒手套与手的关系一样，形式与内容堪称血肉相连；在第二种情况时，形式宛若武士的铁护手，它迫使内容就范。在一些短小的抒情诗中，形式与内容简直密不可分，因此读者感到很难确定，那些显得十分奇特的韵律究竟是外加的形式中的瑕疵，抑或是有机的语言组织的流畅性的表现。在大多数情况中，要想对这些问题加以确定是很困难的，这表明了这种确定与批评性的判断无关。现代文论关于有机形式较优的信条是经不起考察的。所有既定的形式如十四行诗、回旋体诗和歌谣体诗等俱是外加的形式。内容必须与形式很好地配合，不然创作就会失败。而且形式还居于首要地位。在某些情况下，特别当涉及那些素材庞杂而散乱的长篇小说时，使用外加的形式的益处就变得相当大，即便有时在作品上留下的强加的痕迹会相当明显。此外，外加的形式比有机形式更易于将结构上的和相互补充的审美效果融为一炉。有机形式着重强调所表达的内容，而外加的形式则更强调表达的方式。因此，当这两种强调方式均不甚明显时，用其它方式探讨作品将会更有益处。

---

① 该词典有两个中译本，另一由周永明等译，沈阳，春风文艺出版社，1988 年。

不论是有机的抑或是外加的，形式总可以用结构性的和肌质性的这两个术语来描述。结构是大规模的，是与安排有关的，而肌质则是小规模的，且与印象有关。最显明的结构如情节和故事梗概等是作品的骨架，而最明显的肌质如韵律、措词和句法等则是作品的皮肉。此外还有一些作用类似肌肉的成分。例如，可以认为主题是具有构架性质的，因为可以把构成它的一系列形象视为一个链状结构；同时也可以认为它具有肌质的性质，因为每一个形象都是具体可感的；还可以认为它主要属于内容而不属于形式，这是因为整个链状结构传递着同一意义。归根结底，构架与记忆有关，而肌质却与直接的感受有关。

既然结构是个安排问题，它当然也包括对与时间有关的内容进行形式方面的顺序安排。时间的形式（temporal form）既可以是线性的也可以是赋格曲式的。按线性顺序安排的形式是文学的传统形式，按照这种形式，事情按先后顺排列，如同在实际生活中的情形一样。赋格曲式的形式则是现代派试验性作品的典型形式，它全然不顾先后时间的顺序，其依据的理由是文学并不等于生活，所以前者没有必要模仿后者。读者在阅读按线性顺序展开的作品时，所费的时间可比故事中所叙述的事件所经历的时间更长或者更短。而赋格曲式的作品却将时间顺序作了重新安排，这样事物不再按先后的顺序出现，而总是出现在它们能造成强烈效果的地方（通常采用并置的手法）。可以说，这种情况仿佛是用多声部音乐取代。具有主调的音乐。这种结构尽管会减弱故事的线索和悬念的作用，然而只要运用得当，将会在主题和审美效果等方面获得很大益处。如此强调时间的形式将使肌质变得更加重要（因为读者不会因为急于想了解后面发生的事情而分心）。

这种类型的作品在读者面前展现的是具体可感的立体图画，而不是抽象的因果关系的型式。因此，读者的注意力将集中在作品的肌质部分而不在构架部分。然而，对作品的肌质进行精心雕琢必然会使作品的运动（思想的或情节的）停顿下来，作品的语言也将由明晰易懂变为晦涩难解。这样发展下去达到极端阶段时就必将导致具体诗和绮丽体散文的产生，作品的意义也逐渐消失，最后，通过词义而发生作用的肌质手段将变得毫不起作用。在绝大多数作品中，在声音和意义配合得不太完美的地方，外延和内涵以及能指和所指之间将会达成某种妥协。与构架不同，肌质是语言各部分与生俱来的特质，所以艺术家较难对它加以控制。艺术家的任务在于消除语言中的那些难以确定的肌质因素，或减弱它们的作用。此外还有一个更有积极意义的作法，即作家尽力使他想表达的意义具体化。语言比其它传情达意的工具要巧妙得多，可以把它的模仿功能按照它作用的感官来进行分类。将肌质的特性按照已知的语言的特性进行分类要有意义得多。因此，它们可能是音乐性的（拟声、头韵等），词汇性的（隐喻、提喻等）或是句法性的（并列句中的倒装、对偶等）。参见"有机的"、"结构"和"肌质"。

（第 108～111 页）

10.《美学百科辞典》（〔日〕竹内敏雄主编，池学镇译，哈尔滨，黑龙江人民出版社，1987 年）[①]

形式（德、英 Form　法 Forme）

这个概念在美学上用于极为广泛的意义，实际上可分为如下两种基本意义：

（1）作为感觉现象的形式　这种形式是跟内容对立的概念。和审美对象的精神观念方面相反，它意味着审美对象的整个感觉实在方面，即形式是内容的存在方式（里普斯），是对象的表面现象（伏尔盖特）。

这种感觉形式主要指直接给予我们知觉的线条、色彩、声音和音响等的复合体，还包含伴随知觉在我们内部唤起的想象直观的形象。在文艺里，它和语言的声音形象一起，由语义表象传播的想象直观形象也被看作作品的形式。但是，Form 一词在造型艺术等里，作为表示对色彩和光的"形式"即空间规定性的东西有时用于最狭义的意思。

（2）作为统一结合关系的形式　在审美对象里，无论是（1）的意义上的形式方面还是内容方面，各种构成要素只要统一为浑然整体，那么这种统一关系又称为形式，这种形式根据（a）是受一般规律的规定，（b）还是受个性规律的规定，进而分为两种意义。

（a）的意义上的形式一般指在对象的多种构成要素的相互关系以及整体的关系中，为适于观赏者的统一把握，一目了然地规定秩序的场合，即依赖于超个性形式规律的对象的悟性轮廓，是合理的结构。缺乏清晰坚固的构筑性的巴罗克美术和莎士比亚戏剧等有时被称为"无形式的"，这是由于缺乏这种意义上的形式规定性的缘故。这种合乎规律的形式作为表示静态的、固定的统一和秩序的东西，往往和存在于自由变化流动的生命或充实的概念相对立（例如西默尔和帕诺夫斯基）。

形式概念的（1）的意义和（2）的意义重复时，即感觉现象的统一关系是狭义的形式，不过通常所说的形式指的就是这个。赫尔巴特、齐美

---

① 该词典有两个中译本，另一由刘晓路等译，长沙，湖南人民出版社，1988 年。

尔曼、克斯特林（Karl Köstrin，公元 1819—1894）等人的形式主义美学不承认感觉要素本身的审美意义，把美的根据归于作为其结合关系的抽象形式，但只要不采取这种立场就应当承认现象形态的统一秩序里存在着形式美。

关于形式美，已确立有最高的形式原理——"多样性中的统一"以及各种美的形式原理。多样性中的统一原理，要求审美对象就构成要素尽可能复杂多样并统一为整体，在这一点上构成其他所有形式规律的基础，即对于审美对象的空间或时间形式进而对确立特殊的诸形式规律。主要有：

对称——狭义上指左右两半部在其构成要素的数量、大小、形状、色彩等完全吻合而朝相反方向展开的场合，即左右相称；广义上指左右两半部或多数部分具有大体相等的分量、形状、印象效果等的场合，即用于所谓均衡的意义。

均衡——指全体中的部分相互之间或一个部分和全体以及两个其他物之间的在直观上愉悦的比例关系。蔡津在黄金分割〔黄金律，矩形的长边和短边的关系为 a : b=（a+b）: a 的场合〕中看到美丽均衡的数的基本关系，并把这作为形式法则。

对称和均衡本来是支配视觉的空间关系的原理，主要应用于造型艺术，但在类比意义上还推广到时间艺术。

和谐——一般指两个或两个以上的部分互相分歧对立而又相互给予统一印象的场合，色彩的和谐等就是其例。狭义上表示作为音乐上所谓和声的声音在同时结合时的协和关系。

节奏——指一定单位的有规则的重复声音或形体运动的分节。谐调也作为欢快的节奏分节几乎用于相同的意义，都是音乐、诗、舞蹈等时间艺术的基本形式原理。广义上还转用于空间连续方面，因此成为一切艺术的形式原理。柯亨把节奏看作美的基本形式，还把对称、均衡看作节奏的异态；盖格把一切形式原理称作谐调的形式原理。

此外，还有对照、重复、积累等诸法则。

（b）的意义上的形式，指植根于每个艺术家的创造性人格，受其固有个性法则规定的表现结构。艺术家的个人精神只要受到作为其土壤的时代精神和民族精神（一般是"客观精神"）的制约，这种个性形式就间接地在这些超个人的艺术精神的性格的内在统一里具有其规定根据。不管怎样，在艺术创作中，对素材的一定的艺术把握方式成为艺术形成的方式表现出来，这种意义上的形式在其类型规定性中得到把握的东西无非就是风格。

作为依赖于一定风格法则的表现统一的形式，同那个一般形式原理的形式是以规则性由外部强加的形式相反，是发自创造性精神自身内部的有机形式，相当于所谓内在形式。内在形式的理念，发端于普罗提诺的 ἔνδον εἶδος，经过舍夫茨别利的 inward form（内在形式）成为德国近代有机美学的核心思想。实际上正因为它是有关隐微的艺术性创造活动的奥秘的概念，所以很难做出根本意义的规定，因而由论者解释为各种意义。即它是作为理念存在直观的精神内在形态（哈里斯和温克尔曼在这点上对换为外部形式）的同时，又是从自己本身的内心展开这种形态的有机形成力量〔狂飙运动时期（歌德、赫尔德）和浪漫主义（希勒格尔、谢林）的主要解释〕，也是创造性力量的作用和运动的法则（洪堡 Karl Wilhelm von Humboldt，公元 1767～1835）。尽管它是朦胧不清的概念，但作为表示艺术创作的神秘非合理性的特性的东西，它在现代，特别是在文艺里，在同风格的关系上引起人们的重视。

〔附〕此外，作为次要用法，形式一词有时只用于特殊的体裁或它的类型意义方面，例如奏鸣曲式、回旋曲式、圆雕式、浮雕式等情况便是。另外，用于钢琴式或瓷器式的时候含有材料的适当性意义。

具有跟形式类似意义的术语是形态。这个词也同样用于多种意义。首先，狭义上指象几何学的抽象图形和事物对象的状态这类空间的直观形式。广义上表示各个构成部分在一定排列里形成而构成一个统一整体时的一切形成体，例如旋律的时间性节奏形态一类即是。特别是基于格式塔心理学观点的美学和艺术心理学，在形态概念里强调作为单纯部分的超过总和的东西具有某种特殊的 Gestaltqualität（形态品质，作为使整体成为一个形态的新表征的部分相互间的关系）的全体优先性。

（第 170～172 页）

11.《西方文学批评术语辞典》（林骧华主编，上海，上海社会科学院出版社，1989 年）

形式（Form）与艺术作品的总体效果相关的各种因素复合构成的有机组织。例如，诗的形式是指一行诗中的韵律单位的组合。诗节形式是指韵诗的组织。形象形式是指存在于一部作品中的各种形象之间的相互关系。观念形式是指作品的构思的组织或结构。

按照普通分法，批评家把作品分为形式和内容两个方面，形式是用来表达内容的型式、结构或有机组织。还可分为"规范"形式和有机形式。两者之间的差别即是柯勒律治所称的"机制"形式和"内在"形式之间的差别；内在形式在发展中从内部形成自身，它的充分发展必然和它的外部形式的完美相一致。表达这种差别的另一种方法是，把"规范"形式看作是代表一种先于作品的内容和意义的理想的方式或类型，并把有机形式看作是代表由作品的内容和意义发展而来的型式或样式。"规范"形式的先决条件是作品中必须具有某些结构或形式的特性，并被用来作为对艺术作品的最终价值的检验——其中最主要的一个特性是统一性。正如赫伯特·里德所说的那样，有机形式论主张每首诗有"它自己固有的规律，这一规律在诗歌创作时已产生，并使结构和内容融为一个充满活力的统一体"。

形式也用来指把一种类型同另一种类型区别开来的一般属性。在这种意义上，形式作为抽象用语，不仅仅描述一部作品，而且描绘了许多作品共有的特性。这种抽象的形式在新古典主义时期大致成了一种法定的手段，成为应该遵循的"规则"。

（第 423 页）

12.《中国民间文艺辞典》（杨亮才主编，兰州，甘肃人民出版社，1989 年）

〔形式〕文学创作中根据作品内容的需要而采取的组织方式和表现手段。形式包括体裁结构、语言及表现手法等要素。文学作品的内容和形式是辩证的统一关系，相辅相成，缺一不可。但从总的方面来说，内容对于形式起决定作用、制约作用、统帅作用。形式的变化常常是有其相对的独立性，它会反作用于内容，影响内容。从这个意义上讲，形式对内容也有选择性。如适合于长篇小说的内容，可选用叙事诗来表达，短诗则无能为力；同样适合于短诗的内容，不可能采用长篇小说的形式。

（第 448～449 页）

13.《社会科学大词典》（彭克宏主编，北京，中国国际广播出版社，1989 年）

【形式】至少有三种含义：①最通行的含义是指语言意义（如词汇意义、语法意义等）的物质表现。例如英语"鱼"这个意义的音素形式是［fiʃ］、字素形式是 fish。②一些结构主义语言学家认为：语言是形式而不是实体，它不是由语音和语义构成的，而是由各种成分之间的关系即对立、差别构成的。所谓形式就是各种成分之间的相互关系。语言学研究的对象是形式而不是实体。把语音作为相关的要素来分析，由是而产生音位学；把语义作为相关的要素来研究，由是而建立结构语法学。因此，有人将这些结构主义语言学家对语言组成部分的理解概括成下表：

表达　平面		内容　平面	
表达实体	表达形式	内容形式	内容实体
语　　音	音　　位	语　　法	语　　义
	语　　言		

③英国语言学家哈里德的语言分析理论把语言区分为"形式""实体"和"上下文"三个平面。实体指语音材料和文字材料，形式指由实体组成的有意义的项目（包括词汇和语法），上下文指形式和环境之间的关系（即语义）。

（第 893 页）

14.《美学百科全书》（李泽厚、汝信名誉主编，北京，社会科学文献出版社，1990 年）

俄国形式主义

Xingshi

形式（φорма）俄国形式派把传统的形式概念作了重要的扩展，认为形式几乎是囊括艺术品中的所有一切的东西。

俄国形式派认为，形式与内容的传统二元论是含混不清、非科学的，它导致的后果是把形式简单地视为器皿，内容注入其中，形式是可有可无的，而内容是决定一切的，并与艺术外的客观现实相等同，形式与内容截然二分。形式派强烈地批判了这种二元论。他们认为形式与内容总是融合于审美对象，内容总是必须表现为形式，而形式也是一定内容的表达程序，艺术内容是不能脱离艺术作品的整体作为现实来进行科学研究的。

俄国形式派以材料与形式来取代形式与内容。文学材料包括词、思想、情感、意象等取自艺术之外的现成事实，它们是艺术变形的对象。艺术形式则包括语音、节奏、语调、韵脚、韵律、布局、情绪评价、情节分布、程序等组成艺术品的一切。这样，形式概念几乎包容了内容，他们把原来归属于艺术内容的东西划入了形式范畴。内容成了形式的一个方面，或一种现象，形式成分也就是艺术成分，由此，他们以艺术形式作为自己的主要研究内容，认为艺术形式决定着艺术品。

形式派的形式观并非静止的，而是开放的。他们认为从形式的演变来看文学史，就可发现，形式的创新是文学演变的决定因素，新旧形式的取代反映着文学流派和文学风格的演变。这种新旧交替是复杂，断续相继的，而非直线式的。形式的演变不是为了去表现新内容，而是形式本身的内部规律使之而然。艺术中的变革实质就是形式上的创新，即用一种新艺术形式来取代已经失去艺术性的旧形式。

形式与系统、功能是相互关联着的。形式的推陈出新构成系统，形式是否需要取代往往取决于它具有的功能怎样。

（第 548～549 页）

15.《黑格尔辞典》（张世英主编，长春，吉林人民出版社，1991 年）①

形式 Form

在黑格尔的著作中，形式总是作为与本质（Wesen）、质料（Materie）、内容（Inhalt）相对待的范畴，在其辩证的联系中被规定和讨论的。"形式首先与本质对立，所以它是一般根据关系，并且它的规定是根据和有根据的东西。然后它与质料对立；这样，它就是进行规定的反思，它的规定就是反思规定本身及其长在。最后，它与内容对立，这样，它的规定又是它本身和质料"（逻下·85）。

①形式和本质。

（1）形式作为本质自身相关的否定性而与本质对立。

"根据是那种在其否定性中与自身同一的本质。因此，本质的规定性，作为根据，就变成根据和有根据的东西的双重化的规定性。"根据"作为这种被规定的同一性的（有根据的）和否定的同一性的（有根据的东西的）统一，是与其中介相区别的一般本质"。这种中介"不是纯反思"，"也不是进行规定的反思"，而是"纯粹的和进行规定的反思的统一"。中介的那些规定"和它们的单纯同一相区别，并构成与本质对立的形式"（逻下·75-76）。"这种本质是根据和有根据的东西单纯的统一，但正是在这个统一中，本质本身是被规定的或说是否定物，并且自身作为基础而与形式相区别"，而其本身"又同时成为根据及形式的环节"。"形式作为本质自身相关的否定性，与这个单纯的否定物对立，是建立的和规定的形式；反之，单纯的本质则是不规定的、不活动的基础"（逻下·77～78）。

（2）形式是本质在自身中的映现，与本质是统一的。

"外在的反思"常常停留在本质和形式的区别上面，"这种区别是必要的，但进行这种区别，本身就是本质和形式的统一"。"形式在其自己特有的同一中具有本质，正如本质在其否定的本性中具有形式。所以不能问形式怎样附加到本质上去的，因为形式只是本质在自身上的映现，是本质

---

① 原文加点的词、句较多，抄录时未标出。

自己特有的内在反思"（逻下·78）。本质作为"相关的基质"，是"被规定的本质"，"本质上具有在它之中的形式"。形式规定"是作为在本质中的规定，本质为这些规定的基础"（逻下·76～77）。"形式就象本质自己那样对本质是非常本质的东西"，所以"不应该把本质只理解和表述为本质"，"而同样应该把本质理解和表述为形式，具有着展开了的形式的全部丰富内容。只有这样，本质才真正被理解和表达为现实的东西"（现上·12）。

②形式和质料。

（1）质料是形式的扬弃，是形式之还原为单纯的同一。

"质料是单纯的、无区别的同一，它是带着这样规定的本质，即是形式的他物"。假如抽掉一个某的一切规定、一切形式，那么，余留下来的就只是不曾规定的质料。质料是一个绝对抽象物……但质料由之而发生的这个抽象，不仅是外在地拿走和扬弃形式，而是形式通过它本身还原为自身……是还原为这种单纯的同一"（逻下·79～80）。

（2）质料是同一性的反思范畴，形式是有差别的反思范畴。

质料"作为实存与它自身的直接统一"，对于规定性是"不相干的"，是"在反思的同一性范畴中的实存"。"那些不同的规定性和它们彼此隶属于'物'的外在联系就是形式。这形式是有差别的反思范畴"。认为形式和质料的关系"单纯是外在的"，"这种看法，在抽象反思的意识里最为盛行"（小逻·272）。

（3）形式和质料的统一。

"把质料孤立起来，认作一种无形式的东西，仅是一种抽象理智的看法，反之，事实上，在质料概念里就彻底地包括有形式原则在内，因而在经验中也根本没有无形式质料出现（小逻·272，参阅格16·521～522）。"总之，没有无形式的质料，也没有无质料的形式。——质料和形式是互相产生的"（格3·125）。"形式规定质料，而质料也将被质料规定"（逻下·81）。质料作为既"包含反映他物"又包含自身"独立存在"这两种规定的统一，其本身就是"形式的全体"。形式则既"包含自身反映"，也具有"构成质料的规定"。因此"两者自在地是同一的"（小逻·273）。

第一，"形式与质料互相事先建立"（逻上·81），即每一方都以对方为前提。二者"彼此并非外在地和偶然地相对"，"形式事先建立质料，它自身与质料相关。"反过来说，形式也是被质料事先建立的"（逻下·80）。

第二，形式"既是独立的，又是本质上与一个他物相关的；——所以它扬弃自己"。形式扬弃其独立性，使自身"成为一个在一个他物中的东西，而它的这个他物就是质料"。另一方面，质料也"只在与形式相对，才是独立的",所以当形式扬弃自身时,质料所具有与形式对立的那种规定性即"不曾被规定的长在"也就"消逝"了(逻下·82)。形式被规定为"能动的",质料被规定为"漠不相关的",即"被动的"(逻下·80~81)。"质料被形式的能动性所规定"是"形式自己本身的运动",但那"表现为形式的活动的东西,同样也是质料本身特有的运动"。"质料本身就包含形式,把形式禁锢在自身之中"(逻下·82~83)。质料"对形式绝对可以接纳","因为它在它之中绝对具有形式",这是"它的自在之有的规定"(逻下·81)。

第三,通过形式和质料的这种运动,它们的"原始统一"不仅"恢复",而且"又成为一个建立起来的统一"。"形式的行动和质料的运动是同一回事","质料被规定为这样的质料,或说必然有一个形式,而形式则总是质料的、长在的形式"(逻下·83~84)。"质料必须形式化;而形式自身也必须质料化"(逻下·81)。"形式化的质料或具有长在的形式"是"建立起来的统一","因此它是形式和质料的统一"(逻下·84~85)。

③形式和内容。

(1)内容是形式和质料的统一和基础。

内容"具有一个形式和一个质料,它们属于内容并且是本质的;内容是它们的统一","它构成两者的基础"(逻下·85)。内容与质料是有区别的,质料虽然"并非没有形式,但它的存在却表明了与形式不相干,反之,内容所以成为内容是由于它包括有成熟的形式在内"(小逻·279)。

(2)形式和内容的对立和相互转化。

内容是形式和质料的统一,"但由于这个统一同时是规定了的或说建立起来的统一,所以内容与形式对立;形式构成建立起来之有,和内容相对比,就是非本质的。因此,内容对形式是漠不相关的"(逻下·85)。"但内容同时又是形式规定的否定的自身反思;因此,最初对形式仅仅漠不相关的那个内容的统一,也是形式的统一,或者说根据关系本身。因此,内容就以这个根据关系为其本质的形式,而根据则反过来具有一个内容。""根据就总是使自身成为被规定的根据,而这个规定性本身是双重的,即:第一是形式的,第二是内容的"。(逻上·86)

"关于形式与内容的对立,主要地必须坚持一点:即内容并不是没有形式的,反之,内容既具有形式于自身内,同时形式又是一种外在于内容的东西"。形式与内容是"相互转化"的,"内容非他,即形式之转化为内容;形式非他,即内容之转化为形式。这种互相转化是思想最重要的规定之一"。"实体性乃是绝对的形式活动(或矛盾进展),和必然性的力量,而一切内容仅是唯一隶属于这个过程的环节，——这个过程，乃是形式与内容相互间的绝对转化"（小逻·313）。"在思辨逻辑中已经证明，事实上内容不是一种纯粹在自身内存在的东西，而是通过自身与他物相联系的东西，而形式也不是一种独立的、外在于内容的东西，而必须看做使内容成为内容，成为在自身存在的与他物相区别的东西的那种东西。因此真正的内容在自身中包含着形式，真正的形式即是其自己的内容"，"在精神中，形式和内容是相互同一的"（格10·34）。内容"在自身那里就有着形式，甚至可以说唯有通过形式，它才有生气和实质"（逻上·17）。

"知性逻辑""固执内容与形式的对立"，把概念看作"思维的一个单纯的形式"。但是这种对立已经"通过它们自身矛盾发展的过程得到克服了"。概念是形式，但"必须认为是无限的有创造性的形式，它包含一切充实的内容在自身内，并同时又不为内容所限制或束缚"（小逻·328）。

"反思的理智"认为内容是"重要的独立的一面"，形式是"不重要的无独立性的一面"。"事实上，两者都同等重要，因为没有无形式的内容，正如没有无形式的质料一样"。有时我们虽发现形式为"一个与内容不相干并外在于内容的实际存在，但这只是由于一般现象总还带有外在性所致"（小逻·278～279）。

（3）内容具有双重的形式。

现象界中彼此外在的事物是一个总体，"完全包含在它们的自身联系内"，因而"具有了形式于其自身内，并因为形式在这种同一性中，它就被当作本质性的持存"（小逻·278）。但是，有"双重的形式"。一、形式"作为返回自身的东西"来说，"形式即是内容"，并且按其"发展了的规定性来说，形式就是现象的规律"（小逻·278）。"规律虽说不是整个的真理，毕竟应该说是形式的真理。但没有实在的纯粹形式乃是思想事物或没经分裂的空虚的抽象，因为没有分裂就是没有内容"。感性存在是一种内容，它与形式没有分离，"本质上就是形式自身；因为形式只不过是将自身分裂为其纯粹环节的那种普遍或共相"（现上·199）。二、就形式"作为不返回自身的东西"来说，"形式便是与内容不相干的外在存在"，或"外在的形式"。这样的形式是"现象的否定面"，是"无独立性的和变化不定的东西"（小逻·278）。

（4）艺术中内容与形式的统一。

艺术的内容是理念，艺术的形式是感性形象，艺术就在于把这两方面结合成为一种"自由的统一的整体"（美一·87、89），因为"只有内容与形式都表明为彻底统一的、才是真正的艺术品。"（小逻·279）"文艺中不但有一种古典的形式，更有一种古典的内容；而在一种艺术作品里，形式和内容的结合是如此密切，形式只能在内容是古典的限度内，才能成为古典的"（历·111）。古典型艺术的内容与形式达到了高度的统一，"它把理念自由地妥当地体现于在本质上就特别适合这理念的形象，因此理念就可以和形象形成自由而是满的协调"（美一·97）。

（5）科学中内容和形式的关系。

"在科学里，思维只是单纯形式的活动，其内容是作为一种给予的〔材料〕从外界取来的"，对科学内容的认识不是通过作为其根据的那些思想"从内部"加以规定的，因而"形式与内容并不充分地互相渗透"（小逻·280）。

（6）哲学思维中内容和形式的统一。

哲学与别的科学不同，在哲学中没有形式和内容的"分离"（小逻·280）。在哲学即"思辨科学"中，"内容和形式在本质上是结合着"（法·2）。哲学要求人们"以概念来把握"，"形式和内容统一"的"更为具体的意义"就在于："形式就是作为概念认识的那种理性，而内容是作为伦理现实和自然现实的实体性的本质的那种理性，两者自己的同一就是哲学理念"（法·13）。理念"作为无限的形式，便以自身为其内容"，"更确切说，绝对理念只具有如下内容，即形式规定就是它自己的完成了的总体，即纯概念"（逻下·530）。

哲学思维，特别是逻辑学，只是"研究思想本身"，因而常被认为是"单纯的形式活动"，"无内容性"。但是所谓内容"并不仅限于感官上的可知觉性，也不仅限于单纯在时空中的特定存在"（小逻·280）。概念"就在自身中有内容，而且是这样的一种内容：它是一切内容，但唯独不是一种感性存在"（现上·199）。"所谓内容，除了意味着富有思想外，并没有别的意义"。因此，"思想不可被认作与内容不相干的抽象的空的形式"，而且"内容的真理性和扎实性，主要基于内容证明其自身与形式的同一方面"（小逻·280）。

（第298～303页）

本词条中的缩写标记：（现上）——《精神现象学》上卷，商务印书馆1962年版；（现下）——《精神现象学》下卷，商务印书馆1979年版；（逻上）——《逻辑学》上卷，商务印书馆1974年版；（逻下）——《逻辑学》下卷，商务印书馆1976年版；（小逻）——《小逻辑》，商务印书馆1980年版；（自）——《自然哲学》，商务印书馆1980年版；（法）——《法哲学原理》，商务印书馆1979年版；（历）——《历史哲学》，三联书店1956年版；（美一）——《美学》第1卷，商务印书馆1979

年版；（美二）——《美学》第二卷，商务印书馆 1982 年版；（美三上）——《美学》第 3 卷上册，商务印书馆 1979 年版。（格 1）——格罗克纳版《黑格尔全集》第 1 卷。（按：正文中缩写标记后面的数字指页码）

16.《哲学概念辨析辞典》（黄楠森、李宗阳、涂荫森主编，北京，中共中央党校出版社，1993 年）[①]

　　形式　方式　形态　　形式、方式、形态，这三个概念人们使用得很广泛。但界限不甚明确，时有交叉，突出地表现在人们用它们来相互进行定义上。

　　用"方式"来定义"形式"，如："形式是内容诸要素相互结合的结构或表现内容的方式"，"事物的形式是指把内容诸要素统一起来的结构或表现内容的方式"，"形式是内容的存在方式，是内容的结构和组织"。

　　用"形式"定义"方式"，如："方式"是"说话做事所采取的方法和形式"。各种哲学书上少见单独对"方式"这一概念作出规定的，但却有关于"生产方式"的定义。我们从中可以引申出关于"方式"的含义。"生产方式是指人们为了维持自己的生存而通过生产劳动向自然界谋取所必需的生活资料的方式，它是生产力和生产关系的统一"；"生产力是生产方式的物质内容，生产关系则是它的社会形式"。从"生产方式"的定义中，我们可以引申出"方式"的一种含义是"内容与形式的统一"。这实际上就是用形式来定义方式。

　　"形态"与"形式"和"方式"也有交叉。《现代汉语词典》对"形式"的解释是"事物的形状、结构等"，对"形态"的解释是"事物的形状或表现"。词义解释当然不能代替哲学范畴的规定性，但哲学范畴的规定性又是以词义为基础的，或者说哲学范畴的规定性与词语的含义是有联系的。从上面的词义解释中，可以看出"形式"与"形态"很相似，也有交叉。

　　哲学书上对"形态"也少见单独进行界定，但却有"社会形态"的定义，我们从中也可以引申出"形态"的含义。"社会形态是经济基础和上层建筑的统一体"，"建立在一定发展阶段的生产力之上的经济基础和上层建筑的统一，构成一定的社会经济形态"。而在这一统一体中，经济基础是内容，上层建筑又是形式。从社会形态的定义中我们可以引申出"形态"的一个含义："形态是内容和形式的统一体。"这实际是用"形式"规定"形态"，而且与"方式"的含义又很相似。

---

① 　对原文的标点略有修改。

　　这种相互交叉的现象，既反映了这三个概念的内在联系，又反映了人们使用时的随意性。人们虽然没有对"形式""方式""形态"都做出明确的界定，但从约定俗成的不同用法中，还是可以看出它们的各自特征和相互关系的。

　　一般来说，"形式"多用来表征事物的存在，"方式"多用来说明事物的运动。空间和时间是物质存在的基本形式，社会是人存在的基本形式。一切具体事物的内容也都是通过形式而存在的。思维内容通过概念、判断和推理等思维形式来存在或表现。生产力的内容通过生产关系这一社会形式来存在或表现。当我们说到各种各样的"形式"时，无不是表征事物的存在或表现的，从组词结构来看，与"形式"一起组成词组的那些修饰词，大都是由名词转化来的形容词，如"社会形式""思维形式""语言形式"等等，这里的"社会（的）""思维（的）""语言（的）"都是由名词转化来的。而当我们说到各种各样的"方式"时，又无不是跟运动、活动联系在一起的。如"生产方式""生活方式""思维方式""交换方式""分配方式""消费方式""表达方式""说明方式"等等，都是表征人们的活动的，"作用方式""斗争方式""转化方式"等等，都是表征事物的运动的。从组词结构上来看，与"方式"一起组成词组的那些修饰词，大都是由动词转化而来的形容词，如"生产方式""生活方式""思维方式"等等，这里的"生产（的）""生活（的）""思维（的）"都是由动词转化而来的。"方式"表征事物的运动由此亦可看出。当其表征活动和运动时，还内含着"方法""法则"的演义。而哲学上又有一个命题，叫作"运动是物质的存在方式"。由此我们可以作出这样的概括："形式是存在的方式"，"方式是运动的形式"。正因为有这样的关系，才有用"方式"定义"形式"的现象。当用"形式"表征事物的存在的时候，它是相对于事物的内容而言的。当用"方式"表征事物的运动的时候，它是"内容"与"形式"的统一。"思维形式"是相对于"思维内容"的，而"思维方式"则是把"思维内容"与"思维形式"统一在一起的。"生活形式"是相对于"生活内容"的，而"生活方式"则是把"生活内容"与"生活形式"统一在一起的，正因为有这样的关系，才有用"形式"定义"方式"的现象。当用"形式与内容的统一"来规定"方式"时，"形式"与"方式"是部分与整体的关系。当用"内容的表现方式"来定义"形式"时，"形式"与"方式"又是种概念与属概念的关系。不论是哪一种情况，都说明"方式"是比"形式"高一层次的概念，"方式"内含着"形式"，但不归结为"形式"，"形式"从属于"方式"但不等于"方式"。

　　说到"形态"，我们也可以用类似的方法来分析它的含义以及它与"形式"和"方式"的关系。我们从常用的"物质形态""经济形态""社会形态""意识形态"这些范畴中，可以看出，形态是更高一层次的概念。就是说，它不是只表达事物的存在，也不是只表达事物的运动，而是表达事物本身的，是事物的存在与事物的运动的统一。从组词结构上来看，与"形态"一起组成词组的那些修饰词，大都是由名词转化而来的形容词，如"物质形态""社会形态""经济形态""意识形态"等等，这里的"物质（的）""社会（的）""经济（的）""意识（的）"都是由名词转化而来的。任何具体的事物都是多样性的统一体。作为反映事物本身的范畴"形态"来说，不仅是形式和内容的统一，而且是现象和本质的统一，也是偶然性与必然性的统一。所以"形态"是具体性的范畴，具有无限的丰富性。它既处在认识的起点上，又处于思维的终点上。说它处在认识的起点上，是说它是人类认识的对象，是感性的具体，这时事物"形态"的全部丰富性是潜在的，有待思维把握的丰富性，因而也是混沌的表象，抽象的整体。说它处在思维的终点上，是说它是人类认识的结果，是理性的具体，这时事物"形态"的全部丰富性是透明的，是思维所把握了的丰富性，因而是清晰的理性、具体的整体。无论是处在人类认识的"具体——抽象——具体"这一进程的起点上还是终点上，"形态"都是表征具体事物的范畴。而相对于"形态"来说，"形式"与"方式"则都是处在人类认识的"具体——抽象——具体"这一进程中抽象阶级上，所以不能把"形态"归结为"形式"和"方式"。"形态"是以扬弃的形式包含了"形式"与"方式"的，所以"形态"这一范畴是比"形式"和"方式"更高一层次的范畴。

　　我们可以再从分析"生产方式"与"经济形态"这两个同级概念的关系上，看一下"方式"与"形态"这两个范畴的异同。一定的生产方式是一定的生产力（内容）与一定的生产关系（形式）的统一，一定的经济形态也是一定的生产力（内容）与一定的生产关系（形式）的统一。如果仅以这一点来看，"生产方式"与"经济形态"是实同而名异。"资本主义的生产方式"也可叫作"资本主义的经济形态"，"商品经济形态"也可以叫作"商品生产方式"。但这只能说明"生产方式"与"经济形态"是同级的范畴，而不能说明它们是同一层次的范畴。且不说经济包括生产而不能归结为生产。经济是包括了更为丰富的内容的。就从二者都是"生产力与生产关系的统一"来说，这"生产力与生产关系的统一"在不同的概念中处于不同的地位，起着不同的作用。在"生产方式"中，"生产力与生产关系的统一"是生产方式的全部规定性，而在"经济形态"中，"生产力和生产关系的统一"却不是"经济形态"的全部规定性，而仅仅是从起决定性作用的意义上来规定其含义的。事实上"经济形态"的内容除了"生产力与生产关系"这一"内容与形式"的统一之外，还包括有"本质和现象""必然性和偶然性"等的统一在内。"经济形态"，除了决定性的根本规定性以外，还涵盖了特定阶段经济生活的一切具体生动的现象。所以从层次上来说，显然"经济形态"比"生产方式"要高，"经济形态"是多样性的统一，是更为丰富的具体范畴，而"生产方式"相对来说，还处于抽象的环节上。直接呈现在人们面前的是"经济形态"，而"生产方式"则是思维把握"经济形态"的一个抽象环节。从"生产方式"与"经济形态"的比较中，我们就会对"方式"与"形态"的区别有一个更为具体的了解。

概括起来说，"形式"是用来表征事物存在的范畴，是事物内容诸要素得以存在的结构和组织；"方式"是用来表征事物运动的范畴，是事物内容和形式的统一；"形态"是与具体事物本身直接同一的范畴，是事物多样性的统一体。它们反映着人们认识的不同层次，有着内在的逻辑联系，但不能把它们混淆起来。

（第 127～130 页）

17.《美学辞典》（〔苏〕A. A. 别利亚耶夫等主编，汤侠生等译，北京，东方出版社，1993 年）

形式（ФОРМА）　见"艺术中的内容与形式"。

（第 420 页）

艺术中的内容与形式（СОДЕРЖАНИЕ И ФОРМА В искусстве）　艺术创作的最重要规律之一，艺术作品的艺术性的必要条件是艺术作品的形式同其内容的有机联系并受内容制约。还有一条相反的规律性：内容只表现在一定的形式中。现代唯心主义美学否认艺术与现实的联系，把形式解释为某种没有内容、没有现实基础的东西，从而把艺术弄成"纯形式"的领域。马克思列宁主义美学的出发点是：艺术形式是一定内容的表现，内容与形式无论在创作过程中还是在完成了的作品中，都是不能彼此分离的。很早以前别林斯基就曾精确表述过这个思想："当形式是内容的表现时，它跟它联系得是如此紧密，要把它跟内容分开，那就等于消灭内容本身；反过来，要把内容跟形式分开，那就等于消灭形式。"换句话说，艺术形式的形成、造型表现手段与技术手段的选择，取决于构成艺术作品基础的生活素材的特点，也取决于从思想—审美角度对这种素材的领会的性质，也就是说，取决于作品的内容。创作过程中对完美艺术形式的探索，只有在下述情况下才会富有成果，那就是这种探索跟艺术家想深刻、真实、感人至深地反映一定生活内容的意向联系在一起。如果艺术家不给构思找出富有表现力的形式，构思就会依然是没有实现的东西，反之，如果作者在形式领域的有趣发现带有目的本身的性质，这些发现就会是毫无内涵、意义不大的。把艺术作品的形式变成目的本身，其结果是导致艺术形象的破坏，使艺术失去认识和教育意义。内容与形式的统一决定艺术作品的有机的完整性和审美价值，因为艺术中的美好乃是通过完美艺术形式表现出来的生活真实。内容与形式的统一表现为：内容借以表现出来的这个具体形式符合于这个具体内容（例如，M. A. 肖洛霍夫的《被开垦的处女地》、Ф. И. 潘菲洛夫的《磨刀石农庄》、А. Т. 特瓦尔多夫斯基的《春草国》，这些作品写的是同一个主题，但都有深刻的独创性，无论是就内容说还是就形式说，都各有千秋）。内容与形式的有机融合是从艺术作品得到的审美享受的必要条件。不过，艺术作品内容与形式的统一并不意味着绝对的同一，而只是意味着一定程度的相互一致。弄清楚艺术作品的思想内容并加以评价，同时还要确定艺术形式跟内容相符还是不相符，这要靠对二者进行思想的、审美的分析才能做到。艺术中形式与内容符合的程度取决于作品思想的正确，取决于艺术家的世界观、天赋和技巧。在创作实践中，作品形式与内容的不相符合、不协调表现在两个方面。第一，是当具有社会意义的内容、具有现实意义的主题和思想没有在作品中得到鲜明的艺术体现的时候。其结果是图解化和公式化，是降低艺术的影响力，有时还会使作品的主题和思想遭到玷污。根据 А. Н. 托尔斯泰的精确观察，"政治上的理解、掌握还不就意味着艺术上的掌握。艺术上的掌握经常落后于当代生活，或者只是表面地肤浅地理解它，即使是在艺术家政治上似乎站在应有的高度的情况下"。第二，是当不合格的内容表现在有意思的形式中的时候。思想上的有害性并不是在任何时候都跟艺术上的束手无策、单调乏味联结在一起的。往往有这样的情形：有才干的艺术家在作品中体现错误的，甚至反动的思想时，却能使作品具有艺术上的优点，从而吸引了一定范围的读者、观众的注意力（例如 Д. С. 梅列日科夫斯基的作品）。善于从内容与形式相统一的观点揭明艺术作品的优缺点——这是马克思列宁主义美学向艺术评论提出的最重要要求。在反对世界观上的杂食性和美学上的愚昧无知的各种表现时，共产党给苏联文学艺术界的大师们指明了方向——在内容与形式的统一中高度艺术地反映现实。

（第 519～521 页）

18.《毛泽东文艺思想大辞典》（冯贵民、高金华主编，武汉，武汉出版社，1993年）

文艺作品及作品人物

形式　文艺理论术语。指文艺作品的组织方式、外在形态和表现手段。主要包括体裁、结构、语言、表现手法等要素。文艺作品的形式表现内容，并随着内容的发展而改变，又有相对独立性和自身继承性，并反作用于内容、影响内容。由于内容发展的需要，必须及时破除旧形式，创立新形式。同时也要善于批判地借鉴旧形式、改革旧形式，为新内容服务。1957年2月27日，毛泽东在《关于正确处理人民内部矛盾的问题》一文中谈到百花齐放、百家争鸣问题时说："艺术上不同的形式和风格可以自由发展，科学上不同的学派可以自由争论。利用行政力量，强制推行一种风格，一种学派，禁止另一种风格，另一种学派，我们认为会有害于艺术和科学的发展。"（《毛泽东论文艺》，人民文学出版社1992年版，第101页）

（第341页）

19.《世界诗学大辞典》（乐黛云等主编，沈阳，春风文艺出版社，1993年）

欧美（第一类）

形式　Form　"形式"是文学中广为讨论的一个术语，不同的人有不同的理解或解释。在文学批评中，"形式"指根据整体效果对艺术作品基本成分的组织安排。例如，诗句的"形式"指诗行中音韵节奏的安排；诗的章节的"形式"指诗行的组织安排；形象的"形式"指作品里形象间的相互关系；思想的"形式"指作品中思想的组织或结构。批评家通常将"形式"与内容加以区分："形式"是模式或结构或组织安排，用以表达内容。也有人分为"常规的"形式和"有机的"形式，这也就是柯勒律治所说的"机械的"形式和"内在的"形式之间的区分。内在形式的发展从内部决定，它的充分发展形成完美的外部形式。也就是说，"常规"形式表示一种先于作品内容和意义的理想的模式或形态，而"有机"形式表示根据作品内容和意义由自身发展的一种模式或形态。"常规"形式预设某些组织或模式的特征，这些特征必须在作品中出现，并用来检验作品的艺术成就；"有机"形式坚持作品的内在规律，因自己真正的创造力而产生，并将结构和内容熔为一个有生命力的统一体。"形式"也用来指区分文类的特征。在这种意义上，"形式"变成了一个抽象术语，不是指一部作品，而是指许多作品共有的属性，如小说、戏剧、诗歌、短篇小说、悲剧、喜剧、抒情诗，等等。在新古典主义时期，这种抽象"形式"成为一种特定性的技巧，成了一些必须遵守的"规则"。

（第 626～627 页）

20.《当代西方美学新范畴辞典》（司有仑主编，北京，中国人民大学出版社，1996 年）

神学美学

【形式】（Form） 形式在神学美学中是美的概念，或观念。美的活动虽然离不开感性认识，但感性认识所得到的是具体的形象或影像。马里坦在《自然哲学》中说，"我们的观念来自影像，但比影像更高一级，它所认知的并不是那种通过影像再现的对象，因此观念必然不能给予我们任何带有个体性的对象的认识"。在这里，形式作为观念一方面不能认识个体，另一方面又必须来自对个体感知的影像。于是，形式便有了两层含义。

其一是"本性的形式"，也就是作为观念所以成立的根源，即对象的本性、本质或实质，亦即存在之存在、光的光等等。这种形式类似于亚里士多德的形式因，但在神学美学中，所强调的并不在于形式的先在，以及形式赋予实体的存在，而是说，形式在本质上不是形象的外观、相貌，而是观念所由产生和所表示的东西。换句话说，形式并不简单地等同于神或第一因，而是指共相的存在方式。作为共相的存在方式，形式所把握的东西必定是非实体性的某种本质。所以马里坦又说："我们必须记住，由我们的观念像这样当作共相提供给我们的东西，就其本身来说（不管它在事物中或心灵中的存在），既不是个体的，也不是普遍的，因为它纯然是、仅仅是一物之所以为此物。"其二，观念的形式不能认识和把握个性，我们对具体事物的认知必须通过另一种方式，这就是所谓"外在的形式"。一般人认为的美的形式、艺术形象，都是这种外在的形式。外在的形式之所以必要，在于它作为一种媒介，使感性认识可以逐级达到理性认识。按照马里坦的说法，即"理智就在凭借一个观念想到某个对象的时刻，也转到了我们据以抽出这个观念的那些形象上面，亦即把事物当作个体提供给我们的那些影像上面。由于像这样返回到影像上面，理智也就认识事物，虽然是以间接的、完全表面的、完全无法言传的方式认识的。"这样，感性一方面把事物的外在形式作为影像传递给了理智，理智又从中抽出观念，而这观念作为本性形式（即共相）再回到那事物时，理智就认识了那事物。这就是形式在人的认识活动（包括审美活动）中的存在方式和行动轨迹。

但是，外在形式与本性形式在认识活动中的结合，才成为具体的、有内容的、充实的形式。这里的关键在于那"抽象",即共相是如何从影像中抽出来的。马里坦在此说的并不是从特殊到一般,而是指某种"能力",即"能动的理智",是一种"理智之光"。这里的美学含义在于,美的事物所具有的"光辉",不仅需要有具有理智之光的灵魂去感知、发见、接受它,而且这光辉本身是在发生意义上使形式形成的,而不是一般人所认为的那样是事物形象或者外表的华丽、壮观、漂亮、和谐等等外在的形式特征。同样,形式的这种认识论活动方式,其根据也还在于形式本身的本体论存在性质。在《个人与公益》中,马里坦说:"物质本身是一种非存在,是一种接受形式和经受实质变化的单纯的潜能和能力,简言之,是一种想成为存在的渴求。"这就是说,不管理性认识如何来自感性影像,又如何借助感性影像把握个体事物,形式作为共相是独立并先在于这些活动过程中的一切个体存在的,而个体的存在则作为潜能渴求着成为定性的、具体的、现实的存在。这对于美的实现尤其是如此,离开美的共相,美的终极性和无限性都无从谈起了。因此波亨斯基在《现代欧洲哲学》中说,"托马斯派的基本学说是质料形式论(Hylemorphismes)的学说。一切物质的存在物都是由一种'质料'(materia)和规定这种质料的形式组成的。""事物的统一性仅仅来自形式,形式也是存在物的能动性的原则。没有形式,任何事物不仅没有规定性,而且只是作为纯粹的潜能处在非存在的边缘上。"

(第360~361页)

实用主义美学

【形式】(Form) 形式一概念在美学理论中至少有两种含义,当形式与内容相提并论时,形式指艺术的体裁、表现手法等外在存在方式。当形式与质料同时出现时,形式指用来塑造材料的形而上的本体存在。从柏拉图以来,西方哲学、美学所讨论的多是后一种意义上的形式。实用主义美学提出了一种新的形式理论,它主张,形式是美的生命,但形式是人在经验过程中所创造的,随着经验的发展,形式也在不断地变化,形式是为人服务的。詹姆士说过:理性主义的实在一直就是现成的,完全的;实用主义的实在则是不断在创造的,其一部分面貌尚待未来才产生。在每一个系统及所有的系统中,其整体的形式和秩序,明显地是人为创造的。从美学意义上对形式作深入探讨的实用主义哲学家是杜威。

杜威谈到,事物只因具有形式才能认识,与形式相对的质料是不合理的,混乱的,变动的,它有待于形式的规范——这种内容与形式的形而上学的区分体现在统治欧洲思想数百年的哲学中。由于这个事实,它影响着有关形式与内容的关系的审美哲学。杜威不否认形式的存在，杜威与传统美学的分歧在于对形式的产生、性质与作用的不同理解。一种经验一旦具有了审美性质，它就从无尽的经验之流中独立出来，成为一个整体。它有了自己的形式、结构或叫条理；这些概念的意义相同，都指经验过程的内在条理或关系。形式本是不存在的，它不是构成经验的最初因素。构成经验的原始材料是主体的欲求和观念、相应的客体环境以及使二者从对抗走向平衡的人类智慧。在智慧的指导下，参与经验的各种元素相互配合，相互适应，形成了一种最简洁、最经济、最有效应、最和谐有序的调节关系，这就是经验的形式。杜威说：在每一个完整的经验中都有形式，因为那里有动态的组织。所以这样说是因为它需要时间来完成，它是一种生长过程。杜威所要强调的是，形式不是外在于经验的，形式由经验而来，在经验中存在，随经验而发展。

形式对于艺术以至人生都是极其重要的。杜威甚至说过，形式就是艺术。但这里的形式一词毫无先验、绝对、神秘的色彩。形式，在杜威看来，与"意义"几乎是同义语。当我们说某物有意义时，是指这一事物对人、对未来或对其他事物有某种关联，我们可以通过这种联系而联想、领悟、唤起、体味到某种远远超出该事物自身的意蕴。这就是所谓在意义水平上认知事物。不难理解，与其他任何事物都没有任何联系的事物，不仅不能充分发挥它的存在价值，而且也难以为其他事物所接纳。因此，形式的建立是异常重要的。在一个经验过程中，形式的出现使得参与经验的各个元素得以充分地显示它们的功能、意义。这是因为，通过推理、想象、均衡、调整，各种事物在总体结构中建立了纵横交错的关系。就个体元素讲，这种关系越丰富，它的意义就越大。就经验整体讲，它越具有形式，它也就越具有凝聚力和独特性。但是，越是强调形式的重要性，就越要警惕形式的喧宾夺主。形式的全部价值都来自它的功能作用。它永远是产生于、服务于经验的。它是为经验、在经验中确立的条理，而不是强加于经验的范式。从经验结果看是整体形式统摄着部分内容，从经验过程看则是部分内容规定着整体形式。杜威说，形式越具有一致性，艺术就越优秀，但有一个条件，即这种一致性要跟对新颖事物的惊奇和对无有缘由的事物的容纳不可分辨地结合在一起。只有这样，形式才不会蜕变为僵硬的桎梏。

（第387～388页）

形式主义美学

【形式】（Form） 俄国画家康定斯基于 1912 年专门撰写了一篇《关于形式问题》的文章，详细论述了抽象主义派别的形式观。在他看来，"形式是内容的外部表现"。这里言及的"形式"，是指表现艺术家内在需要或内在共鸣的物质手段，即他称其为"物质性"的因素；这里言及的"内容"，是指通过某种艺术形式所显示出来的艺术家的抽象精神（内在需要、内在共鸣，属于"精神性"的因素）。因此，康定斯基认为，艺术家不仅有权利而且有道德上的义务去选择那些能充分表现其内在需要，引起其内在共鸣的形式，在选择其表现手段时，艺术家享有绝对的自由，因为"凡是由内在需要产生并来源于灵魂的东西就是美的"。

基于上述理论，康定斯基认为形式往往受到它所处的时代制约着，具有很大的相对性。其一，形式既然是内容的外现，由于艺术家的内在需要不同，所要表现的内容不尽一致，所以，处在同一时代的艺术家，可能创造出许多截然不同的艺术形式来表现其内在需要，故而，形式皆反映出艺术家的精神，打上艺术家的个性烙印；其二，艺术形式不能理解为一种超越时空之外的东西，它在相当程度上要受到时间（时代）的制约和空间（民族）的支配；其三，每个艺术家都生活在一定的时间和空间范围之内，都要承担每个时代所赋予他的任务，这种时间性的因素在作品中反映为艺术形式的风格。不过，康定斯基认为仅强调这三种因素中的某一种，那既是多余的，又是有害的。他说："形式是否具备了个人因素、民族因素或风格都不是至关重要的；形式是否合乎时代的主流，是否多少地与其他形式发生关联，或者是否完全独立存在，这些也都无关宏旨，最重要的事情在于形式是否出自内在的需要。"

康定斯基还把形式分为具体形式和抽象形式，前者是以形式的外在部分（即一个面与另一个面之间的边线）来确定二维空间的具体对象；后者作为一个抽象或纯抽象的实体（正方形、圆形、三角形、梯形或棱形等）来表现主体的内在需要或内在共鸣。康定斯基推崇后者。他认为在上述两个有限的范围内，存在着无数具备该两种因素的形式，在众多的艺术形式中，不是抽象成分占居主导地位，就是具体成分占居主导地位，二者必居其一。他不同意有些人对抽象形式的否定，认为每一种形式都表达着某种意义，只是某些人不理解其含义而已，或者该形式所表达的意味尚未引起人们的注意。

（第 544～545 页）

21.《胡塞尔现象学概念通释》(倪梁康著，北京，生活·读书·新知三联书店，1999年)

Form 形式〔(英) form(法) forme(日) 形式〕

"形式"概念在自亚里士多德以来的传统哲学中基本上是一个本体论的范畴。这个含义在胡塞尔哲学术语中也得到保留：现象学的研究领域被区分为"质料的"和"形式的"区域或范畴[1]，现象学的本体论或本质论也被区分为"形式的"和"质料的"本体论[2]，因而在这里可以合理地谈论"形式本质"和"质料本质"。但必须注意，在构造现象学的大前提下，胡塞尔对"形式"与"质料"的区分也贯穿在他的意向分析之中。在这个意义上，"形式"不仅像在传统哲学中那样意味着意向相关项的"形式"，而且同时是甚至首先是指构造这些意向相关项的意识活动之"形式"[3]。就意向活动而言，一方面，"材料"通过意向活动而被立义、被构形(Formung)[4]或被赋予一定的意义，"形式"在这里处在与"材料"的对立之中："一个感性的材料只能在一定的形式中被把握，并且只能根据一定的形式而得到联结，这些形式的可能变化服从于纯粹的规律，在这些规律中，材料是可以自由变化的因素"[5]；另一方面，对材料的"构形"活动本身还具有"立义形式"(Auffassungsform)和"立义质料"(Auffassungsmaterie)的区别[6]。"形式"本身在胡塞尔那里所具有的多重含义使它处在多重的对立之中。胡塞尔因此强调："我们在这里要明确指明，通常所说的与范畴形式相对立的质料根本不是与行为质性相对立的质料；例如我们在含义中将质料区分于设定的质性或单纯搁置的质性，这里的质料告诉我们，在含义中对象性被意指为何物，被意指为如何被规定和被把握的东西。为了便于区分，我们在范畴对立中不说质料，而说材料；另一方面，在谈及至此为止的意义上的质料时，我们则着重强调意向质料或立义意义"[7]。

【注释】[1]参阅: E. Husserl : *Ideen* Ⅰ, Hua Ⅲ (Den Haag' 1976) § 10. - [2]同上书, 359。- [3] *LU* Ⅱ/2, A263/B₂181. - [4] *Ideen* Ⅰ ...同上书, 199。- [5] *LU* Ⅱ/2, A668/B₂196, 也可以参阅: *Ideen* Ⅰ ...同上书, 193。- [6]参阅: *F.u.tr. Logik* Hua ⅩⅦ (Den Haag 1974) 301f. - [7] *LU* Ⅱ/2, A609/B₂137.

【相关词】formal 形式的, formal-allgemein 形式普遍的, formal-apriorisch 形式先天的, formal-inkonsequent 形式上前后不一的, formal-logisch 形式逻辑的, formal-mathematisch 形式数学的, formal-ontologisch 形式本体论的, Formales 形式、形式之物, Formbedeutung 形式含义, Formbegriff 形式概念, Formbildung 构

形，Formenabwandlung 变 形，Formenlehre 形 式 论，Formerkenntnis 形 式 认 识，Formgesetz 形式规律，Formgleichheit 形式相同性，Formidee 形式观念，Formspezies 形式种类，Formstruktur 形式结构，Formtypik 形式类型论，Formtypus 形式类型，Formunterschied 形式区别，Formenverknüpfung 形式联结，Formenverwandlung 变形，Formung 造形、构形、成形，Formwort 形式词。

（第 161～163 页）

22.《世界诗学百科全书》（周式中等主编，西安，陕西人民出版社，1999年）

形式（Form） 简言之，诗歌形式是相对于诗歌所表达内容而言的写作形式。所谓内容指的是诗歌的主题、本旨或者要意，而有别于表达这一内容的形式或方式。"形式"这个术语具有各种不同的外延，其中有的外延与某些哲学体系有密切联系，所以对诗歌形式的意义也可以作多种解释，有些解释之间差异很大，甚至互相矛盾。

由于诗歌一般都用韵文写作，所以最普通的是把诗歌的形式解释为它的音律。在这种意义下的形式这一术语也可用于现代的自由体诗歌和有一定格式的散文。与诗歌所表达的思想或主题对照来看，形式也可指诗歌所使用的词汇，它所采用的语言和措词用语等。广而言之，形式还可指诗歌的文体。当人们讲到诗歌上的"形式主义"或"形式论"时，所有上述这些含义都包括在内，即诗歌艺术本质上就在于熟练地运用词汇、短语、诗句、韵律、体裁和选词等。形式主义者认为，一首诗的价值完全在于这种意义上的诗歌形式的性质，他们会像贺拉斯那样告戒诗人"不遗余力地琢磨雕饰"，要修改和润色，以便使形式完美无缺；或者像高蹈派诗人那样，宣布"形式就是一切"（见 T. 戈蒂耶为《米勒·德·莫潘及其艺术》一书写的序言）。持不同观点的批评家往往反驳说：这种意义上的形式"是表面的、一般的、外观性的。人们时常谈到无内容的形式，空洞的形式，形式上的讲求等等；它与任何事物的核心和灵魂是完全对立的，与本质的、物质上的东西是完全对立的"（B. 博赞基特《关于美学的三个讲座》）。

W. P. 克尔在《诗歌的形式与风格》一书中指出："从另一个常见的观点来看，所谓形式指的是诗人表达诗歌内容时所采取的结构或者梗概，而诗人所用的词汇则不过是用来填满这些结构的材料。形式并不是立即呈现在你面前的东西，也不是诵读诗歌时你耳朵当即能听到的东西——它是从开始写作诗歌时就有的一种抽象性的预设结构。如果说某一首诗的形式混乱不清（例如华兹华斯的《漫游》），那就是说预设结构安排不当。"从这个意义上说，形式是指整个作品的结构是紧密还是松散，是柔韧还是松弛。克尔指出，"这种意义上的形式严格地讲既不是专指散文，也不是专指诗歌，而是二者兼有。"这种观点使我们想到另一个被人们广泛接受的关于形式的定义，即指作品的类型或种类。史诗、抒情诗、戏剧以及这些类型内的子类，都可以说是诗歌的形式。作为类别意义上的形式可能来自这一术语的古代哲学含意，当时这一术语的定义是："某一物体与其他物体所共同具有的东西说就是它的形式。"因此，一首诗歌作为对话体、叙事体或者个人抒情体而与其他诗歌所共同具有的表达方式就是它的形式或种类。而这种形式或种类决定了诗歌的结构，即形式的上述意义。

　　另一方面，形式还有一种与上述观点截然相反的哲学意义，其定义正如 V. M. 埃姆斯所述："广义地说，任何有助于人们认识某一事物整体结构的因素就是这一事物的形式。"（见 V. 弗姆编辑的《哲学体系的历史》）这个定义使形式成为把诗歌统一起来的因素。这种意义上的形式也适用于小说。R. B. 韦斯特和 R. 斯托尔曼在《现代小说的艺术》（1949）一书中指出："形式代表一部小说作品最终达到统一，代表着成功地把各个部分结合为一个艺术的整体。"因此形式不是"抽象的梗概"或者"预设的结构"，而是把各个部分在实际上融合为整体的一种因素，是使作品的各种要素（词汇、思想、用语、文体或音律等）连贯、协调的一种组织结构。这种意义上的形式常被称为作品的有机形式，它与抽象的结构，特别是由诗歌的类型决定的结构有着明显的区别。根据类型确定的外部的、预先设想的结构与这种有机的形式适成对照，而被称为机械的或抽象的形式。将形式的定义分为有机的与机械的两类的观点见于 A. W. 施莱格尔的《戏剧文学讲演集》（1809～1811）。在这本书中，莎士比亚悲剧那种自由的、不拘一格的形式被称赞为有机的，而与新古典主义所强加的那种机械性的、一成不变的统一规则形成对照。这样，施莱格尔终于解决了整个 18 世纪始终困扰批评家的关于莎士比亚戏剧的艺术模式问题。经过柯尔律治的翻译，施莱格尔的论点传入了英国批评界，成为十分流行的观点。A. C. 布拉德利于 1901 年在一篇题为《为诗歌而诗歌》的演说中又提出了"形式与内容的有机统一"这个经典性论点。他提出了"形式与实质"这个二分法的观点，认为："如果实质是指单独的意义、意象等等，而形式是指单独的有规律的语言，那么这种区分是可以成立的；但是这种区分对诗歌分析意义不大。如果实质与形式是指诗歌本身所包含的因素，那末二者必然互相关联；因此要提出诗歌的价值取决于哪一种因素的问题就会变得毫无意义。真正的批评家在分别论述这两种因素时，并不是真的认为两者是割裂的；诗歌的整体、总的诗意感受才是批评家心中经常考虑的问题，而形式与实质这二者不过是诗歌整体和总的诗意感受的有关部分而已；批评家的目的是在于更丰富、更真实、更强烈地重现总的诗意感受"。布拉德利接着使用了"具有意义的形式"来指称诗歌的整体。这个提法后来便成为克莱夫·贝尔于1913年提出的理论中的关键术语。

浪漫主义批评家与美学家认为形式是造型与起到统一作用的想象力的产物；但应指出，早在古希腊时期，亚里士多德已经提出形式是使作品完整统一的能动因素。在《形而上学》第七卷中，亚里士多德把他关于形式决定内容的本体论哲学概念用于艺术，例如认为一座雕像就是存在于雕刻家心目中的形式，他把这种形式运用到某种素材上：这样形成的作品是由人类智慧产生的形式与内容的综合。因此，通过类比，可以说形式是有机的。但不足的是，亚里士多德在《诗学》中却因受了当时希腊把诗歌看作模仿的概念（见"模仿"、"诗歌理论"和"诗学概念"）的影响而没有把这种认为"形式是有机的"概念应用于诗歌上。普洛提诺斯认识到"美"的性质与内在形式之间的关系，对美学作出了积极贡献。康德等人进一步指出：形式是组合多种感觉经验的一种积极的精神因素。他们的这个观点在认识论上具有重要意义。席勒认为：诗歌形式是一种控制盲目冲动，并把它转化为艺术素材的力量。席勒在《美学教育通信集》中的一句惊人之语就是在这一意义上，而不是在上述那种浮浅的形式主义意义上讲的；席勒的这句名言是："艺术就在于以形式破坏素材。"但是另一方面，在黑格尔的哲学中，艺术被定义为"思想"在感觉上的表现；这就是说形式是感觉因素，而内容是精神因素或"思想"。这些都显示了人们对有关形式的术语如何定义，众说不一。

形式和内容的"有机"概念必然引出的结论就是艺术中没有同一个形式能适应不同的内容；一个方面发生变化必然引起另一个方面也发生变化。这就否认了那种把类型或种类看作空洞形式的一般性概念，否认了把它看作铸模或者器皿，可以把材料分别倒进去浇铸的概念。这种观点的最终结果就是像克罗齐等人主张的那样，把类型和种类从批评的范畴中排除出去，因为他们认为形式和内容一样，是独特的、有个性的，即是一首诗歌统一性的"有效等同物"。

德国批评界盛行的"内在形式"的概念显然是从"有机形式"变化而来的。早在1776年，青年歌德在批评戏剧规则和统一性问题时就提到了这一点。这个观点还可以一直上溯到古罗马的普洛提诺斯。后世欧洲的沙夫茨伯里的论点、浪漫主义的批评学说以及W.冯·洪堡的语言理论也与这一观点相关。在 20 世纪，英国的乔治学派应用这一观点进行传记研究，探索名家伟大思想的"内在形式"。

（第 765～768 页）

23.《美学与美育词典》（顾建华、张占国主编，北京，学苑出版社，1999 年）

形式美与形式美育

【形式】　指事物内容诸要素的组织结构及外观表现。"形式"一词，可以作各种各样的理解。坦塔基维兹的《六个概念的历史》曾阐述过"形式"的五种主要含义，即：1. 表示事物各部分的排列，与此对应的是事物的成分、元素、各个部分；2. 表示事物的外部现象，与此对应的是内容、意义、意蕴；3. 表示事物的轮廓、形状、样式，与此对应的是质料、材料；4. 表示对象的概念本质，与此相应的是对象的偶因，如亚里士多德的"形式因"，柏拉图的"理式"；5. 表示心灵的先验形式（康德）。此外，形式还有修辞手段、写作技巧、章法等含义。一般所理解的形式是与内容相对应的概念。在自然界和社会生活中，一切事物都是内容和形式的统一体，都可以分解为内容和形式两个方面。任何一个事物所包含着的它由以构成的各种要素的总和表现为内容，这些要素又必然以一定的方式和类型结合起来而形成形式。所谓形式就是构成内容各要素的内部结构及内容的外部表现方式。形式和内容的关系是对立统一的。内容决定形式，形式依赖于内容，并随着内容的发展而发展、变化而变化。但是，形式不是消极的、被动的，对内容不是可有可无的。形式总是某种具体事物的形式；内容之为内容就是因为它包括着相应的形式。而且，形式也能动地反作用于内容，影响、制约着内容的发展变化。适应内容需要而产生的形式，对内容的发展起促进、加速的积极作用。事物的形式又分为内形式和外形式。内形式指事物内容的内在组织结构，是内容诸要素间的本质联系；外形式指事物的外部形态、外部形式。

（第 220 页）

24.《不列颠百科全书：国际中文版》（6）（美国不列颠百科全书公司编著，中国大百科全书出版社不列颠百科全书编辑部编译，北京，中国大百科全书出版社，1999 年）

form，形式　一个客体相对于其构成物质而言的形状、外貌或轮廓。在形而上学中，指与潜在本原，亦即物质相区别的事物的主动决定性本原。形式的概念经常以各种不同的方式出现在整个哲学历史中。在柏拉图那里，形式指决定事物的永恒不变的实在。亚里士多德第一次将物质和形式区别开来。他抵制柏拉图抽象的形式概念，主张一切可感知的客体都由物质和形式二者构成。事物的物质由它包括的那些元素组成，当一个物件已经形成时，这些元素可以说已变成了物件；而形式就是这些元素的安排或组织。例如，砖和灰浆是物料，当给予一种形式时，这种物料就成为房屋；给予另一种形式时，就成为墙。作为物料，砖和灰浆潜在地能成为它们能够变成的任何东西。正是形式决定了它们实际上变成的东西。在这里，"物料"是个相对的名词。因为在一堆上的一块砖，尽管潜在地是一幢房屋的组成部分，但已实际上是一块砖。也就是说，它自身就是形式和物料合成物。泥对于砖是物料，正如砖对于房屋或墙是物料一样。物料是潜在的一种对象，只有当它具有一个恰当的形式时，才能实际成为那个对象。亚里士多德的形式概念和他的目的论的观点结合后得出这个结论：形式的发展有一个方向，也可能有一个目的。一些事物比另一些事物具有更高级的形式。例如，砖比泥的形式更高级，房子比砖的形式更高级。在康德那里，形式是心灵的属性，形式来自经验。康德认为，空间和时间是两种感性形式，并进一步确定了 12 个作为认识形式的基本范畴。形式这一概念，在哲学以外的一些学科中也有其实践与评鉴方面的不可或缺的作用。如以文学为例，形式这个术语可以指作者所选表现主题的要点、结构或体裁，例如：长篇小说、短篇小说、格言、俳句、十四行诗，等等；这个术语也可用以指称作品的内容与形式之完美结合的程度。在艺术评鉴方面，形式往往说明在着色、布局之外的画师功力。对于雕刻及其他造型艺术品来说，形式属于可触可视的范畴，因而成为作品结构上的重要因素。

（第 387 页）

25.《文学批评术语词典》（王先霈、王又平主编，上海，上海文艺出版社，1999 年）

形式（form）"人们讨论得最多而又作出不同解释的名词之一"（阿伯拉姆斯：《文学术语汇编》）。在现代批评中通常有以下几种界说方式：

1.假定它是可同内容暂时分离或者从作品中抽象出来的某种语言结构组织、表达方式、艺术手法、构成原则或规范等。如阿伯拉姆斯说："狭义的形式指代文学类型或体裁，如'抒情诗体'、'短篇小说体'，或者指代诗歌格律、诗行及韵律的类型，如'诗体'、'诗节形式'。同时'形式'又是文艺理论中的一个主要概念。在这个意义上，所谓一部作品的'形式'是指它的基本构成原则。"福勒也说："此术语常被用来指文学类型或体裁，例如'史诗形式'等。然而我们却宁愿把形式视为那种与'可意释的内容相对立的'东西，这种对立关系实际上是所要表达的内容与表达方式之间的关系。""形式总可以用结构性的和肌质性的这两个术语来描述。结构是大规模的，是与安排有关的；而肌质则是小规模的，且与印象有关。最明显的结构如情节和故事梗概等是作品的骨架，而最明显的肌质如韵律、措词和句法等则是作品的皮肉。"（《现代批评术语词典》）巴特说："（构成）单位的规则性的反复出现以及单位的组合，产生了一个作为具有意义的构成物的作品。语言学家把这些组合规则叫做形式；对这样一个陈俗的词保持这种严格的用法是适宜的。形式就是那种使诸单位的邻接显得不只是偶然的东西。"（《批评论文集》）

2. 形式就是艺术本体。这通常被认为是形式主义观点。如对于俄国形式主义来说，"'形式'成了包罗无遗的口号，它几乎包括了构成艺术作品的每一样东西"（韦勒克：《批评的诸种概念》）。什克洛夫斯基说："形式就是使语言表达成为艺术品的东西。"（转引自厄里奇：《俄国形式主义》）艾亨鲍姆说："形式的概念具有崭新的意义。它不再是一个框架，而是除了自身之外，排除任何牵连的动态的整体和具体的整体。"（《形式主义方法的理论》）法兰克福学派的代表人物马尔库塞并非形式主义者，但他极欣赏俄国形式主义的看法，他说："我用'形式'指代那种规定艺术之为艺术的东西，也就是说，指的是那种从本质上（本体论上）说，不仅和（日常）现实不同，而且也和另外一些智力文化以及科学、哲学等不同的东西。""形式是艺术本身的现实，是艺术自身。"（《审美之维》）

3. 从功能上给以界说。英国小说家兼批评家亨利·詹姆斯说："只有形式才能获得、保持和存留实质，并把它从那不能自拔的词藻的海洋，从那半凉不热、淡而无味的布丁的海洋中挽救出来。"（《小说的艺术》）布鲁克斯和沃伦说："形式不是盛装内容的容器，不是一只匣子，形式不仅包含内容，而且组织它、塑造它、决定他的意义。"（《怎样读诗》）从这一角度说，"形式就是意义"（布鲁克斯：《形式主义批评家》），或者是"已取得的内容"（肖勒尔：《作为发现的技巧》）。西方马克思主义批评家阿多诺认为："形式的作用就像一块磁铁，它通过赋予各种现实生活因素以一定秩序，把它们同外在于审美的存在间离开来。但正是通过这种间离化（陌生化），它们的外在于审美的本质才能为艺术所占有。"（《美学理论》）美国批评家伯克的观点反映了精神分析学派的看法，形式的功能被认为是"欲望的引起和满足"（《反陈述》）。美国新马克思主义批评家杰姆逊则指出："一个形式，无论以什么样的哲学假定来说明它，作为一种实践或者作为一种概念的活动，它总是涉及两极之间一个火花的跃动，两个不等术语的

连接，两种明显不相关的存在方式的连接。"(《马克思主义与形式》)

（第 177~178 页）

26.《哲学大辞典（修订本）》（金炳华等编，上海，上海辞书出版社，2001 年）

形式（拉 forma；希腊 eidos） 在西方哲学史与现代西方哲学中有多种涵义：在柏拉图哲学中，指理念。在亚里士多德哲学中，"形式"一词在不同场合有不同用法。当他论证其"作为存在的存在"的"实体"范畴时，批判柏拉图把"理念"（即形式）视作先于和独立于个体事物的"多外之一"；批判德谟克里特等只发现质料因，忽略运动的原因以及形式和本质。但他在强调世界的客观性和独立性时，承认只有个别的东西（即第一实体）才能独立存在，一切其他属性只是用来表述第一实体的谓词。而当他意识到普遍形式和本质定义在认识中的重大作用时，把实体的"普遍本质"的含义放到首要地位，强调形式的能动性。他认为形式不仅是事物的普遍本质，而且是事物所要达到的目的，是诱发事物趋向目的的动力因；只有形式才有现实性，它是内在于事物的目的。相对而言，质料完全是消极的，只是实现目的的可能性、是潜能。由此出发，认为有一个永恒不动的、非感性的实体，一个完全没有质料的纯形式。它是运动的第一发动者，纯粹的"隐得来希"，即神。神是万有的最后目的，最初的动因。在中世纪，犹太哲学家所罗门 - 伊本 - 加比罗耳指出，既然不能认为质料是个别事物的原理，那么只有形式才能执行这种作用，意指个体的精神实体是可能的。托马斯·阿奎那等经院哲学家相继追随亚里士多德的形式学说，并加以引申和阐发。在托马斯·阿奎那的经院哲学中，指事物的属性。他认为"实体形式"和原初质料构成本质，事物的属性就是形式，或形式的方面；"偶然的形式"不是取决于事物的本质的那种事物的性质或特征；"可感形式"是指凭感知同质料分离开来的外在对象的形式；"共相"是在感知中产生的形式，由于理性才成为可知的；"自然形式"区别于"人为的"形式；"物理形式"（指某个体事物的形式）区别于"形而上形式"（指某一事物的种的形式）；"非实存"或物质形式（指只存在于质料中）区别于只能独立存在的"实存形式"。邓斯·司各脱坚持唯名论的概念论观点，认为共相不能在人的理智外独立存在，它仅仅是同类事物之间的共同性。他接受亚里士多德有关形式质料说的基本思想，但反对提高形式贬低质料，认为质料即物质，具有独立的实在性，形式的作用在于使物质具有个性，与物质结合才能构成独立的实体。在奥卡姆的威廉的哲学中，指物体的质料部分的结构。在康德哲学中，形式和质料被认为是一对范畴，相当于结构和内容。他又进而把质料等同于感觉材料，把形式等同于安排感觉材料的感性形式与知性范畴；认为形式是认识感性阶段的必要条件；其性质是人的感性形式印记，并非事物自身的性质。范畴是知性自身先天具有的纯形式，它是整理感性材料的直观形式和知性形式，它们有必然性和严格的普遍性。人的理性从本性上要求认识终极无条件的东西，但它永远达不到这个目的，因为人的认识永远是有条件的，是无止境的现象。在卡西勒的符号形式哲学中，形式的探索被规定为哲学的任务，他认为哲学应探索一切思想领域中的各个形式（神话、语言、艺术、历史、科学等）的发展。

（第 1704 页）[①]

形式（form）　与"内容"共同构成唯物辩证法的一对范畴。详"内容与形式"。

（第 1704 页）

内容与形式（content and form）　内容指构成事物的一切内在要素的总和。它包括事物的各种内在矛盾以及由这些矛盾所决定的事物的特征、运动的过程和发展的趋势等。形式指把事物的内容诸要素统一起来的结构或表现内容的方式。古希腊的哲学家已对内容和形式以及两者的相互关系作了探索。亚里士多德在《形而上学》一书中提出四因论，其中质料因与形式因即内容与形式的范畴。但他错误地把质料看作消极的东西，夸大了形式的作用，认为形式是存在的本质。并认为存在着没有任何形式的质料和没有任何质料的形式，从而把形式和内容割裂开来。在近代哲学中，康德研究了思维的形式和内容，他把内容理解为零乱的感性材料的总和，把形式理解为用以整理、综合感性材料的主观框架，认为形式为人先天所固有，不依赖于内容。内容和形式是绝对对立的。黑格尔从唯心主义辩证法的立场出发，对形式与内容的相互关系作了新的解释。认为"关于形式与内容的对立，主要地必须坚持一点：即内容并不是没有形式的，反之，内容既具有形式于自身内，同时形式又是一种外在于内容的东西"（《小逻辑》）。形式可分为内在的形式和外在的形式，外在的形式与内容不相干。形式与内容可相互转化。黑格尔关于形式与内容的统一，以及内容决定形式，形式也有能动作用的思想是丰富而深刻的。辩证唯物主义认为，事物是内容和形式的统一体。任何事物都有自己的内容和形式。一个事物所包

---

① 又见冯契、徐孝通主编：《外国哲学大辞典》，上海，上海辞书出版社，2000 年，第 361～362 页。内容基本一样，但文字表述略有差异。

含着的它由以构成的各种要素的总和表现为内容，这些要素又必然以一定的方式结合起来而形成形式。内容是事物存在的基础。同一种内容在不同条件下可以采取不同的形式，同一种形式在不同条件下可以体现不同的内容。内容与形式在一定条件下，可以相互转化。在两者关系中，一般说来，内容决定形式，形式依赖于内容，并随着内容的发展而发展。但形式不是消极的，它具有相对的独立性并反作用于内容。当形式适合于内容发展的要求时，它对内容的发展起着促进作用，反之，就起着阻碍作用。新的内容，在一定条件下，可以利用已有的或旧的形式，但必须对它们进行改造。内容和形式的相互作用构成的两者之间的矛盾运动，是事物发展的动因之一。通常内容是事物中较为活跃的方面，形式相对于内容来说则是相对稳定的。事物的发展变化一般首先从内容开始。随着内容的变化和更新，相对稳定的形式逐步变得不能和内容相适应，以至成为内容发展的严重障碍，这时内容和形式则由基本适合转变为基本不适合从而发生冲突，这种冲突通过内容和形式的对立面的斗争得以克服和解决。抛弃形式，改造内容，在新的基础上达到内容和形式的新的统一，开始新的矛盾运动的过程，事物就是在内容和形式的这种循环往复的矛盾运动中不断更新和发展。内容与形式的辩证法要求观察和处理问题时，首先要注重事物的内容，防止忽视内容的形式主义；也不忽视形式的作用，善于适应内容的需要，选择最适当的形式促进内容的发展。同时，还必须注意，"过时的东西总是力图在新生的形式中得到恢复和巩固"（《马克思恩格斯选集》第 4 卷第 602 页）。在现代西方哲学中，逻辑实证主义和结构主义都认为，形式具有独立自在的价值，它可以脱离内容而存在。在国内学术界有一种观点认为：内容应定义为事物的内在要素与其结构的统一。并认为应以"结构"取代"内部形式"，而以"形式"专指通常所说的外部形式。

（第 1051～1052 页）[1]

27.《中国少年儿童艺术百科全书·造型艺术卷》（林崇德主编，太原，希望出版社，2002 年）

形式　形式是美术作品内容的存在方式和外在形态，是以一定物质材料为媒介的某种艺术表现手段，用以表现艺术内容所形成的艺术作品的内部组织结构。美术作品的外在物质形态称外形式，美术作品的内在组织结构称为内形式。外形式是以一定物质材料、艺术语言等构成的表达内容的外在形态和存在方式。例如绘画中的色彩，中国画中的水墨，版画中的素

---

[1]　又见金炳华主编：《马克思主义哲学大辞典》，上海，上海辞书出版社，2003 年，第 266 页。

描等。内形式是作品内容因素的组织结构，如人物间的关系，环境道具，形象层次的组织安排与相互关系的总体布局。

（第 14 页）

28.《文学术语词典（第 7 版）》（中英对照）（〔美〕M.H. 艾布拉姆斯著，吴松江等编译，北京，北京大学出版社，2009 年）

Form and Structure 形式与结构

"形式"是文学批评中出现频率最高，但也是意义最具争议的术语之一。它常被用来仅指文学类型或体裁（如"抒情诗体""短篇小说体"），或指诗歌格律、诗行及韵律的类型（如"诗体""诗节形式"）。"形式"也是文艺理论批评中的一个主要概念，其意义源自拉丁语"forma"，等同于希腊语中的"理念"。在这个意义上，所谓一部作品的形式指的是决定一部作品组织和构成的原则；然而，批评家在对这种原则的分析过程中所持的观点却是大相径庭。他们一致认为，"形式"并非仅仅是类似瓶子一样的固定的容器，可注入作品的"内容"与"题材"；除此之外，批评家对形式这一概念的解释也因其特定的假设和理论取向而众说纷纭。参见：批评。

例如，许多新古典主义批评家把作品的形式看做是由它的各个组成部分按照"仪轨"或互相匹配的原则结合而成的组合。19 世纪早期，塞缪尔·泰勒·柯勒律治效仿德国文艺理论家 A.W. 施莱格尔将作品的形式划分为模具形式和有机形式。前者为一种固定的业已存在的模型，如同我们制作陶器时装入湿粘土的模具；而后者，正如柯勒律治所言"是内在的；随着自身的生发而成型的，自我生发到极点便是它外形的最后塑成"。换句话说，在柯勒律治及文艺批评理论的有机论者看来，一首好诗好似一棵生长的植株，靠自身内在的活力发育成为表现出其形态的有机整体，其中各组成部分是构成整体所必需的，与整体互相依存。关于有机批评理论和有机形式的概念，参见 M. H. 艾布拉姆斯《镜与灯》（1953）中的第 7—8 章；乔治 - 卢梭的《有机形式》（1972）。很多新批评家用结构一词与"形式"替换使用，并认为在"意义"这一组织化的整体内，"结构"首先是不同的词和意象间的一种平衡，或是彼此间的相互作用，或是讽刺与悖论的张力。原型理论的不同倡导者则把一部文学作品的形式看做有限的情节形式中的一种形式，它与神话、礼仪、梦幻以及人生阅历中其他基本的和反复显现的各种模式共同具有这些有限的情节形式。结构主义批评家根据语言构成的系统化模式构想出文学结构，参见：结构主义批评。

芝加哥学派的领袖人物 R. S. 克莱恩在其颇有影响的批评实践中，复兴并发展了亚里士多德《诗学》中关于形式的概念，并对“形式”和“结构”作了区分。一部文学作品的形式是使作品具有感染力的（用希腊术语说）“活力”、特殊的“作用”或“情感‘力量’”，是作品“成型的原则”。这条形式原则将作品的“结构”——即顺序、重点和对组成作品的题材和各部分的艺术处理——加以控制和综合，使之成为“一个明确的美丽而又有感染力的整体”。参阅：R.S.Crane, *The Languages of Criticism and the Structure of Poetry*（1953）, chapters 1 and 4; also Wayne, C.Booth, "Between Two Generations: The Heritage of the Chicago School", in *Profession* 82（Modern Language Association, 1982）。

参见：形式主义。参看：René Wellek, "Concepts of Form and Structure in Twentieth Century Criticism" in *Concepts of Criticism,* 1963; Kenneth Burke, *The Philosophy of Literary Form*, 3d ed., 1973; Eugène Vinaver, *Form and Meaning in Medieval Romance*, 1966。

（第 203～205 页^①）

29. *The Cambridge Dictionary of Philosophy (second edition)*（General Editor Robert Audi, Cambridge University Press, New York, 1999）

Form, in metaphysics, especially Plato's and Aristotle's, the structure or essence of a thing as contrasted with its matter.

（1）Plato's theory of Forms is a realistic ontology of universals. In his elenchus, Socrates sought what is common to，e.g.，all chairs. Plato believed there must be an essence or Form——common to everything falling under one concept, which makes anything what it is. A chair is a chair because it "participates in" the Form of Chair. The Forms are ideal "patterns", unchanging, timeless, and perfect. They exist in a world of their own（cf. the Kantian noumenal realm）. Plato speaks of them as self-predicating: the Form of Beauty is perfectly beautiful. This led, as he realized, to the Third Man argument that there must be an infinite number of Forms. The only true understanding is of the Forms. This we attain through anamnesis, "recollection".

（2）Aristotle agreed that forms are closely tied to intelligibility, but denied their separate existence. Aristotle explains change and generation through a distinction between the form and matter of substances. A lump of bronze（matter）becomes a statue through its being molded into a certain shape（form）. In his

----

① 其中第 204 页为英语原文，未抄录。

earlier metaphysics, Aristotle identified primary substance with the composite of matter and form, e.g. Socrates. Later, he suggests that primary substance is form——what makes Socrates what he is（the form here is his soul）. This notion of forms as essences has obvious similarities with the Platonic view. They became the "substantial forms" of Scholasticism, accepted until the seventeenth century.

（3）Kant saw form as the a priori aspect of experience.We are presented with phenomenological "matter", which has no meaning until the mind imposes some form upon it.

（p. 315）

自译：

《剑桥哲学辞典》（第 2 版）（罗伯特·奥迪主编，剑桥大学出版社，纽约，1999 年）

形式，在形而上学中，尤指在柏拉图和亚里士多德的形而上学中，事物的结构或本质与其物质形成对比。

（1）柏拉图的形式论是一种现实的宇宙本体论。苏格拉底在他的辩驳中寻找了所有椅子的共同点。柏拉图认为，在一个概念之下的一切事物，都必须有一个共同的本质，或形式——属于一个概念的所有事物的共同点，造就了一切事物。椅子是椅子，因为它"参与"了椅子的形式。形式是理式的"模式"，不变、永恒、完美。它们存在于自己的世界中（参见康德哲学的本体领域）。柏拉图把它们说成是自我预言：美的形式是完美的。正如他所意识到的，这导致了第三个人的论点，即必须有无限多的形式。唯一真正的理解是形式。我们通过回忆"回忆"来达到这个目的。

（2）亚里士多德同意形式与可理解性密切相关，但否认它们的独立存在。亚里士多德通过区分物质的形式和物质来解释变化和生成。一块青铜（物质）通过被塑造成某种形状（形式）而成为雕像。在早期的形而上学中，亚里士多德把物质与形式的结合确定为第二实体，亦如苏格拉底。后来，他认为第二实体是形式——是什么使苏格拉底变成了他自己（这里的形式是他的灵魂）。这种形式作为本质的概念与柏拉图的观点有着明显的相似之处。它们成为经院哲学的"实体形式"，直到 17 世纪才被接受。

（3）康德认为形式是经验的先验方面。我们被呈现出现象学上的"物质"，它没有任何意义，直到心灵将某种形式强加给它。

（第 315 页）

30. *A Dictionary of Philosophy (Third edition),* **A.R.Lacey, British Library Cataloguing in Publication Data, 1996.**

Form

In metaphysics a form is a general nature or ESSENCE belonging to a species, or else a particular nature or essence belonging to an individual（see HAECCEITY）.For Plato's transcendent Forms（often distinguished by a capital F）see IDEA, UNIVERSALS. For Aristotle forms normally existed only in combination with matter（an exception may be God）, though forms which did so could also exist in the mind qua known by the mind.A horse was a lump of flesh "informed" by the form or essence of horse, i.e. made into something having the essential properties and powers of a horse.Basically therefore an Aristotelian form is that which makes an object what it is.It can also be called the formal cause of the object.In the Middle Ages this notion was called a substantial form.A substantial form classified an object as what it basically is, while an accidental form was any set of properties of an object, whether essential to it or not. It is not always clear whether there is a different substantial form for each individual object, or only for each type or species.The Aristotelian form is itself unclear in this respect.

In logic the form of a proposition is the kind or species to which it belongs; a proposition can be, e.g., universal or negative in form.The form is contrasted with the content or matter（cf. "subject-matter"）, what the proposition is individually about.Form is also relative: "All cats are black" and "No dogs are brown" are of the same form in that both are universal, but of different forms in that only one is negative.

The distinction between form and content is often hard to make.A proposition's form seems to be an abstract pattern it exemplifies, in virtue of which formal inferences can be drawn from it. "Every a is a b, so every non-b is a non-a" is a valid inference pattern, because an inference exemplifying it is valid irrespective of the meanings of whatever terms replace "a" and "b". Smith is a bachelor, so he "sunmarried" is valid, but only because of what "bachelor" means. It is a non-formal inference. Formal inference also depends on what words like "every" mean, and it is hard to say when a pattern is abstract enough to be called formal. Is "x exceeds y and y exceeds z, so x exceeds z" an abstract pattern, i.e. can "exceeds" count as a formal word?

Other questions include whether form really belongs to propositions.Does it

belong to sentences instead? And how is logical form related to grammatical form?
See also STRUCTURE.

（ pp. 117~118 ）

自译：

《哲学辞典（第3版）》（A. R. 雷西，大英图书馆出版资料编目，1996年）
形式

在形而上学中，形式是属于一个物种的一般性质或本质，或者是属于一个个体的特殊性质或本质（见"个体性"）。关于柏拉图的超验形式（通常用大写字母 F 来区分），见"理式、宇宙"。关于亚里士多德的形式通常只与物质结合存在（上帝可能是个例外），尽管这样做的形式也可能存在于大脑中，并为大脑所感知。马是由马的形式或本质"告知"的一块肉，即制成具有马的基本属性和力量的东西。因此，亚里士多德的形式，基本上是使一个物体成为它的形式。它也可以称为对象的形式因。在中世纪，这种观念被称为一种实体形式。一种实体形式，把一个物体归类为它的本质，而一种偶然形式是一个物体的任何一组属性，无论对它是否必要。对于每一个单独的物体，或者仅仅对于每一种类型或物种，是否有不同的实体形式并不总是清楚的。亚里士多德的形式本身在这方面是不清楚的。

在逻辑学中，命题的形式是它所属的种类或物种；一个命题的形式可以是普遍的，也可以是否定的。形式与内容或物质(见"主题")形成对比，这是命题各自的目的。形式也是相对的："所有的猫都是黑色的"和"没有狗是棕色的"是相同的形式，因为它们都是普遍的，但在不同的形式中，只有一种是否定的。

形式和内容之间往往很难区分。一个命题的形式似乎是它所代表的一种抽象的模式，根据这种模式，可以从中得出形式上的推论。"每一个 a 都是一个 b，所以每一个 non-b 都是一个 non-a"是一个有效的推理模式，因为举例说明它的推理是有效的，而与替换"a"和"b"的任何术语的含义无关。"史密斯是单身汉，所以他未婚"是有效的，但仅仅是因为"单身汉"的意思。这是一个非形式的推论。形式推理还取决于"every"等词的含义，很难说模式何时抽象到可以称之为形式。"x 超过 y，y 超过 z，所以 x 超过 z"是一个抽象模式，即"超过"可以算作一个形式词吗？

其他问题包括形式是否真的属于命题？它属于句子吗？逻辑形式和语法形式有什么关系？亦见"结构"。

（ 第 117~118 页 ）

31.《电影理论与批评辞典》（〔法〕雅克·奥蒙、〔法〕米歇尔·玛利著，崔君衍、胡玉龙译，上海，上海人民出版社，2011年）

FORME 形式

在美学传统中，形式首先等于表象。按照更为动态的观点，形式往往被视为一部作品的表现形式的结构元素，用于创造意义或情感效果。为素材"安排形式"也是艺术活动的最常见定义之一，这个定义侧重于创造者。观众则把作品理解为内容的形式表现——对内容可以有各种不同的评价，甚至因人而异的理解（尤其对古代作品而言）。

对于接受者而言，一部作品的形式与"内容"的不可分离性常常被视为理论或意识形态层次上的一种矛盾，批评史上有许多公案，就是抨击那种大肆强调内容或形式的单一方面的做法。"形式主义"曾是苏联自1928年起给一切偏离"社会主义现实主义"的电影导演扣上的到处适用的大帽子。反之，"唯内容论"往往受到战后法国批评界的攻击——既受到1950年代流行的"作者论"的攻击，1968年后又受到阿尔杜塞派批评家的攻击。

尽管影片形式难以与大多数影片中的叙事内容截然区分，但是，在无声电影时代，影片形式取决于一系列独特的电影再现和表现手段：譬如，活动取景和景别变化、蒙太奇和节奏、运动和速度、照明、色度和反差（库里肖夫、普多夫金）。后来，围绕影片影像的"参数"概念（伯奇、波德维尔），这些定义又被重新纳入鲜明的"形式主义"视野中（但含义更明确，专指俄国形式主义运动）。

（第99页）

32.《戏剧艺术辞典》（〔法〕帕特里斯·帕维斯著，宫宝荣、傅秋敏译，上海，上海书店出版社，2014年）

Forme 形式　英语：form；德语：Form；西班牙语：forma

1. 戏剧形式

在戏剧演出中，形式位于何处？在所有层面：

——在具体层面：舞台场所，所运用的舞台体系，舞台表演和身体表达；

——但也在抽象层面：寓言故事的编剧与构成；行动的时空分割，话语的各种元素（声音、词语、节奏、格律、修辞）。

2. 形式与内容

然而，形式只存在于某个内容或具体所指的形式化之中。一种戏剧形式本身并不成立，它只在一个总体的演出计划中才具有意义，亦即当它与一个已经传递又有待传递的内容联系起来之时。比如，光说存在着一种叙述戏剧并没有意义；必须明确这种形式（破碎的、断续的、由叙述者的表演来承载）如何与一个明确的内容相关联：那种旨在打破故事有机发展过程中的体验与幻觉的布莱希特式叙述形式；或者是古典叙事中叙述形式，这种叙事乃是一种插入戏剧组织并且因为逼真原因而使用的第三人称的客观叙述（而不像布莱希特为了与幻觉作批评性的决裂）。

3. 黑格尔关于内容与形式的命题

对黑格尔来说，艺术作品的形式与内容的关系是辩证的。只有为了理论化的需要时才可能把内容与形式（反之亦然）割裂开来：形式乃是一种形式化的、外在表现的内容。这也是为什么黑格尔美学认为，"真正的艺术作品是那些内容与形式显得一致的作品"（黑格尔，引自斯丛狄，1956：10；1983：8）。这种美学强调形式与内容和谐一致的价值，并将内容置于形式之前。根据这种精神，可以说古典主义的剧作法乃是"表达"人类的本质主义和理想主义的观念的最合适的形式。形式的改变，尤其是将戏剧性形式摧毁以利于叙述性元素，将被认为是戏剧规范的堕落与偏离（叙述化）。如同斯丛狄所指出的那样，这是对人类新的知识、社会的变迁的无知，是对新的意识形态内容不再能够和平地利用锁闭的古典形式的无知，否则便会掏空古典形式内容并引入叙述的批评元素，从而摧毁佳构剧那种过于古典的剧作法。因此，是新内容的出现（人的孤独与异化、个体冲突不再可能等）使得戏剧性形式于 19 世纪末左右分崩离析，并使得运用叙述手段成为必需。

4. 观察形式的水平

演出并不非以无中生有的创造形式，而是向社会结构借用："绘画，艺术，各种形式的戏剧——我更喜欢说演出——为某一时代的文学词汇和传说进行视觉加工，但也为社会结构视觉化。并不是形式创造思想或表达，而是某一时代的思想、共同的社会内容的表达创造了形式"（弗朗卡斯代尔，1965：237–238）。

任何一致律，哪怕是最小的一致，在一场符号学的分析中只有能够让一致性与某一总体的美学的和意识形态的计划、同时为演出和观众所作的意义的生产与内部功能互相呼应时才具有意义。

（第 144～145 页）

33. *Key Concepts in Literary Theory (Second Edition)*（Julian Wolfreys,
Ruth Robbins and Kenneth Womack, Editing by Edinburgh University Press,
2006）

Form   The basic structure of a literary work of art. Form often refers to
the genre of a given work, as well as to the structural interaction between the
work's design and the literary content that shares in the production of its ultimate
meaning.

（pp.42～43）

自译：

《文学理论中的重要概念（第 2 版）》（〔美〕朱利安·沃弗雷、鲁斯·罗
宾斯著，爱丁堡大学出版社编，2006 年）

形式是指一种文学艺术作品的基本结构。它通常指的是某一特定作品
的体裁，以及在作品的设计和文学的内容之间的具有结构性的相互作用，
而内容在生产中享有终极意义。

（第 42～43 页）

后　记

　　本书是在我的博士后出站报告的基础上扩展、深化而来的。自 21 世纪初开始攻读文艺学专业以来，我对中国现代美学与文论产生了十分浓厚的兴趣。硕、博两次学位论文的写作，尽管都是关于作家的个案研究，但我始终没有脱离对这一领域的关注。不过，那时我并未考虑对它做专题的研究。真正切入研究是在 2007 年 7 月从北京师范大学博士研究生毕业后的那一两年。在教授"文学概论"过程中，我深刻体会到要把这一课程教好，非常不易。既不能照本宣科，又不能抛弃教材，如何在各种兼顾中让本科生学好这门课，成了我备课过程中最大的困惑和挑战。为了解决教与学之间的这种矛盾，我开始探索教学法——"关键词"成为最终选择。在尔后的校级青年课程教学改革项目的实施中，我投入了大量的时间和精力：一是收集那些标以"术语""概念""范畴""观念""关键词"等的论著信息，并进行整理、分析，加强体会；二是通盘处理教材，将内容压缩、整合成 13～15 个关键词，每周 1 次课，每次讲解 1 个，刚好与一学期的教学周次安排吻合。我也把这种思路、方法延伸到"美学概论""文学批评原理""中国现代文论"等其他的文艺学课程教学中，有了不少收获。学生在课内听课和课外作业完成的过程中也获得了相当的知识和提升了学术能力，这更加坚定了我对这一教学法的继续探索与实践。于是当我开始着手出站报告事宜时，我就非常自然地想到了文论、美学的关键词之研究。至于为何选择"形式"，我已在本书导论部分进行了交代。需要补充说明的是，我当初的设想是研究 3～5 个关键词，形成系列，可是考虑到在站时间较短，精力也不容许，于是只择其一，希望做得扎实、细致和深入。

　　报告的写作过程是艰苦的。在开题准备过程中，我查阅了大量的晚清至民国时期的报刊、图书。在开题之后，我继续充实文献，愈益感觉到唯有通过事实说话，才不至于无的放矢，才能避免空洞。至今还清晰记得在首都师范大学图书馆底层阅览室的情景。由于不能复制，我只能每天上午、下午去抄录，费了不少周折。好在现在互联网发达，学校图书馆提供的数字资源相当丰富，可以节省不少外出奔波的时间。研究框架也是反复斟酌的，经过了多次调整，目前的只能算是个人较为满意的设计了。从开始准备，到初步完成，再到定稿，两年多的时间随之而逝。我放弃了许多集体活动，几乎搭进了所有的闲暇时间，心无旁骛地专心写作，自享"形式"研究的乐趣。时间的投入与学术的质量，希望能够成正比。

从 2014 年初参加完汇报之后，这篇近 16 万字的出站报告就一直搁在电脑里，直到 2019 年初我才意识到要尽快修改出版。在这五年期间，我主持并完成了浙江省、教育部两项社科规划课题，并分别出版了专著。如今再回头，接续原先的思考方向，并纳入自己新的研究所得，希望能够锦上添花，在更大程度上得到学术质量的提升。我基本保持当初的设计框架，并进行了补充、扩展和深化。导论部分补充了近年来本领域研究成果的一些新信息，第一章第三节进行了扩展，第二章第二节是在删除原内容基础上重写，第三章第四节、第四章三节和附录部分是完全新增。与原初报告相比，篇幅增加了五分之二多，远超当时的规模。在过去的七八年里，我亦陆续整理了部分内容，公开发表在《文艺理论研究》《中国文艺评论》《美育学刊》等刊物上。事实上，我对中国现代美学、美育的研究一直在持续开展中，希望有新的收获并且能够提出一些创见来。

出站报告得以顺利完成，需由衷感谢合作导师王德胜老师的指导及其提供的一切帮助。感谢首都师范大学人事处、文学院为在站人员提供的各种便利。感谢张法老师在选题之初时给予的友善建议和长期以来的关照。感谢聂振斌、党圣元、张伟三位老师在开题时的认真评点和有益引导。聂振斌、党圣元两位老师还出席了我的出站报告会，同时参加的还有王南、刘彦顺两位老师。感谢诸位老师给予的积极评价。中国博士后科学基金会将此项课题列入资助项目（2012M520325），在此也一并感谢。

2019 年，我以此项课题成果申请国家社科基金后期资助项目，最终获得批准（19FZWB064）。在立项后，我又投入大量时间进行修改。为了更具整体性，书稿做了一些技术性处理（从章节标题可以见出），这样也使得第四章的纳入更显合理。除优化整体结构之外，还精简了导论部分，扩展了第一章第三节和附录，调整了第二章第二、三节的顺序并增写了部分内容，补全了第三章第四节（此前仅写了大概），重写了第四章第一节。在结项后，我再次花了些精力进行细致修改，特别是重新对所有引文进行核实，对所有注释进行规范，且尽量采用原始出处。凡注释已尽量注出，希望不会有疏漏和错讹。需要再说明的是，有几处注释采用了今人所编的集子（导论部分已交代），实在是无奈之举，恳求专家宽容。作为项目成果，本书稿前前后后接受了十余位专家的评阅。在此，特别感谢在项目的立项、结项过程中诸位匿名评审专家提出宝贵意见，让我的进一步修改有了明确的方向，也让我出版这部专著更有信心。

除在北京求学的四五年时间，我从 1993 年起一直坚守在金华山脚下的这片土地，至今已整整 30 年。从普通学生到教管人员再到一线教师，岗位的转换过程让我备感生活不易，诸种感慨非言语能道尽。感谢杜卫、王一川两位导师的指导和关心，那些教诲、恩情我始终铭记。感谢学校、学院和学科一直以来的包容，让我感受岁月静好。如今我纯粹作为一名普通的高校教师，努力抛弃那些琐碎之事，只为能够在娴静的生活中体会研究所带来的苦与乐，求得在学术上微小的进步。人生的美好，也许在平凡、平淡中方显真实、可贵。"微笑地美的生活"，前人如是说，但愿生活永远如此。

本书的出版还有幸得到浙江师范大学出版基金资助。浙江大学出版社包灵灵主任主动来联系出版事宜，让我少费了许多周折。黄静芬编辑本着专业、敬业的态度，对书稿进行了规范性审查和细致编辑，使本书得以顺利出版。在此，向两位女士表示特别的感谢。

限于水平和能力，本书一定还会存在不足之处，恳请读者批评指正。

2014 年 1 月 16 日　初记
2023 年 9 月 20 日　改定